魏 伟 李妍汀 编著

大尺度景观
连接人与自然

Large-scale Landscape
Connecting People with Nature

中国建筑工业出版社

图书在版编目（CIP）数据

大尺度景观：连接人与自然 = Large-scale Landscape：Connecting People with Nature / 魏伟，李妍汀编著. — 北京：中国建筑工业出版社，2023.4

ISBN 978-7-112-28545-7

Ⅰ. ①大… Ⅱ. ①魏… ②李… Ⅲ. ①城市景观－景观设计－研究 Ⅳ. ①TU984.1

中国国家版本馆CIP数据核字(2023)第054031号

责任编辑：刘　丹
书籍设计：艺林设计　刘清霞
责任校对：芦欣甜
校对整理：张惠雯

大尺度景观
连接人与自然

Large-scale Landscape
Connecting People with Nature

魏　伟　李妍汀　编著

*

中国建筑工业出版社出版、发行（北京海淀三里河路9号）
各地新华书店、建筑书店经销
北京新思维艺林设计中心制版
北京富诚彩色印刷有限公司印刷

*

开本：787毫米×1092毫米　1/16　印张：$16^{1}/_{2}$　字数：298千字
2023年7月第一版　2023年7月第一次印刷
定价：**138.00**元
ISBN 978-7-112-28545-7
（40898）

电话：（010）58337283　QQ：2885381756
（地址：北京海淀三里河路9号中国建筑工业出版社604室　邮政编码：100037）

本书编委会

主　编

魏　伟　李妍汀

副主编

赖继春　张一康　刘卿婧　张忠起

编　委

王富海　朱旭辉　陈宏军　张震宇　钱征寒　蒋峻涛　牛慧恩

邓　军　赵明利　钟　威　刘恺希　魏　良　张建荣　刘泽洲

景　鹏　姜顺聚　秦　雨　陶　涛　淮文斌　徐　源　刘　琛

曾祥坤　刘　泉　张　源　李明聪　钱　坤　张文英　郭晓黎

编写组成员

金越延　杨巧婉　彭　皓　程冠华　翁婧雯　王　霞　黄　程

林晗芷　王瑞芬　杨庆亿　潘小文　钟　雯　管　昕　何翠丽

王妤心　李晓琼　罗　威　卓少巧　钱瑞玲　马恒阳　江静思

陈亚如　童毓希　石　健　王　臻　宋婷婷　邓颖琳　肖　铭

郭昊擎　叶怀泽　王雅欣

序一　致敬风景 天人合一

代表自然的“天”与代表人类的“人”两者本是相互连接、理应和谐一体，正所谓“天人本一”。人类来自于自然，人类永远是自然的一小部分，可是，近现代人类扩张与“内卷”的结果却造成了这种连接断裂、和谐不在，其外在的表现莫过于无处不在而如影随形、无时不感而满目丑陋的景观。除了逃离地球，改变的唯一出路就是“连接”，这是现代人居环境科学与景观规划设计的前线。阵地上云集了一大批现代风景园林学、建筑学、城乡规划学、地理学、生态学、社会学的精兵强将，围绕“连接”，借“大尺度景观”的窗口，此书以前瞻的思想和务实的行动，道出了他们的心声，展现了前线的连天旌旗和硕果战绩，激发了同道们的信心斗志，让大家看到了胜利的曙光。

实现“连接”的主力正是日渐强大的风景、园林和景观。园林是从人类个体出发，有感而发，由人之内在主观达到自然外在客观，自下而上，实现人类走向自然的连接；景观是从人类群体出发，据理而就，由客观自然之理而知行于景，自上而下，实现为我所用的将自然向人类的连接。如果说园林是由人类主观走向自然客观的主客连接，那么景观则是从自然客观走向人类主观的客主连接。风景呢？当年景观与园林争论不休之时，我的导师，中国著名建筑教育家、中国现代风景园林学的开创者和倡导者——冯纪忠先生曾指出，园林与景观是一个问题的两个方面。但当时先生并未点明问题，今天看来这一问题其实就是风景。可以说，风景正是园林和景观两者的统合，当然此风景非西方人眼中的风景（Scenery），此风景正是中国人自8000年前感受的“风”和5000年前认知的“景”，及至后来合二为一，再从“景风”转换而来的“风景”（Feng-jing）。此风景关乎的是生命、生存、生态，是“人与天调”、人与自然的和谐一体，是实现人与自然“连接”的媒介。不难推论，从“天人合一”到“天地人和”的思想源头来自中国的“风景”。

天人之间的联系是“地”，英文的Landscape倒是与其本意更为对应，中文翻译成“地景”照理更为贴切，本书强调的“大尺度景观”的实质就是覆盖地球表层的“地景”。在现代和未来城市、乡村、原野三位一体的人居环境发展中，人与自然的连接，首要的是“地景”的统筹引领，本书“大尺度景观”的思考及其实践案例为此给出了前卫先锋的实证，走在了新时代风景园林学科专业的前列。

刘滨谊
教授、博士生导师
国务院学位委员会风景园林学科评议组第一召集人
同济大学风景园林学科专业委员会主任、风景科学研究所所长
苏州大学风景园林学科带头人
澳门科技大学特聘教授

序二

蕾奥景观项目拿了多项国际最高奖，包括国际风景园林师联合会（IFLA）的杰出奖，英国皇家风景园林学会的杰出国际贡献奖（Winner）等，为公司带来了极大声誉，但近年来，景观设计普遍面临产值下滑、发展艰难的困境。何也？供需关系。需求侧，经久不衰是城市公园，一时兴盛是楼盘景观，现在从小街头到大郊野再到长绿道，各类景观建设势头正旺，但风格近似行货居多精品太少，可谓量散价低。如此需求，当然要把供给侧引导得同样量散价低，偶有创新，必迅速仿遍天下。蕾奥作品为何易受国际青睐？从传统的“文人园艺”和封闭的“人民公园”两类内部自洽模式中走出来，一臂拥抱大自然，一臂深入城市多样需求，用设计哲学和能力将自然与人工更巧妙地连接起来，更恰当、更节省、更低冲击、更好用，与流行的“盛世华章”式堆砌形成了对照，形成了自己的一股清风。

蕾奥景观的特色如何概括？魏伟和妍汀提了不少方案，最后我赞同用了“大尺度”这个词，作者在书中以“大”“尺”“度”三个字作了解释，我的理由也有三个。

更大的物理尺度。景观主体有大有小，总有范围界限，在界限之内尽情发挥是景观设计应有之义，但“大尺度景观”却先要在用地界限之外做文章。构成景观的诸多要素中必有外部关系，如山水生境；景观的受众也分服务半径，但周边人群一定是使用频率最高的，研究不同尺度对人群的实际需求应成为设计的前提。物理尺度除了空间维度，还有物质维度和时间维度等，需要研究景观主体的基本结构和运行规律，既能顺应物质的生长兴衰规律，又能服务人们的多样且不断变化的使用需求，形成物质景观的经济适用供给方案。因此，物理意义上的“大尺度景观”揭示的是蕾奥景观在广度思考方面的方法论。

更大的化学尺度。“化”的字面解释是变化与转化，中国快速城镇化的“千城一面”现象的原因之一就是过度采用“形而上”的规划设计方法，较少从对象的内在关系入手研究每个项目在“变化与转化”中的独特性。蕾奥景观借助公司“行动规划”的方法论，力争挖掘项目的内在需求，着重研究各构成要素的相互关系，比如针对景观基底特征、功能定位需求、建设维护能力等要素，只要认真做好具体的影响分析，就会得出深化的、真实的判断，就会形成项目的独特性设计。可以说，化学意义上的“大尺度景观”概括的是蕾奥景观向内在进行深度挖掘的方法论。

更大的数学尺度。随着中国城市从建设主导走向运营主导、从数量阶段走向质量阶段，景观设计的对象、类型、目标和手段都在不断扩充；随着大数据技术的应用，人们对复杂的城市现象从经验性的模糊认知开始走向量化分析判断，景观规划设计正在走向精准定位、多元构建和高效运营。“大尺度景观”在数学意义上让我们有能力研究总体数量和结构供需关系，在城市景观整体运筹的基础上做好景观系统规划和具体项目的定位，通过量化更加精准地判读项目的具体要点，形成更具科学技术能力的蕾奥景观方法论。

王富海

深圳市蕾奥规划设计咨询股份有限公司董事长、首席规划师
享受国务院特殊津贴专家
中国城市规划学会常务理事、学术工作委员会副主任委员
住房和城乡建设部城市设计专家委员会委员
深圳市政协常委

序三　自然有你

我个人喜欢早起散步，哪怕是出差到外地，我也喜欢早晨去当地宁静的公园或清新的郊野走走，呼吸新鲜的空气、倾听树上的鸟鸣、看看满眼的繁花绿叶，心里会产生对生活的满足并对一天的工作充满期待。也许自小生活在山区，内心蕴藏着对于山水自然的渴望，我迷恋着所有亲身经历的山水，那些亲自然、近自然、拟自然的场所，也常能唤醒我对生活的激情和对生命的感动。

向往自然是人之天性，自然之于乡村、城镇、大都市，都是生活在其中的人们不可或缺的环境资源，只有人与自然之间和谐有序、共融共通，才是一个健康的生活环境。能够零距离地接触自然、亲近自然，是人们对生活具有获得感、幸福感和安全感的重要一面。人的自由，离不开自然的支撑，我们所生存的土地、所呼吸的空气、所饮用的水源无一不与自身的生命健康息息相关。因此，城乡建设的实践活动一定要以自然生态系统的整体利益为考量，最大限度地保护和改善生态系统，从而为人的生存、生产、生活建设创造更好的自然条件。毕竟，保护自然就是保护我们自己的家园。

习近平总书记曾多次在不同的场合说过以下这些话："自然是生命之母，人与自然是生命共同体。""人的命脉在田，田的命脉在水，水的命脉在山，山的命脉在土，土的命脉在林和草，这个生命共同体是人类生存发展的物质基础。""良好的生态环境是最普惠的民生福祉。""还老百姓蓝天白云、繁星闪烁。""还给老百姓清水绿岸、鱼翔浅底的景象。""为老百姓留住鸟语花香田园风光。""让中华大地天更蓝、山更绿、水更清、环境更优美。"这些朴实的、对人与自然和谐关系的追求描述，不正是作为城市风景规划者最应遵守的职业操守吗?

正如这本书所总结的经验，"大尺度"的自然，不一定是空间上的"大"，它是人居的自然，既可以特指那些大的"跨越各类行政边界、融合城乡空间和蓝绿系统的尺度"场地，也可以泛指各类"生态功能优化了的城市内外各类条状、带状、片状"自然空间，其通过科学研究、分析、规划、设计、实施全流程的落实，将"以自然为本"与"以人为本"相结合，为城市问题的解决提供新理念、新视角、新路径。所以本书中的“大尺度景观规划”不是追求空间格局的“大规划”，而是通过许多个具体的成功案例表达一种“突出对自然环境尊重”的规划设计理念。对自然环境整体和谐性的追求与探索是本书要传达的风景园林规划思想，作为城乡规划与风景园林设计者，应尊重规划场所，要有敬畏自然的心态，努力顺应自然地工作，通过转变人们的认识和行为方式来保护自然，营造生态和谐的生动场景，着力打造人与自然共融、共通、共生的美好图景，这是城乡规划与风景园林设计者共同的使命和责任。

本书还提出了“新生境”的概念，界定其特指“让自然的气息无界交融于人与城市的无限生息，演绎全新的人与自然、人与城、人与文化的三重交互的创新自然模块”。这是在探索创造城市中人与自然和谐共生情境的一个新模式，它是“可代谢、可复制、去中心化的自然创造”，是追求人与自然在共存、共生、共同发展的过程中达到的一种动态平衡。它可能不是最理想的蓝图，但是努力在生态和谐基础之上去建设人与自然关系向好、社会和谐程度提高的一个可行的行动策略。人在城中，也在自然之中，通过规划者对城市与自然的理解，把人、城与自然结合在一起，营建出让居住在城中的人们有归属感、生活感和亲切感的诗意环境。

此刻，我静坐窗前，目光透过书中一处处鲜活的规划风景，心中莫名地产生一种“即视感”的共鸣，仿佛可以倾听到珠海香炉湾的潮水声、深圳大南山公园的鸟语声，看到观澜河畔的氤氲、沙福河的岚雾，还能嗅到和听到马峦山的花香与鸟鸣。作为同行，我对蕾奥的许多项目实施绩效具有认同感，因为在这些作品中我常能感觉到一种生命的自在。“生缘五色茎，一花一世界；几回沧海平，唯此心如旧。”愿蕾奥能带给大家更多亲近自然的作品，能带着社会大众向着仁者的山、向着智者的水靠近。

住房和城乡建设部科学技术委员会园林绿化专业委员会委员兼秘书长
中国风景园林学会风景园林规划设计分会理事长
中国城市规划设计研究院风景园林和景观研究分院院长

前言

庄子曰:“天地有大美而不言、四时有明法而不议,万物有成理而不说。”宇宙星空、天地万物包括人类都是由基本粒子构成,运行着相同的客观规律,在本质上是一样的,且相互影响和发生作用。自然是生命之母,人类来源于自然,依靠自然生产和生活,并受自然启发,借用自然之力创造了璀璨的历史文化,形成了丰富多样的人类文明。

文明本质上是人与自然的相互作用,这种作用在不同的环境、不同的气候等条件下形成了各具特色的聚落。高山、草原、沼泽、冰原、荒漠、雨林、海洋等地方都留下了人类的足迹。在人类适应和改造自然的过程中,通过创造文字、应用先进的工具提升了生产效率,促进了社会分工,从而产生了城市、国家,城市是文明的重要标志。

城市位于自然之中,远离城市的是壮丽的河山、自然保护地、风景名胜区、荒野等人不介入或者少量介入的区域。紧邻城市的外围是大片的郊野、山林、农田和湿地,这些环绕的生态带既可以控制城市的无序蔓延,也是城市必不可少的绿色本底,是市民可以游览的休闲空间。在城野相交的边界,一半红尘一半自然,往往是活力最为丰富的地区。城市中的河流、绿廊、绿带则是自然深入城市的手指,此外,城市中还有大量的公园、绿地等自然斑块,自然也在城市之中。

在城市与自然多样的地域和尺度上,笔者参与了丰富的景观项目实践。类型上,从小一点的住宅花园到公园、街道等公共项目,再到更大区域的城市蓝绿空间,以及远离城市的风景名胜区、自然保护地、世界遗产等。地域上,从海南三亚北到呼伦贝尔大草原和长白山。祖国大地江山如画,带给我非常美好的工作享受。但是这种不同类型、尺度和地域的跨越也带来了极大的挑战,在这个过程中有很多的困惑、徘徊和犹豫,我也一直在思考,景观的价值和意义到底是什么?

2019年是个让人记忆深刻的年份,12月份去伦敦,出乎意料获颁英国皇家风景园林学会LIA杰出国际贡献奖年度大奖,当时颁奖词中“连接人、场所与自然”的一段文字,宛若禅宗的当头棒喝,醍醐灌顶,极大地触动了我。后来就把“连接人与自然”确定为蕾奥景观的公司愿景和价值观，再结合这些年来从事过的大尺度的景观类规划和设计项目，提炼出“大尺度景观”这个概念，也就有了这本书，离学术研究的水平还有较大差距，更多的是对过去实践项目的总结和未来的展望。

大尺度景观，原则上是指以完整的地理空间要素或市区级以上的行政边界为划分依据的蓝绿生态系统、大型生态空间和线性廊道，一般拥有较为完整的自然风貌和生物种群，对区域的生态安全格局构建和城市的健康绿色发展发挥着至关重要的作用。

大尺度景观指的不是一种类型，更是一种哲学和思考的方法。所指的“大”可以指大系统、大思维、大格局、大数据，要求从整体、系统的角度谋划；“尺”则是一个相对的概念，所谓尺有所短，寸有所长，更着重的是要针对不同规模、不同维度、不同地理、不同时空的项目采取不一样的措施，因地因时、因人因钱、相宜制宜。“度”指的度量考量，是恰到好处，不大不小、不重不轻，“着粉则太白、施朱则太赤”，对于规划设计来说，就是要根据实际情况，在多种要素的权衡下敏锐性地发现根本问题，选择恰到好处的介入力度。

大尺度景观的规划设计，要坚持问题导向、系统谋划的原则，在考量多元需求的基础上，通过系统思考、全盘谋划，解决实际问题。要坚持生态优先、美观大方的原则，尊重自然、顺应自然，促进和提高生物多样性，在经济成本可接受的前提下做简洁大方的风景，不追求过度的奢华。大尺度景观还必须坚持实现综合效益，不能单一、片面地解决问题，不宜偏激。在保护自然生态的同时，要兼顾人类利益。人类需求的适度满足，可以带来更多的社会关注、更多的资金投入、更多的项目效仿，从而保护和修复更大面积的自然环境。

景观的价值和使命在于连接，通过巧妙的手法，四两拨千斤，顺势而为，连接人与场所、城市和自然。景观不仅是一个专业，更是一种解决方案，解决复杂的城市和环境问题的途径和方法。景观可以在生态文明的新时代借鉴和学习多学科的知识，融会贯通、付诸实践，既美又好地推动人与自然长期可持续发展。

目录

第一章

人与自然的发展困境

一、人与自然关系的发展演变

始于18世纪中期的全球工业化和城市化推动了经济的高速发展，但人类各种不可持续的生产活动也给地球环境带来了巨大的影响，对自然生态系统造成了严重的破坏，并引发了气候变化，温室效应加剧，极端风暴等各种自然灾害愈加频繁。2019年澳大利亚的大火几乎燃遍了全国，对当地的动植物以及生态系统造成了难以计数的伤害，蝙蝠、考拉等野生动物无处藏身，澳大利亚的农业、旅游业和经济发展受到剧烈冲击。2020年初，可能来自于蝙蝠的新冠病毒席卷全球，不仅造成了众多人口的死亡，经济和社会的停滞还引发了国家之间的隔阂、猜疑以及种族问题，加剧了世界的分裂。但另一方面，让人们诧异的是，在世界范围内各种生产活动陷入停摆的时候、在许多地方的人们被隔离管控的时候，大自然反而更加美丽和充满生机了，因为没有人的干扰，威尼斯水城出现了久违的海豚，野猪开始大摇大摆地进城了，深圳大梅沙景区的海水前所未有的干净……这不禁让我们反思，人对于自然来说，到底意味着什么？

2008年，由克里斯托弗·罗利（Christopher Rowley）执导的纪录片《人类消失后的世界》在全球上映，引起了巨大的反响，影片中提出了一个让人脑洞大开的假设：如果人类在某个时刻突然全部消失了，我们的世界会变得怎么样？没有我们的存在，我们的城市、我们的地球是否会陷入万劫不复之地呢？

该部影片结合高科技视觉效果向我们描述了这一设想成真后的场景：当人类瞬间消失，天上的飞机、地上的汽车因为无人驾驶而坠落、撞毁；几个小时后，电力供给不足，城市灯光熄灭，地铁抽水系统停止，地铁很快被淹没，城市彻底安静下来，没有了嘈杂的人声，没有了汽车的鸣笛声，也没有了工厂机械的轰鸣声；10天之后，核电站里的发动机耗尽了燃料，大量的核辐射物质从核电站喷涌而出，放射性烟雾弥漫在空气中；6个月之后，动物园中的动物遇到生存危机，由于没有人类的维护，建筑和桥梁慢慢坍塌，到处杂草丛生，我们的城市陷入一片混乱中。

但紧接着，由于没有人类的干预，自然重新并全面占领我们的领地，我们熟悉的城市呈现出一副我们从未见过的模样，各类植物开始疯狂地蔓延，公园变成了野性的森林，猎食能力强的动物比如猎豹、狮子开始重新成为大地之王；生锈的避雷针无法保护摩天大楼免受电击，建筑开始破败、腐朽，水流冲出大坝，城市逐渐被瓦解，自然开始慢慢擦拭人类存在的痕迹、消解一座又一座城市，100年、200年、500年……人类赖以自豪的文明象征接连垮塌，摩天大楼、跨海桥梁饱受风霜侵蚀，相继崩溃坏灭；植物攀爬覆盖至陆地的每一个角落，动物脱离人类的制约迅速繁衍生息，成为人类离开后新的主人。成千上万年后，人类文明沉没于历史的长河，没有人类的地球是一个真正的蓝绿交织的星球，就好像人类从来没有在这里存在过一样……

自然不需要人类，那么，让我们反过来设想一下，近几百年的技术革命促使人类完成了一场跳跃式的前进，开始了人类所谓的“与众不同”，我们可以上天下海、在沙漠里造绿洲、在虚拟世界里建新城，我们似乎无所不能，但如果自然环境消失了，不依赖自然的我们是否也能同样很好地生活下去?

这也许是一个不敢想象的场景，假如城市大量的绿色植物突然消失而失去维护二氧化碳平衡的能力，城市将逐渐令人窒息，我们将不得不花费巨大的成本，依靠繁杂的人工手段来维持各种

图 1-1 苏联切诺贝利无人区，建筑开始腐朽，植物逐渐攀爬覆盖

图片来源：Wikimedia Commons, Matti Paavonen 摄 . https://commons.wikimedia.org/w/index.php?title=File:Pripyat_Hotel_Polissya_2009.jpg&oldid=496713092.

图 1-2 沙特阿拉伯计划建造一座 170km 的“线性城市”，建立沙漠之上的新生态系统

图片来源：Neom: Made to Chan-ge.https://www.neom.com/en-us/regions/theline.

图 1-3 第十一届威尼斯建筑双年展“非永恒城市”主题馆中展示的未来移动中国城

图片来源：MAD 建筑事务所

在过去看来稀松平常的场景，每个城市需要配备庞大的“氧气瓶”系统为人们供应新鲜的空气；如果河流断流甚至消失，城市的排水系统将全部依靠管道和沟渠，一场暴雨或许就会导致城市被淹没；源源不断的汽车尾气及生产活动产生的有毒物质都需要靠成本昂贵的技术手段来及时消化；我们需要完全通过废水过滤来获得水源，城市变成了一个极易生病的个体，任何一个小小的病症如果得不到及时的治疗，都有可能将城市置于万劫不复之地。且不说自然的消失，自然中某一个微小的环节发生变化，对我们人类来说都可能是毁灭性的打击。曾经有科学家预言如果蜜蜂消失了，人类将仅仅剩下4年的光阴，我们姑且难以判断4年这个时间是否精确合理，但的确蜜蜂的减少会让植物授粉变得困难，倘若它们彻底灭绝，很多植物的种群延续也会遭受灭顶之灾，继而如同多米诺骨牌效应一般让整个生态系统崩溃。

人类消失与自然消失的假想引发了我们对人与自然主客关系的反思，人和自然的命题是数万年来人类孜孜不倦一直追寻的终极命题，但也是一个绝对不平等的相对关系。自然不需要人类，人类却一刻都不能离开自然，人类漫长的发展历程就是在不断地面对和处理人与自然的关系。从茹毛饮血到出现文明的曙光，这是一段极为漫长的时光，原始社会时期的人类技术水平低下，以狩猎和采集来获取基本的生活资料，被动依赖大自然，对自然主要是适应而不是改造，因为不了解自然而神化各种自然现象，对自然界满怀敬畏和恐惧，人类活动对自然的破坏也非常小，对自然基本不构成威胁。

而随着农耕和畜牧的发展、金属工具和文字的产生，人类才开始了真正意义上对自然的主动改造，并加速了对天文、历法、气象、水利、土壤、种子等知识的研究，人类产生了寻找更宜居的定居地，驯化水稻及动物，优化灌溉设施等需求，开始有意识、有行动地改造自然和巧妙利用自然，同时生活在地球不同角落的人类在漫长的岁月中也学会了精明地利用不同气候条件、不同地形地貌特征以及千差万别的土壤、植被、地质等条件对居住的环境进行改造，劳动效率进一步提高，社会的剩余价值得到体现，并加速了社会阶级的形成。公元前5000年左右，西方以古埃及为代表，东方以良渚为代表，开始出现城市和国家的萌芽，这标志着文明的诞生，人类和自然的关系进入了一个新的阶段。

发源于15世纪西欧的近代工业文明，在西欧掀起了工业化浪潮，促使传统的农业文明向工业文明大转变，工业文明的大发展极大地解放了生产力，促进了社会的发展，给人类带来了很多福音，人对自然的认识也更加深化了，此时的人类似乎成了自然的“主人”，自然界成了人类随心所欲的掠夺对象，人类似乎可以无代价地攫取自然界的财富，但是人类对自然的认识也发展到一个极端——过分夸大了自身的能力，错误地认为人类可以征服自然，可以主宰宇宙！自然资源是无限的，可以取之不尽、用之不竭！

图 1-4 人们选择在背山面水之地建造房屋
图片来源 (清)沈庆兰《农耕图》

图 1-5 人们改变地形以灌溉耕种
图片来源 (清)沈庆兰《农耕图》

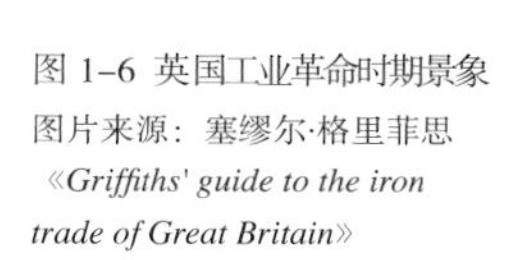

图 1-6 英国工业革命时期景象
图片来源：塞缪尔·格里菲思《*Griffiths' guide to the iron trade of Great Britain*》

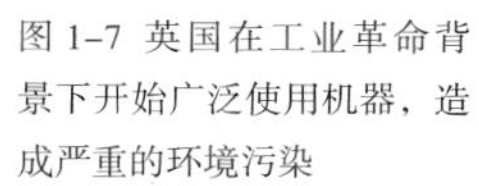

图 1-7 英国在工业革命背景下开始广泛使用机器，造成严重的环境污染
图片来源：Wikimedia Commons.https://commons.wikimedia.org/w/index.php?title=File:Widnes_Smoke.jpg&oldid=694762748.

人类来源于自然，自然哺育了人类，自然是有情的。然而，当人类开始陶醉于征服自然的胜利之中时，自然却悄悄地向人类展现了她无情的一面，施展了一连串的“报复”行动：气候异常、海洋毒化、臭氧层空洞、环境污染、生态失衡……人类正面临着前所未有的困境，如此发展下去，就像历史上曾经消逝的文明一样，人类也可能走向自我毁灭，这也逼迫着人们开始重新思考人与自然的关系。

1949年美国著名生态学家奥尔多·利奥波德（Aldo Leopold）无法忍受一切以人类为中心及无视自然环境破坏、生

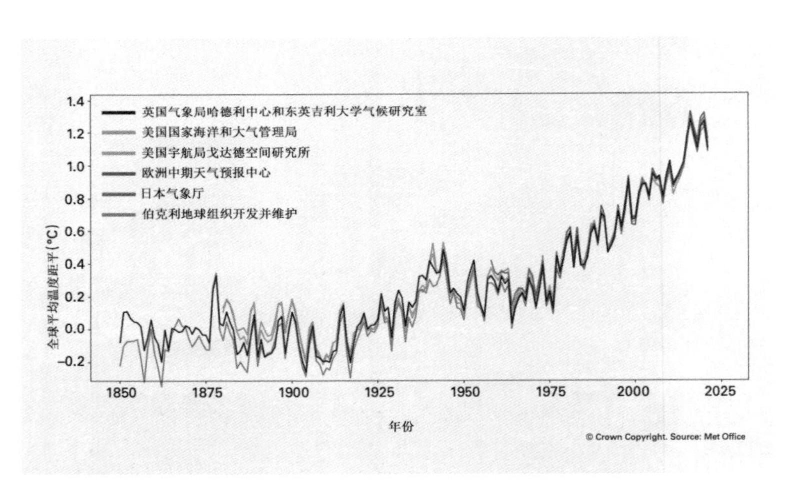

图 1-8 六个全球温度数据集全球年平均温差
图片来源：大不列颠及北爱尔兰联合王国气象局

图 1-9 被雾霾笼罩着的城市
图片来源：Tauno Tõhk 摄 2013. https://www.flickr.com/photos/23090954@N03/9172962194.

物生存权利的现象，出版了《沙乡年鉴》一书，论述了人与自然、人与土地之间的关系，试图重新唤起人们对自然应保有的爱与尊重；在出版于1962年的《寂静的春天》一书中，美国作家蕾切尔·卡逊（Rachel Carson）记录了工业文明所带来的诸多负面影响，直接推动了日后现代环保主义的发展；生态伦理学、景观生态学等学科的发展也在不断地充实着人们对于自然的理解，悠久的东方哲学用“天人合一”的生态自然观为当前生态危机的治理提供思想理论基础，而在当下我国更是将生态文明建设上升到国家战略的高度，尝试重建人类和自然和谐的生态关系。

关于人与自然关系的认知一直以来是关乎人类安身立命的重要命题，人类对于自然的态度，从崇拜、敬畏到巧妙利用和合作，到征服，再到反思和谋求合作共生，经历了一个极其漫长而曲折的过程，而城市，这个人类改造自然的典型产物，作为文明产生的标志之一，自始至终贯穿其中，从无到有，从低级到高级，从简单到复杂。作为人类理想的栖息地，城市的演进与人类自身的发展交织并存、相互促进，展现了人类从草莽未辟的蒙昧状态到繁衍扩展的历程，更是见证了人们对于自然不断发展演进的价值观和态度，如果要在人和自然中间寻找一个支点，那它一定就在城市。

二、当代城市里人与自然的冲突

城市作为诞生于自然之中的产物，注定不可能脱离自然而独立存在，特别是在人类的工程技术和科学技术不够发达的远古时代，城镇布局和建设对自然要素和生物气候条件高度敏感，顺应自然成为城市设计主要采用的策略，城市的选址、建筑的布局、街道的组织都必须依赖自然的发展规律，与自然保持着良好的共生联系，不可能随心所欲地改造自然。我们纵观世界知名的古城，古埃及的城市为防御水患，均筑于高地或者人工砌筑的高台上；在希腊古典时期的共和制城邦里，各地的圣地建筑群善于利用各种复杂地形和自然景观，构成活泼多姿的建筑群空间构图，雅典卫城也发展了民间圣地建筑群自由活泼的布局方式，建筑物的安排顺应地势，同时照顾山上山下的观赏[①]。维特鲁威在《建筑十书》中对古罗马的城市建设进行了系统的总结，其中关于城址选址，他指出必须占用高爽地段，不占沼

① 沈玉麟.外国城市建设史[M].北京：中国建筑工业出版社，2007.

图 1-10 埃及阿斯旺菲莱神庙依水设置高台以防水患
图片来源：Wikimedia Commons，Mmelouk 摄 .https://commons.wikimedia.org/w/index.php?title=File:Aswan_Philae_temple_pavilion.jpg&oldid=44560161.

图 1-11 雅典卫城于高山之上灵活布局
图片来源：Wikimedia Commons，George E. Koronaios 摄 . https://commons.wikimedia.org/w/index.php?title=File:The_Acropolis_of_Athens_and_the_Areopagus_from_the_Pnyx_on_January_15,_2020.jpg&oldid=631821980.

泽地、病疫滋生地，必须有利于避开浓雾、强风和酷热，要有良好的水源供应，有丰富的农产资源以及便捷的公路或者河道通向城市[①]。在我国更是讲究城市的天人合一，早在新石器时代晚期，良渚古城的选址建设便彰显了古人对“借自然之力”的深刻理解与应用。良渚古城城址北、西、南三面被天目山余脉围合，城市外围有完善的水利工程，水利系统由谷口高坝、平原低坝、山前长堤等人工堤坝和相关的山体、丘陵、孤丘以及天然溢洪道等自然地形组成，是人与自然共同协作的产物。此外，城址内外分布着大量各种类型的同期遗存，与城址形成了清晰可辨的“城郊分

① 维特鲁威 . 建筑十书 [M]. 高履泰，译 . 北京：知识产权出版社，2001.

Daily Mirror
DEC. 8 1952
VOUCHER
1½d
FORWARD WITH THE PEOPLE
No. 15,283
Registered at G.P.O. as a Newspaper

SMOG TRAPS LONDON —THE COST IS £2,000,000 A DAY

Prize cattle fight for life

"DAILY MIRROR" REPORTERS

THE great smog blanket—mixture of smoke and fog that is said to be costing £2,000,000 a day—thickened last night to what was described as the worst blackout of London for twenty-five years, possibly the worst-ever.

BUSES came to a complete standstill; 3,500, serving routes up to twenty miles out, were either smog-bound in the garages or parked at handy pull-ins.

GUESS WHERE!

图 1-12 伦敦烟雾泛滥时，街上戴着厚重口罩的人
图片来源：Leonard Bentley 摄 . https://openverse.org/image/99641931-2f29-4acc-a4a9-a0b7760d2936?q=London%20Smog.

图 1-13 1952 年烟雾事件报道称，伦敦每天因烟雾损失 200 万英镑
图片来源：The British Newspaper *"Daily Mirror"*

野”的空间形态。良渚当时最高统治者居住和活动的场所选址建设于内城中心的莫角山台地，其台顶与周边稻田的高差为 9～15 米，地势最为高爽，视野开阔。良渚古城的建设反映了我国古人对城市与自然的理解，在人类能力有限的新石器时代，祖先们探索出了一条人与自然互促共进的城市建设之路。

而工业化的出现打破了这种维持了数千年的平衡，新兴工业城市不断兴起，大量人口涌入城市，城市需要在有限的空间里承载越来越多的人口，满足越来越复杂和多元的产业需求，需要更多的土地、更多的资源，城市不断地拓展，老城市的扩张和无序蔓延、城区内部的高密度建设以及大规模的基础设施建设侵占了提供自然服务的生态空间，人与自然相互依存的生态安全格局被打破，城市安全受到自然的威胁。

严重的环境危机和各类生态事件是人与自然关系恶化的集中体现。作为工业革命的发源地，英国在18世纪至20世纪初期一直在世界范围内保持着综合实力的世界领先地位，它是第一个实现工业化、城市化的西方发达国家，1851 年的英国城镇化率就达到50%[①]，人们一边享受着经济腾飞带来的效益，一边在恶劣的人居环境中痛苦挣扎，1952年还爆发了震惊世界的伦敦烟雾事件，一个月内因这场大烟雾而死的多达4000人，这场人和自然之间“有硝烟的战争”成为20世纪十大环境公害事件之一。

① 陆伟芳 .1851 年以来英国的乡村城市化初探——以小城镇为视角 [J]. 社会科学，2017，440（4）：155-169.

图 1–14 粗暴而直接的工程思维能够最高效地满足人们的需求，但在某种程度上也扼杀了人类与自然以及多种自然过程之间的深层联系

图片来源：Nathan Barteau,2021. https://unsplash.dogedoge.com/photos/thYS3s3F4ow.

另一方面，随着近现代科学技术和工程技术的进步，人们可以挖山填海，具备了强大的改造自然的能力，城市发展规模逐渐扩大，城市建设效率至上，但人们往往通过单一而片面、粗暴而直接的工程思维和手法来解决城市的问题，由钢筋混凝土制成的灰色基础设施阻隔了人类与自然的联系，高高低低的山丘被推平，蜿蜒了数万年的河流被强行拉直，完整的森林、水体、湿地、田野让步于城市的发展需求被切割为越来越小的碎片，物种赖以栖息繁衍的生境逐渐消失，人和自然的关系愈发对立起来。

三、人与自然关系的日渐隔离和割裂

当代的城市建设方式还导致了城市风貌同质化的问题，在城市里放眼望去，满眼的高楼大厦似乎是城市经济发展实力的象征，人类在这场与自然的博弈中得到了丰富的能源、建设的空间、腾飞的经济，同样也在不知不觉中失去了宜居的环境和城市的天然属性。快速的城市化进程对自然的危害不仅仅体现在生态环境方面，全球化的浪潮更是摧枯拉朽地淹没了城市的特点，城市内自然属性的消退也悄无声息地带走了城市的异质性，带走了各个城市特有的乡土风情、独特的动植物群落以及城市慢生活下的人情味。

更为严重的影响还包括未来一代人生活方式的改变，伴随工业化、城市化和社会现代化的进程，人类渐渐远离了山川、森林、溪流和原野，成为穴居在钢筋水泥丛林中的动物。这种令人担忧的异化今天正在加速，美国作家理查德·洛夫提出“自然缺失症”（NDD）的概念，即现代城市儿童与大自然的完全割裂[①]。孩子们处在高科技的包围中，远离大自然，他们被电视、电脑、网络游戏、智能手机等吸引，更喜欢室内玩乐，有些孩子在自然环境中反而会手足无措，感到无聊，丧失了与自然亲近的本能，从而导致了一系列行为和心理上的问题。

其实不只儿童患有“自然缺失症”，都市里的成人生活在钢筋水泥的丛林中，整日沉浸在工作、应酬、社交的圈子中，一旦有时间就又在电脑和手机的虚拟世界中不能自拔，完全与自然界断裂，事实上，“去自然化”的生活、儿童的“自然缺失症”，已经成为全球化时代人类共同的现代病。早在卢梭的《爱弥儿》、梭罗的《瓦尔登湖》中就揭示了在征服和改造自然的过程中人与自然关系的变质。恢复人类与自然的内在联系，最具根本性的是改变城市与自然的隔绝状况，改变将城市与自然对立的局面。

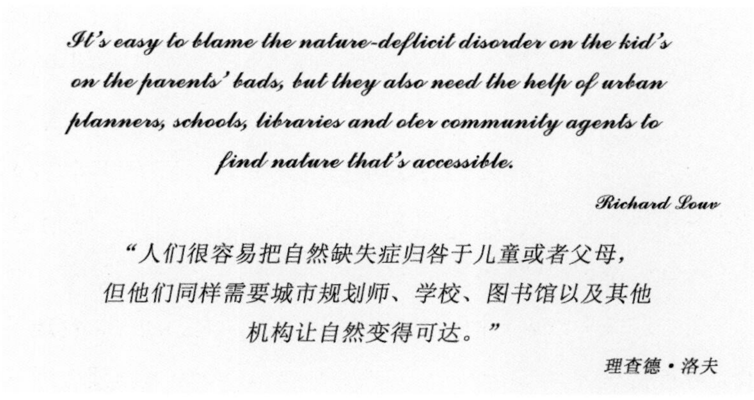

图 1–15 理查德·洛夫认为，城市规划者、学校、图书馆以及其他机构，有责任、亦有能力帮助儿童亲近自然

It's easy to blame the nature-deficit disorder on the kid's on the parents' bads, but they also need the help of urban planners, schools, libraries and oter community agents to find nature that's accessible.

Richard Louv

“人们很容易把自然缺失症归咎于儿童或者父母，但他们同样需要城市规划师、学校、图书馆以及其他机构让自然变得可达。”

理查德·洛夫

① 洛夫．林间最后的小孩—拯救自然缺失症儿童 [M]. 自然之友，王西敏，译．北京：中国发展出版社，2014.

第二章

重建人与自然和谐共生的城市

随着城市化进程的加速，未来还将有越来越多的人口居住在城市，高密度聚集的城市虽然在一定地域范围内对自然造成了破坏，但因为聚集了更多的人口，反而在更为广袤的自然中减小了对它的影响。在20世纪70年代，简·雅各布斯就提出通过集中居住在高楼里并步行上班的方式，可以把人类对环境造成的损害最小化，爱德华·格莱泽在《城市的胜利》一书中更是直截了当地指出“如果你热爱自然的话，就远离瓦尔登湖，到拥挤的波士顿市中心去定居”，合理规划和建设的城市可以最大限度地减少能源消耗和碳排放，有利于打造对环境更为友好的生活方式。城市的未来就是人与自然发展演变的未来，城市就是未来！

人类为了自身的可持续发展一直在孜孜不倦地追求理想的城市形态，霍华德的“田园城市”理念针对现代工业社会出现的城市问题，把城市和乡村结合起来作为一个体系来研究，他认为建设理想的城市，应该兼具“城”与“乡”二者的优点；西班牙工程师索里亚·伊·马塔提出“带形城市”的设想，使城市沿一条高速度、高运量的轴线向前发展，这样不仅能够使城市居民容易接近自然，又能将文明的设施带到乡间；美国建筑师赖特在《正在消失中的城市》及随后发表的《宽阔的天地》中提出“广亩城市”的概念，他认为理想的城市形态是“没有城市的城市”，建议建立一种半农田式的广亩城市。在具体实践中，新加坡发展了“田园城市”的理念，用50多年的时间建设了一个享誉世界的花园城市；伦敦利用战后重建的契机开展了卫星城建设、新城规划、人口疏解和产业转移，规划建设了完善的城市绿带和大都市区开敞空间体系，解决了当时困扰伦敦的人口过分集中、交通拥堵和环境污染等问题；21世纪的中国经历了高速城镇化发展阶段后，开始尝试用“公园城市”的理念打造更加绿色宜居的城市。

当然，许多城市理论都有其阶段性和局限性，并没有十全十美的规划理论，然而我们可以从中看出不同阶段的规划师和建筑师们对于理想城市的追求。怎样的城市才是人与自然和谐共生的城市，怎样才是人与自然相处最合适的状态，不同的城市发展时期有不同的标准。美国社会心理学家亚伯拉罕·马斯洛在1943年提出需求层次理论（Maslow's hierarchy of needs），将人类的需求分成生理需求、安全需求、社交需求、尊重需求和自我实现需求五类，指出了人的需要是由低级向高级不断发展的，同样基于人类需求的城市自然属性也是根据城市的不同发展阶段而逐渐完善的，我们参考马斯洛的需求层次理论，也可以将其划分为以下五个阶段。

一、自然可以满足人类的基本生活需求，构建生存底线

自然的资源并不是取之不尽，用之不竭的，人们在城市发展的过程中需要明晰可以容纳大量人口聚集生活的自然要求底线，以保证能够获得新鲜的空气、足够的土地、清洁的水源、能够消解污染的自然空间等自然资源。

一方面，我们需要评估自然能够满足人类在一定空间和时间范围内开发需求的极限，合理制定城市的范围和规模。霍华德基于当时对城市发展规模的认知提出当城市人口增长达到一定规模时，就要建设另一座卫星城市，若干个卫星城环绕一个中心城市布置，形成城市组群，并将每个城市的承载极限精确到了可以量化的指标，每个城市模型占地1000英亩（约405hm^2），城市居中并被5000英亩（约2023hm^2）农业用地包围，形成一个自给自足、可容纳32000人的系统，当人数超过了32000人，就需要在附近开发建设新的田园城市[①]。这个数量规模当然已经远远不能适应现代城市的发展，但依然可以从中看出朴素的协调发展的思想。当下我国国土空间提出的“三区三线”（城镇空间、农业空间、生态空间3种类型空间所对应的区域，以及分别对应划定的城镇开发边界、永久基本农田保护红线、生态保护红线3条控制线）都是为了坚守环境底线而对城市发展提出的规划要求。

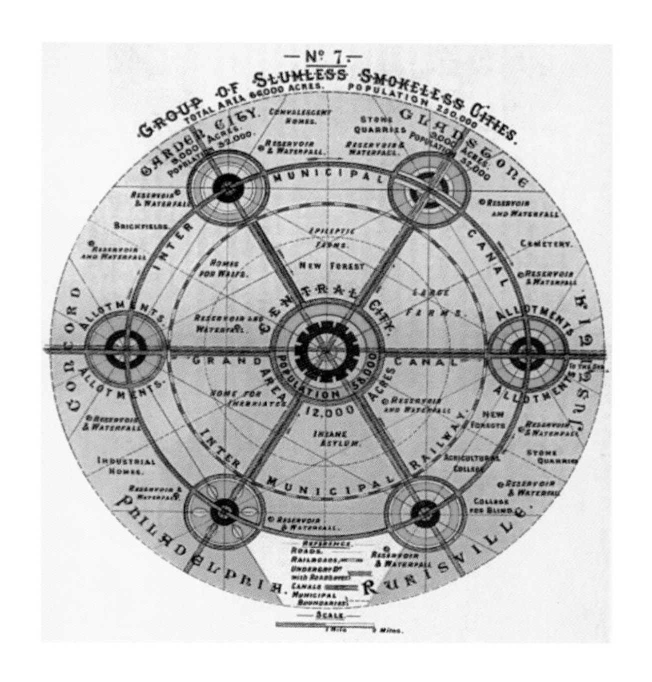

图 2–1 霍华德“卫星城”示意图

图片来源：HOWARD E. To-morrow: A Peaceful Path to Real Reform[M]. London: Swan Sonnenschein & Co., Ltd., 1898.

① 埃比尼泽·霍华德．明日的田园城市 [M]. 商务印书馆，2010.

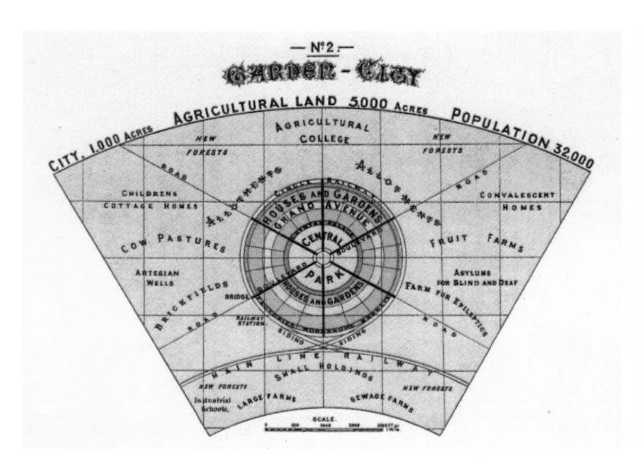

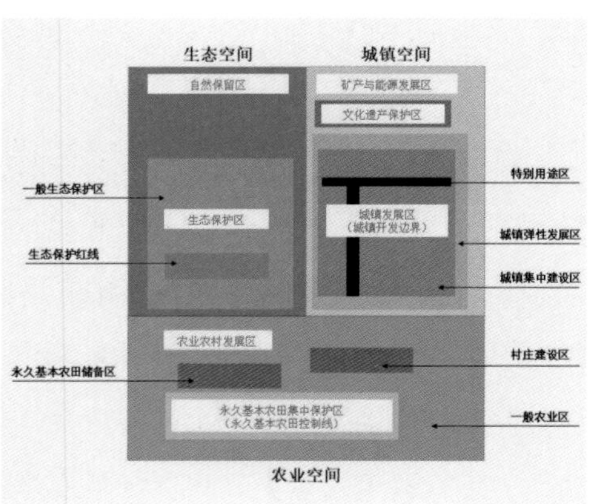

不仅仅是在规划层面，我们人类同样需要约束自身不可持续的污染行为，在碳中和的背景下我们需要通过植树造林、节能减排等形式，抵消国家、企业、产品、活动或个人在一定时间内直接或间接产生的二氧化碳或温室气体排放总量，实现正负抵消，达到相对零排放，从而避免人类行为对环境产生附加危害。

现代城市越来越趋于高密度的聚集发展，构建和自然环境相协调的城市显得更为重要。在空间布局上，需要结合自然地形地貌，整合现有资源，构建完整的都市生态体系；在功能和形态上，通过绿廊，绿带、通风廊道、生态廊道、水系等蓝绿空间的规划建设，为城市提供新鲜空气及洁净的水源。只有保护、构建好城市的生态基底，人们才能获得足够的生存要素和良好的居住体验，这是实现城市可持续发展的第一步。

图 2-2 霍华德给予了城市的量化指标：1000 英亩的城市，配备 5000 英亩农用地，人口承载 32000 人
图片来源：HOWARD E. To-morrow: A Peaceful Path to Real Reform[M].London: Swan Sonnenschein & Co., Ltd., 1898.

图 2-3 “三区三线”示意图
图片来源：镇江市自然资源和规划局

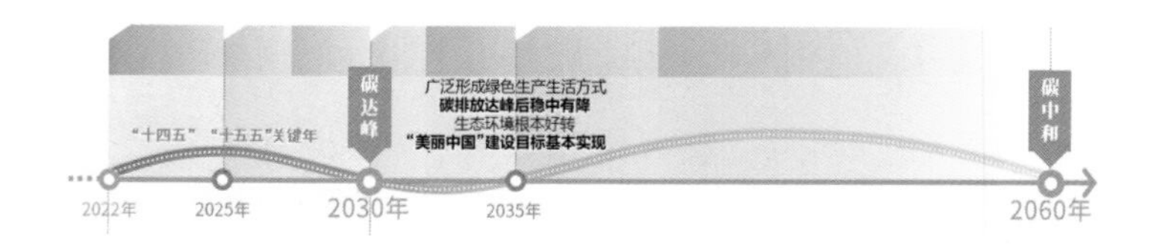

图 2-4 我国碳达峰、碳中和时间计划

二、自然可以为人类提供安全栖息场所，抵御自然灾害

城市是处于自然中的城市，不可避免地会面临许多未知的自然风险，如全球气候变化、海平面上涨、热岛效应等威胁，越来越多的城市越来越高频率地受到海啸、台风、热浪、火灾等自然灾害的袭击，导致城市交通和基础设施瘫痪，农业、生态、居住环境以及经济受到严重打击。在城市内部因为人类对山体、河流水系等自然空间的不可持续的建设行为，也存在很多次生灾害爆发的可能，人类通过科技的进步获得了改变自然的能力，为了生产效益和空间利用最大化，对自然不断挤压，自然生态空间的面积逐渐缩小，其生态调节功能也随之不断衰弱。很多城市抛弃了“免费”的自然基础设施，而是依赖昂贵但效果立竿见影的工业技术和灰色基础设施来维持城市运行，而从长期来看，这些基础设施在自然灾害面前缺乏弹性的应变能力，一场暴雨就可能让一座大城市的排水系统在瞬间瘫痪，人类的力量在极端的自然灾害面前不堪一击。因此自然在城市中不仅仅意味着空间上的“存在感”，更需要发挥其本身的生态功能和生态价值，让城市具有抵御自然灾害的韧性。

尊重自然，让自然做功，让自然回归到城市的功能运行中来是维持人与自然和谐的第二重意义，自然在城市中不是装饰门面，而是城市不可或缺的有机组成，是一切生活在城市中的生物安全栖息的家园；河流不仅仅是城市里优美的风景长廊，更承载着生物多样性、土壤形成、养分循环、调节气候等多重生态支撑功能；公园不仅仅是人们活动交流的公共场所，

图2-5 飓风对城市的破坏，城市被海水淹没．
图片来源：DVIDSHUB 摄．https://openverse.org/image/c5e5e9d1-4cd7-4f13-bb04-df1270b0586a?q=flooding.

它在维护区域生物链动态平衡方面也发挥着巨大的作用；城市里的树木不应仅仅为了追求名贵、整齐、美观，还需要因地制宜地选择适应当地气候和土壤条件、缓解热岛效应、吸收汽车尾气、提供本地物种栖息等功能的树种，发挥生态效应，构建城市的绿色生态骨架。

事实上，绿色基础设施、韧性城市、基于自然的解决方案等概念的提出正是基于这样的理念。绿色基础设施的概念最早于1999年由美国保护基金会和农业部森林管理局组织的“GI工作组”提出，他们将城市的绿色空间看作一个有机整体，并定义为“自然生命支撑系统”。“韧性城市”则是指“城市能够凭自身的能力抵御灾害，减轻灾害损失，并合理地调配资源以从灾害中快速恢复过来。”两者都是以自然之力应对自然，构建具有生态稳定性的城市。在《中华人民共和国国民经济和社会发展第十四个五年规划和2035年远景目标纲要》中，“韧性城市”也被作为我国城市建设的目标。“基于自然的解决方案”全称为Nature Based Solution（NBS），世界自然保护联盟（IUCN）将其定义为“保护、可持续管理和恢复自然生态系统以及改良生态系统的行动，以有效和适应性地应对社会挑战，同时提供人类福祉和生物多样性利益。”作为受到自然启发和支撑的解决方案，在具有成本效益的同时，兼具环境、社会和经济效益，有助于帮助城市建立韧性的生态系统。

三、自然可以为人类提供社交场所，建立情感联系

如果说前面两点分别是为了让人类可以在城市里活下来和活得健康，那么接下来便是探索如何活得精彩。亚里士多德曾经说过：“人们为了生活而来到城市，为了生活得更好而留在城市。”人们从四面八方来到城市，不仅仅为了获得财富，更重要的是追求美好愉悦的生活，便利的现代物质生活融合自然美好的城市环境，才能让人们乐于在城市长久地生活下去。“进可上庙堂，退可隐山林”，这是人们对于理想生活模式的描述，因此自然不仅仅是人类赖以生存的物质基础，也是丰富人们精神生活的基本源泉，在中国的文化传统中，自然山水和诗词、书法、绘画、园林等艺术形式有着千丝万缕的关系，古人对待自然山水始终持着亲和的态度，力图从自然山水风景构成的规律中探索人生哲理①，山水是城市文化

① 周维权．中国古典园林史［M］. 北京：清华大学出版社，2008.

图 2–6 在茂林修竹 、山光水色间感悟人生、以文会友的景象
图片来源：（明）仇英《桃花源图》节选

的载体。主要宗教场所和教育设施几乎都在山上或者水边。这些山水承载着中国古人对神仙胜境的想象。山水城市中的山水，也在此过程中“美”化成为文化景观。文人雅客于溪涧幽处、山林深处感悟人生、以文会友，创造出《兰亭集序》《归田园居》《桃花源记》等绝妙的文学作品，这些都体现了自然能够给予人们的精神价值。

中国园林作为补偿人们与大自然环境相对隔离而人为创设的“第二自然”，通过对建筑美与自然美的糅合、对自然抽象化与典型化的塑造，营造出“源于自然但高于自然”的环境空间，当人们置身于兼具“静观”与“动观”的园林时，无论是时间带来的春花秋月往复更替，还是随处可见的如画景致，都能满足人们的精神需求。在这里，人们可以与自然对话，从山水之美衍生诗词歌赋；可以与友人对话，高山流水觅知音；可以与自己对话，明己心，见自性，舒缓身心；还能与时空对话，反躬自省等。

对比古代，自然与人类“交流”的方式会随着现代人类的需求、习性、爱好等的不同而不断发展变化，但不变的是，自然总是在默默地赋予人类精神力量，自然在城市中以公园、绿道、滨水空间、景区等多种方式体现，被赋予更多元的功能，人们可以在自然中开展交际，建立情感联系，享受自然艺术和人文艺术的交融，人们也在自然中释放压力，舒缓情绪，获得在城市中的归属感。

南京地处我国东部，长江横贯东西，境内江河湖泊遍布，低山丘陵与河谷平原交错。有“虎踞龙盘”之称，六朝时期的中原地区战乱不断，衣冠南渡，丰富的地理地形启发了从北方迁徙而来的文人雅士，江南的秀美山水激发了人们对人生以及美学的审视和思考。玄武湖、紫金山因其独特的地理位置与风水优越性成为皇家建都造园的重要元素。玄武湖从古代皇家园林到黄册库，直至近代开放为市民公园前，都代表着当时的主要审美与文化象征。在文献中记录观测到紫金山具有“帝王之气”，与都城构成龙盘虎踞之势，为帝王之宅，至近代成为风景名胜地。以紫金山、玄武湖为代表的南京的山川形胜养育了具有中国特色审美观的山水诗、山水散文、山水画和山水园林。

在南京紫金山玄武湖板块的详细规划中[①]，我们在思考是否可以用历史性城市景观的方法来统筹规划片区整体，既尊重历史的层积性，也不排斥当代的空间与建筑，不排斥现代的生活与诉求，承认景观动态、连续的演进与变化。“山水定金陵，星斗承古今”的整体规划方案集合山水文化的三面性（山水营城、诗画园林、星宿风水），以“金陵星云”和“翡翠绿带”来重组中心公园的自然基地、市民生活和文化载体，秉承南京的营城特色，拓展出一个极具东方智慧与生命力、专属南京文化知识产权（IP）的城市自然体系。

① 项目信息来源于《南京紫金山玄武湖板块规划设计国际咨询》，由深圳市蕾奥规划设计咨询股份有限公司、Agence Ter（法国岱禾景观与城市规划设计事务所）、株式会社藤本壮介建筑设计事务所规划设计。

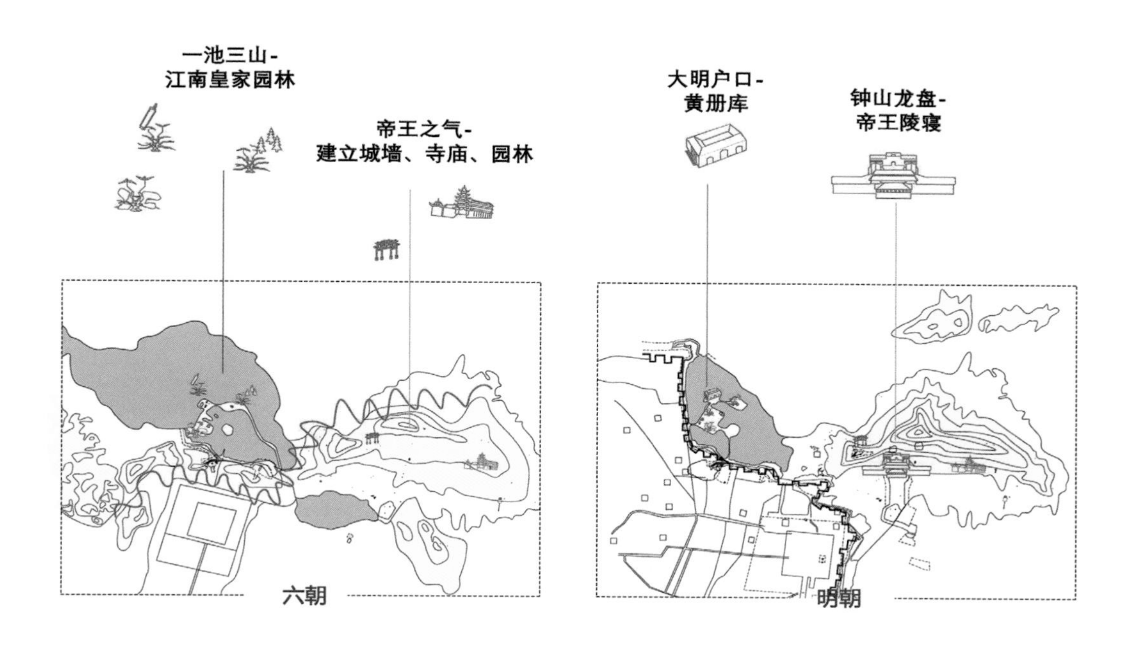

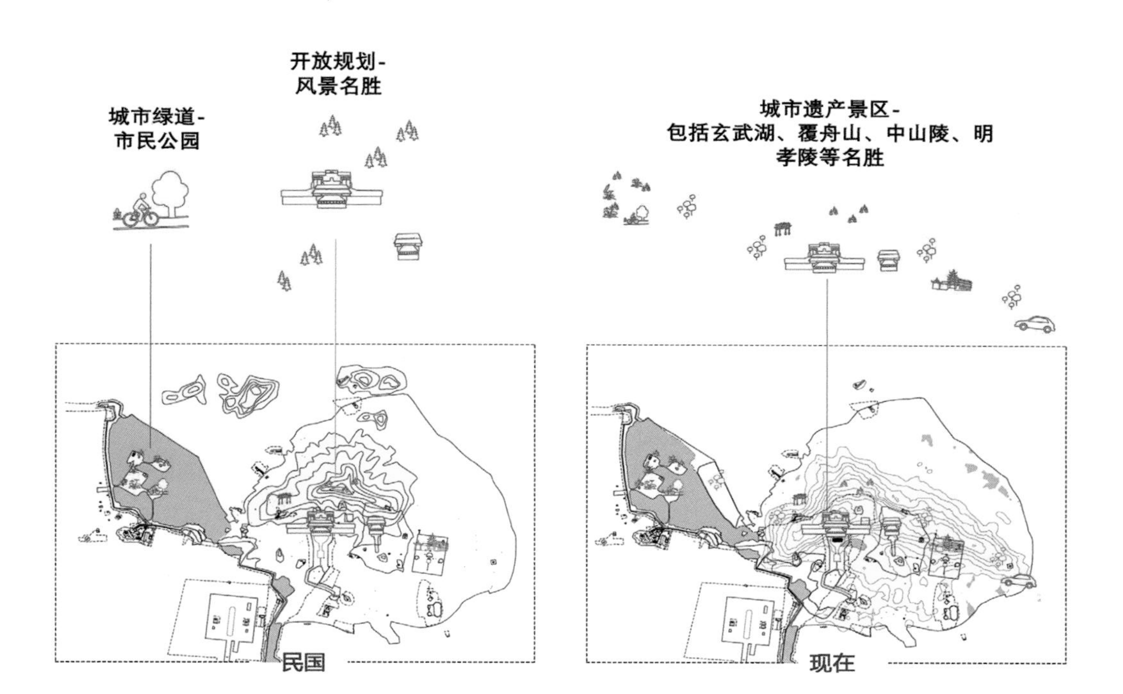

图 2–7 南京紫金山—玄武湖的历史资源分布示意图

图 2-8 紫金山—玄武湖 山—水—城融为一体的整体格局

图 2-9 紫金山—玄武湖与城市功能的诗意连接

自然，不仅仅是人们生存之根本，更使得人们“有血有肉”，懂得什么是美，悟得诗词歌赋与人生哲学，建立人与人之间、人与城之间的感情，守护城市中的自然之美，让城市“看得见山，望得见海”，也是为了守住人们心中的乡愁。

四、自然可以丰富城市公共产品类型，提升城市价值

有学者认为城市的本质是一组通过空间途径盈利的公共产品和服务。居民和企业定居一个城市并支付相关费用，就意味着购买了一组公共产品集合，这个公共产品可以是最原始的防卫设施（城墙），也可以是更为复杂的司法、治安以及更现代化的消防、卫生、供水、供电、道路、学校……[①]，同样公园、绿地等各类开放空间也是城市公共产品的重要内容，在市民的生活中发挥着关键的休闲游憩价值，但是在过去城市发展的很长一段时间里，自然空间作为城市公共产品的价值并没有充分地体现出来，人们往往认为公园的建设、开放空间的打造、城市环境的美化是城市经济发展到一定阶段后锦上添花的举措，是一种高投入、低回报的纯公益性行为，但随着城市的发展，大家越来越多地意识到这些空间在城市发展过程中的隐形价值和巨大的带动作用。

以伦敦公园自然资产统计为例，伦敦政府将生态绿地资产进行量化研究，发布《伦敦公共绿色空间自然资产账户》，首次计算出市民从公园绿地获得的经济效益和服务效益，如能为市民节约9.5亿英镑的医疗费用、间接产生9.26亿英镑的娱乐费用等[②]。

事实上，自然资源不仅是塑造城市高品质环境的重要基底，往往也是城市的特色所在，河岸、湖泊、海湾、旷野、山谷、山丘、湿地等都可成为城市形态特色的重要构成要素，通过对自然环境的保护和合理利用可以有效改善城市人居环境，塑造城市的独特品牌，进而提升城市核心竞争力和软实力，带动经济价值和产业发展。

2018年2月，习近平总书记赴四川视察，首次提出“公园城市”的全新理念和城市发展新范式，旨在将公园形态与城市空间有机融合，打造“人、城、境、业”高度和谐统一的现代化城市，探索以生态环境驱动城市发展的可持续新模式。以公园城市为代表等理念的提出，表明了公园、公园场景、公园化的城市是推动中国城市发展的新范式，为城市问题的解决提供了新视角、新路径。

---

① 赵燕菁 . 城市的制度原型 [J]. 城市规划 ,2009(10):9-18.

② Vivid Economics. Natural capital accounts for public green space in London, 2017[R/OL]. https://www.vivideconomics.com/casestudy/natural-capital-accounts-for-public-green-space-in-london/.

表 2-1 伦敦公园和绿地所提供服务的总经济价值统计表

投入/产出	政府投入	公共服务	家庭	企业	全球影响	总价值	百分比(%)
投入							
运营开支	(3.3)					(3.3)	
负债总额	(3.3)					(3.3)	
产出							
身体健康		2.1	5.5	3.1		10.7	11.7
精神愉悦		1.4	3.4	2		6.8	7.4
文化娱乐			17			17	18.7
住房资产			55.9			55.9	61.2
固碳(土壤)					0.2	0.2	0.2
固碳(植被)					0.1	0.1	0.1
温度调节			0.6			0.6	0.7
总计						91.3	100
净值							
资产净值	(3.3)	3.5	82.4	5.1	0.3	88	
净值百分比(%)	(3.8)	4.0	93.6	5.9	0.3	100	

（此统计表由于数据拆解问题未计算游客收益）

以伦敦公园自然资产统计为例，单位：10 亿英镑（£ billion）

备注：此统计表由于数据拆解问题未计算游客收益；所有数字均以 30 年时间段内评估的现值形式显示，并使用 3.5% 的贴现率。图中显示的数字、括号是指负债。住房资产为靠近公园而提供的额外增值。

资料来源：《Natural capital accounts for public greenspace in London》报告表格 9. https://www.london.gov.uk/sites/default/files/11015viv_natural_capital_account_for_london_v7_full_vis.pdf.

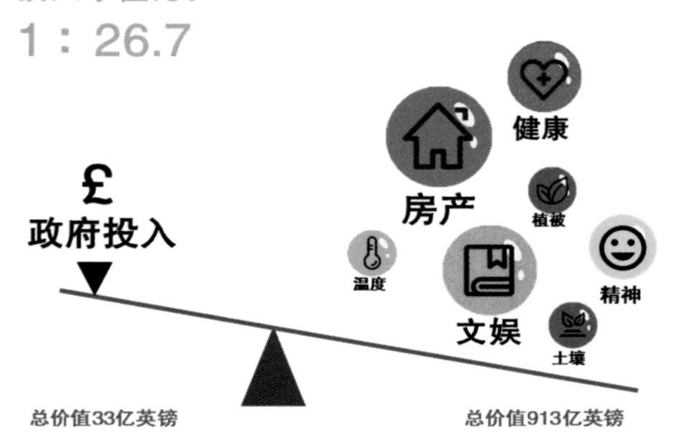

图 2-10 公园绿地效益量化研究统计

五、自然可以促进生产方式变革，建构生态文明

人类经历了蒸汽时代、电气时代、信息时代这三轮科技革命的浪潮，现在新一代人工智能技术的快速发展正在推动人类社会全面迈向智能时代，智能时代的到来将极大地重塑产业导向、商业模式、社会生态，带来社会领域巨大的全方位变革。曾经科技的进步给人类带来了生态危机，但另一方面，人类也只有依靠科技的进一步发展才能解决生态问题。随着科技的发展，人类将会逐渐减缓甚至消除以往工业革命所引发的负面问题，达到提高资源产出和利用价值、促进环境友好、实现经济社会可持续发展的目的。

当城市发展走向更为高级的阶段，各种内在的潜能和价值应该都能充分地激发出来，城市对待自然的态度应该是更为包容和接纳，只有拥有合理的自然空间布局、充分的自然做功、和人群建立广泛的精神联系、和城市发展相互融合发展，自然才可以更好地吸引高科技人才、推动城市的发展，促进生产方式的变革和文化的繁荣。

2022年党的二十大报告提出："推动绿色发展，促进人与自然和谐共生，大自然是人类赖以生存发展的基本条件。尊重自然、顺应自然、保护自然，是全面建设社会主义现代化国家的内在要求。"生态文明强调的就是人与自然的关系，它是人类社会与自然界和谐共处、良性互动、持续发展的一种高级形态的文明境界。人类社会发展史归根结底是一部人类与自然、生态与文明的关系史，尊重自然、顺应自然、保护自然，人类文明就能兴盛；反之，人类将遭受自然的惩罚，文明就会衰落。在新的生态文明建设背景下，通过人与自然的可持续发展路径探索城市发展新模式，对于实现中华民族伟大复兴的中国梦具有重要意义。

图片来源：曾天培 摄

第三章

“大尺度景观”的概念与探索

一、城市需要更大尺度的综合统筹

重建人与自然和谐共生的城市，首先在思想上应该承认人和自然是不可分割的一个整体，人是从自然分化出来的，是自然界的一部分。恩格斯明确指出："我们连同我们的肉、血和头脑都是属于自然界和存在于自然之中的，人本身是自然界的产物，人类可以利用自然、改造自然，但归根结底是自然的一部分。"同样人类所创造的城市以及附带的一切人工构筑也都是自然的一部分，脱离自然去谈城市、研究城市，脱离城市一味地强调保护自然，都是片面的。

但是在过去传统的城市规划语境下，完整的自然被切割为无数的碎片，城市规划强调指导"规划区"范围内的各类城市建设活动，土地利用规划则更关注"规划区"外的空间。河流、湿地、海岸线、自然保护地、动物栖息地等具有完整生态功能和生态链的自然空间，因为人工划定的各种各样的边界和不同的管理机制而变得不完整、支离破碎，甚至在城市开发建设的洪流中逐渐被蚕食直至消失殆尽。城市内部的用地同样存在各自为政的问题，处于不同功能区划的生态资源和景观资源面临着实施主体不同、要素割裂、各管一摊的现状。当规划师尝试着用传统的规划手法解决城市的自然问题的时候，发现城市并非机械的个体，传统规划体系中建设用地与非建设用地的二元割裂为自然问题的解决带来了诸多限制，城镇化进程中面临的"城市病"问题缺乏综合解决方案，不同的建设主管部门难以在既定目标下实现区域统筹，同时传统的城市规划专业聚焦城市本身，在生态学、植物学、气候学、地理学等方面也有一定的局限性。

人和自然整体价值观的确立需要打破城乡边界，更需要打破行业壁垒，国土空间规划体系的提出，正是针对当前城乡规划建设的矛盾，对全域范围各类自然和人文资源要素及国土空间进行统一管理，贯彻生态优先、绿色发展理念，坚持陆海统筹、城乡统筹、区域

图 3-1 自然资源的统筹规划和系统管制成为发展趋势

统筹、地上地下空间统筹，也包括对自然和人文要素、对山水林田湖草海湿地系统和城镇村各类要素的统筹。学科融合和交叉成为未来城市问题解决的重要途径与发展趋势。

二、“景观”的“大尺度”属性

“landscape”原意是“风景、景色”，这个词语被翻译成中文的时候产生了不少争议，相关学科的名称也引起了不少的讨论，并在国内衍生出不同的派别，笔者在这里就不详述了。其实在景观成为一种自由职业、学科或设计媒介以前，它最初只是一种绘画类型，一种戏剧艺术的主题以及一种人类主观活动的模式①，具有艺术和主观属性。在东西方漫长的景观艺术发展过程中，其更多是与“造园”（landscape gardening）或“花园艺术”(garden art）相关，服务于极少数统治阶层和贵族群体。直到19世纪中期，随着城市化的快速发展，才有了现代景观设计行业的快速发展，奥姆斯特德是第一个在现代意义上使用“景观设计师”职业称呼的人。1915～1932年，欧洲的现代主义运动，尤其是所谓的先锋派运动，明确地将20世纪景观设计和传统花园思想分离开来②，随后针对环境污染严重、城市生态功能退化等现实问题又出现了诸多景观设计的流派，从不同角度提出了更为全面和理性的概念解释。

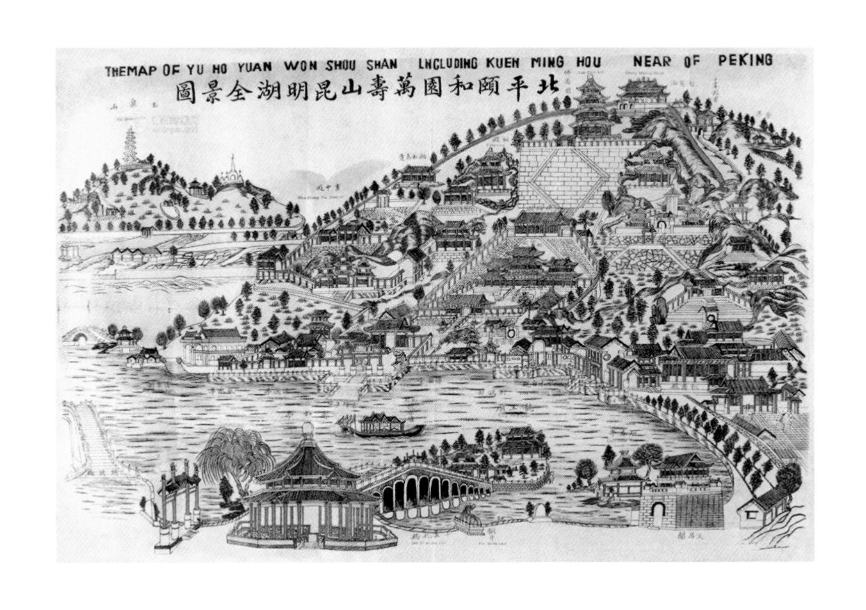

图 3-2 我国皇家园林经典之作，颐和园万寿山昆明湖全景图
图片来源：《北平颐和园万寿山昆明湖全景图》，1930

① DOHERTY G., WALDHEIM C. (Eds.). Is Landscape…?: Essays on the Identity of Landscape [M]. Routledge,2015. Routledge. https://doi.org/10.4324/9781315697581.

② 斯坦纳 . 生命的景观：景观规划的生态学途径 [M].2 版 . 周年兴，李小凌，俞孔坚，等译 . 北京：中国建筑工业出版社 ,2004:4.

图 3-3 凡尔赛宫是欧洲古典主义园林艺术的杰作
图片来源：《凡尔赛宫揽胜图册》，1890

我们在此并不去细究“景观”本身的历史沿革或理论，而是希望专注于景观的实践工作。“景观”不仅仅是一个行业、一个专业或者一个名词，景观更是一种解决问题的途径，事实上随着时代的发展，“景观”的概念和内涵在不断地深化和扩充，并逐渐脱离单纯艺术和审美的需求，更多地融入城市和区域的整体发展战略中。

当我们在讨论“景观”的时候，会发现“景观”其实是一个非常宽广、具有不确定性的概念，“景观”可以很大也可以很小。在造园师眼里，“景观”是一朵花、一棵树、一道风景；在建筑师眼里，“景观”是建筑的外部环境和衬托背景；城市规划师的眼里，建筑本身也是“景观”的一部分，大大小小的建筑、街道、广场、公园共同构成了城市的景观；而在生态学家眼里，整个地球的山川、河流、森林、城市都是“景观”的组成。“景观”可以很具体也可以很抽象。在画家眼里，“景观”是线条和轮廓、明暗和色彩，是给人强烈感官体验的一种情境体验；在文化地理学家丹尼斯·科斯格罗夫 (Denis Cosgrove) 眼里，“景观”是经过人类主观体验之后所呈现的外部世界。“景观”这种自由游走在不同领域、不同维度的不确定性恰恰成就了它在解决城市问题方面的新价值。

从小尺度到大尺度，从单一性到高度复杂性，景观学可以从城市甚至城乡国土层面去提出新的命题和挑战，为当代城市许多发展问题提供一种新的途径和思路，我们姑且把这类工作对象统称为“大尺度景观”，这里所说的“大尺度”不是单纯地指大的规模和尺度，而是更倾向于其在所处的环境中的尺度、地位和功能的重要性和系统性、全局性解决城市问题的思路和方法论。

景观的“大”

“大”指的是大系统、大局观、大思维。大和小是相对的，强调“大”并不意味着可以忽略“小”，江海不择细流，“大”往往是由“小”组成的。所谓“大千世界，无奇不有”，往往“大”带给我们的震撼不是来自于空间尺寸上的大，而更多是其中包罗万象的丰富度和多元性，而这恰恰应该是“景观”核心的特征。

大系统是指景观往往包括了各种要素、各种尺度以及多元的专业，所以一定要从统筹或者系统的角度去看待景观。“建筑”“城市”等概念一般都有相对清晰的实体形象和空间边界，而“景观”却是一个太模糊而巨大的概念。不同学科在借鉴景观概念的过程中，采用了不同的研究方法，对于景观内涵的理解也不尽相同。景观生态学强调处理人类社会与其生存生活环境间的关系，地理学侧重于区域内自然和文化景观要素的综合性及其形成过程，有学者定义“景观”是多种元素组合的复合体，“包括田野、建筑、山体、荒漠、水体以及住区，也包括了多种土地利用的方式——居住、运输、农业、娱乐以及自然地带——并由这些土地利用类型组合而成”[①]。也就是说它不仅仅包括我们所认知的山水林田湖草沙等自然资源和景观要素，也包括建筑、城市等人工要素，以及人类行为、风俗、文化等非物质要素，基本上我们生存的城市、自然环境、一切在地表存在的人工或非人工，实体或非实体的存在都可以归为“景观”的范畴，而这其中的构成要素之错综复杂、脉络起源之源远流长、相互影响之深刻久远，远远超乎某个行业、某个学科所能触及的想象。

大局观，是强调整体性、强调全局的观念。“景观”所展示出的高度综合性要求相关从业人员必须理解规划对象所包含的所有空间与人文要素，并应认识到这些要素的千差万别，因此在此背景下的景观工作很难再靠某个具体的专业团队独自完成，而是要融合气候学、地理学、生态学、人文学、经济学、植物学、水环境等不同学科，从更大的视角来搭建工作的全局观。

这种全局观在19世纪随着城市问题的出现便初现端倪。埃比尼泽·霍华德提出的“田园城市”理论摆脱了过去就城市论城市的狭隘观念，提出建设一种兼有城市和乡村优点的理想城市；帕特里克·盖迪斯提出把自然地区纳入规划研究的新的区域规划模式，这一模

① 斯坦纳．生命的景观：景观规划的生态学途径 [M]. 2 版．周年兴，李小凌，俞孔坚，等译．北京：中国建筑工业出版社，2004：4.

式解释了生物地理学、地形学等与人类活动体系之间发生相互作用的复杂关系；刘易斯·芒福德认为“区域是一个整体，而城市是它其中的一部分，真正成功的城市规划必须是区域规划，区域规划的第一不同要素需要包括城市、村庄及永久农业地区，作为区域综合体的组成部分。”①

近些年来兴起的景观都市主义更是彻底地将地球视作一个“超级综合体”环境，把建筑和基础设施看成是景观的延续或是地表的隆起。这里的景观不仅仅是绿色的景物或自然空间等审美的表象，更是连续的地表结构、一种加厚的地面，它作为一种城市支撑结构能够容纳和安排以各种自然过程为主导的生态基础设施和以多种功能为主导的公共基础设施，并为它们提供支持和服务②。

大思维，是指在面对具体的工作对象时，不要局限于景观本身的艺术或者视觉要素，而是要跳出工作边界，从更大的视角、更广的尺度、更多的层次上来审视具体问题的解决，例如城市的角度、区域的角度、文明的角度、历史的角度等，深入地研判问题发生的根源，将历史时间与空间多重叠加、表面的和内在的相互联系、成本与效益的综合平衡等纳入思考，从而给出最优的解决方案。

景观的“尺”

“尺”是我国传统度量长度的基本单位，也是一种度量工具，人们利用“尺”来测量长度，界定范围。就像大和小是相对的，“尺”也是相对的，“咫尺天涯”就是这个道理，“一花一世界、一叶一菩提”，不同的尺度，特征不同，规律也可能不同。尺有所短，寸有所长，并不能绝对地来看待大尺度中的这个“尺”。景观的范围有多大？边界在哪里？我们又该如何用景观的“尺”度量景观的尺寸？

许多景观规划设计工作侧重于聚焦具体地块、具体功能的空间设计，但不可忽视的是景观的主要工作对象是自然界中的各类自然资源和景观要素，自然界中的空气、水以及物种迁移和种子传播等都是不受行政边界约束的，因此景观的一个独特属性就在于它的开放性导致的空间不确定性。我们可以通过一条硬性的边界将一块相邻的土地划分为两个行政

---

① 崔功豪，魏清泉．区域分析与区域规划（第 2 版）[M]. 北京：高等教育出版社，2006.

② 宋秋明．基于景观都市主义的城市设计策略探究 [J]. 城市建筑，2019, 16(16): 166-172.

区，但却很难限制鸟类、昆虫等动物在其间自由穿梭，也不可能让河流仅仅在一座城市内部流通，同样我们规划一座公园，也不可能限制在特定时间内游人只能在公园内活动，他们必然会和公园周边的交通、餐饮、商业产生联系，反过来又会对公园产生其他影响。

因此我们很难去定义景观其实际尺寸和明确的边界，其本身包含的是多尺度、多层次的需求，比如城市河流的综合整治规划工作既需要从河流在城市的空间区位、发展定位、市民需求等去定义和规划河流的各类功能，还需要结合河流周边的土地利用属性、交通条件、景观风貌、公共空间体系等去做更为精细化的规划设计和管理，仅仅这些还不够，河流流域的生物多样性如何体现，鸟类、鱼类和昆虫对于生境有哪些不同的需求，河流堤岸和生态岛如何处理更有利于生境的营造，这条河如何与周边的绿地以及其他水系产生生态联系以及复杂的水文过程等，庞大而错综复杂的问题以及工作体系都要求我们难以仅仅针对这条河本身提出解决方案，而要从更大尺度、更广视角来综合分析，突破河流本身的尺度来提供景观综合解决方案[①]。

“八水绕长安”的“八水”之一渭河是西安的母亲河，作为黄河最大的支流，从苍莽野性的原生之河到农牧耕种的华夏之河，渭河见证了千年的流域文明。在渭河疏浚及两岸概念规划设计方案中，我们打破了河流本身的空间局限，落脚城市和更大区域的尺度，依托河流搭建区域的蓝绿框架和城市的故事脉络，凝练出泾渭水文的调顺、地文的富饶、天文的怡然、人文的共鸣——“四文”的智慧，通过自然景观、文化气象、地道物产、风土人情，共同呈现出立体丰盈的泾渭风物长卷。

图 3-4 渭河蓝绿城市框架

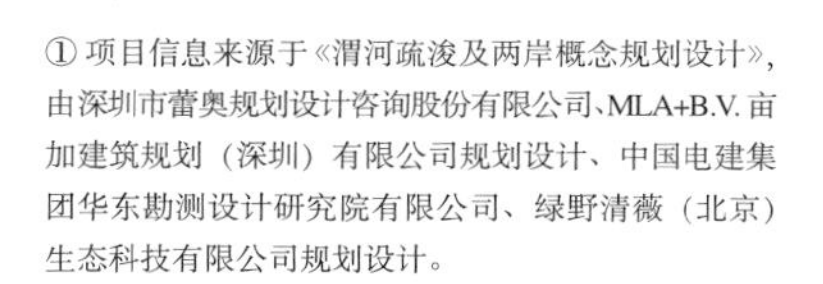

① 项目信息来源于《渭河疏浚及两岸概念规划设计》，由深圳市蕾奥规划设计咨询股份有限公司、MLA+B.V. 亩加建筑规划（深圳）有限公司规划设计、中国电建集团华东勘测设计研究院有限公司、绿野清薇（北京）生态科技有限公司规划设计。

景观的“度”

“度”的含义较为广泛，包括计算单位、数量界限、法制依据，还包括境界和保持质的界限，事物在一定“量”的范围内能够保持自身原来的“质”，这个范围就是“度”，超过了这个“度”，事物的性质就会发生改变。在大尺度景观的规划设计中，把握住“度”就是要坚持适度原则，着粉则太白、施朱则太赤，景观的规划设计就要恰到好处，既不过分也不能不足，防止过犹不及的现象出现。自然万物有其亘古不变的自然规律和平衡机制，景观中的许多要素比如植物、河流、生物群落是拥有生命的有机体，自有其生命周期和自然需求，早晚有别，四季各有差异，并随着时光的变化呈现出不一样的景致，是不以人类意志为转移的，这就尤其要求景观工作中“度”的把握，尊重生命、尊重自然规律，取之有度、用之有度。

也许有些小尺度的艺术空间和艺术品会刻意制造冲突感和突兀感，但是如果从宏观的视角来看我们的城市和大地景观，真正让人心灵为之震撼的空间一定是和谐的、自然和人工彼此协调的，历史上那些经典的城市无一不是充分地利用原有的地形地貌、河湖水面和自然景色，具有宜人的空间尺度和亲切感，“天人合一”的传统自然美学观是不分东西方地域差异和人种差异的，这就要求城市建设要时时刻刻处理好人与自然之间的“度”，充分尊重当地原有的地形地貌、气候条件、动植物群落特性等，恰到好处、巧妙地去建设，不能硬干蛮干。

然而放眼当代中国的城市景观建设，轰轰烈烈的城镇化进程对自然的挑战、对环境的威胁表现出前所未有的严峻和尖锐，有些大刀阔斧的城市建设导致原有的自然生境支离破碎，所谓的面子工程将自然作为点缀城市的装饰品进行肆意改造，尺度巨大的广场、整齐划一的水岸、造型夸张的人工设施以及各种“网红”景观沦为城市的附庸品，逐渐失去了自然的本真性，没有“度”的景观也难以称之为美好的景观了。

“度”不是固定不变的，而是灵活的，是变化的，一个事物所能接受的“度”，是随着时代的发展、人们的认知，以及所处的空间不同、时间不同、社会不同而有所变化。所以既要坚持度的上下调节范围，不要用力过猛，又要关注到度的特征变化，与时俱进。

三、“大尺度景观”的分类形式

景观的“大”“尺”“度”属性决定了景观是包罗万象的，景观是无边界的，景观还拥有其自身的自然规律和平衡机制，大尺度景观学可以更好地打破行业壁垒，实现融合与跨界，把河流变成“河流+”，把公园变成“公园+”，把过去单个景观的研究转变为景观体系的研究，把整个城市、整个区域作为一个景观的整体。其具体可以有多种表现形式，从生态、功能和形态层面也可以有多种分类的方法。

第一类是拥有完整的自然边界，基于生态优先原则，以完整的地理空间要素为划分依据，以生态安全格局和生态基底为基础的空间划分方式，一般拥有较完整的自然风貌和动植物栖息种群，比如完整的河流流域、自然保护地、动物栖息地等，一般是跨越行政边界的。大区域空间的景观环境和全球的健康可持续发展息息相关、互相依存，比如国家重点生态功能区、自然保护地等，必须从大尺度的国土空间层面去整体统筹。这种分类方式突破了城市本身的局限，完全基于自然功能的空间划定，可以更好地统筹自然资源和生态格局。

第二类是拥有完整的自然要素、一定地域范围内完整的蓝绿空间体系和风貌体系，它可以是一座城市内的公共空间体系，也可以是某个具体城区或片区内部的景观系统，面积可大可小，关键是系统性和丰富度。这种分类方式打破了传统的风景区、公园、景区、河流、山体、城区等诸多局限，而是将它们进行整体策划，炼化出多元多样的复合型功能，并且结合城市功能和发展趋势，把自然与人文的各种要素穿插围绕布置于其中，形成生态功能完善、自然环境优美，可供市民游憩、运动与赏景的大型魅力空间。这一类大尺度景观空间正是基于这样的需求而对空间的统筹考虑。

第三类是位于城市内外的大型生态空间和线性廊道，比如河流、海岸线、绿道以及其他人工建设的但有待生态化的大型基础设施等，它们常常在城市的结构中处于举足轻重的位置，对区域的生态安全格局构建和城市的健康绿色发展发挥着至关重要的作用。过去几十年有些城市发展过于注重理性、实用、效率，大肆地改造自然、征服自然，产生了许多大尺度的基础设施等，在追求效率的同时忽略了人文内涵、自然融合，随着社会在回归生态和精神审美方面的需求，这些空间也都需要从大尺度景观的角度进行完善和提升。

总结来说，“大尺度景观”既可以指各类景观空间，其规划设计也可以指一种跨越各类行政边界、融合城乡空间和蓝绿系统的尺度更广大、内容更综合的规划方法，这种方法有利于打破传统的用地分类标准，集合优化城市内外各类条状、带状、片状的自然资源，通过科学研究、分析、规划、设计、实施全流程的落实，为城市问题的解决提供新理念、新视角、新路径。

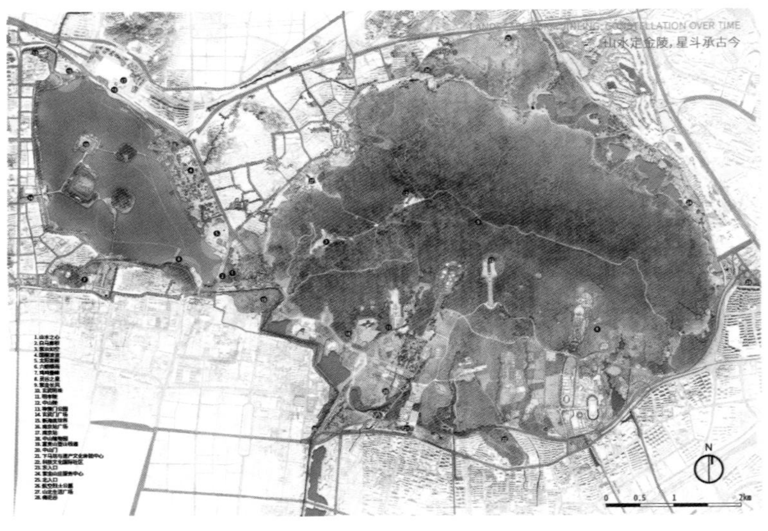

图 3-5 紫金山 + 玄武湖组团是城市内部拥有完整自然边界的大尺度景观

图 3-6 惠州的考洲洋是需要将“山—海—城”进行统筹考虑的区域型大尺度景观

图 3-7 深圳市龙华区的蓝绿空间体系

图 3-8 龙华区观湖街道某城市更新单元蓝绿空间体系

图 3-9 深南大道、龙华观澜河、龙华环城绿道、盐田海滨栈道（自上而下）都属于城市内的大尺度线性景观空间

第四章

“大尺度景观”连接人、场地与自然

人是大自然的一部分，城市是人类改造自然的产物，也是人类文明建立的标志，人、城市和自然有着千丝万缕的联系，然而在城镇化的过程中，有些城市建设常常把人和自然对立起来，从过去肆意破坏自然走向另一个极端：过度保护自然，不允许人亲近自然，或者强行把人从自然中抽离出来，如同作茧自缚一般，在自然中建立起一座座把自己包围的人工孤岛，人和自然的关系不管是在实际的物理世界中，还是在人类的精神世界中都逐渐疏离。其实这样既不利于城市的发展，也同样不利于更可持续地保护自然。

大尺度景观作为更具多元性和包容性的一类空间形态，可以在城市中充分地发挥连接和缝合的作用，拉近城市和自然的距离，那么在城市的规划设计领域，怎样用“大尺度景观”连接人、各类场地与自然，重新回归人与自然和谐亲密的世界呢？根据自然、城市与人的关系，由外到内可以大致归纳为以下五种方式：让人类适度地走进自然、让自然天然地渗透城市、构建充满活力的城野边界、重塑城市的蓝绿公共空间、守护城市中的荒野景观。

一、让人类适度地走进自然

人类从原野森林中走出来，历经数百万年的进化和演变历程，留下了喜欢绿色大自然的基因传承，任何一个婴儿从诞生起，就有倾向于拥抱大自然的激情，在大自然中，他就像回到母亲的襁褓而感到由衷的安全，这是人类基因所起到的先天性作用。1984年哈佛大学生物学家爱德华·威尔逊（Edward Wilson）提出“人类亲近自然的天性”（biophilia），即人与自然的联系深深扎根于人类进化的历史进程中。然而，随着城镇化进程的飞速发展，互联网和电子商务等虚拟产业的迅猛崛起，人们在户外自由活动、回归自然、亲近自然的时间越来越少，这种潜在的“自然缺失”（nature deficit）现象使得人与自然、人与生物本体的属性产生了割裂，而实际上人们是无比向往在繁忙的工作和学习之余，回到大自然散散步、放松一下的，甚至希望也能偶尔释放天性，像个野孩子一样在郊外奔跑、呼喊、撒野。

其实我们的城市离自然的物理距离并不遥远，只是种种人为的隔阂阻挡了我们亲近自然的机会。和需要严格保护的自然保护区或者国家公园不同，针对城市外围的郊野地区，我们可以采取更为灵活的利用方式，在城市规划中通过适度的介入给人们一个走进自然、亲近自然的途径，比如可以通过完善的绿道体系连接城市的慢行系统，让市民们可以从嘈杂的城市中心步行或者骑行到城郊的森林深处，还可以以低介入的方式通过登山道、郊野步道、古驿道、远足径等各种各样的方式亲近自然、探索自然，同时这个“走进”不仅仅需要在空间上有合适、合理的路径，更需要结合城市的整体空间布局、交通体系以及自然空间的空间分布进行统筹谋划。

以深圳为例，作为典型的低山丘陵地貌，深圳一直秉持组团式的城市空间布局，组团之间以大型区域绿地与生态廊道作为保护屏障进行间隔，防止过度蔓延发展，因此每个城市组团周边都拥有丰富的自然资源和生态绿地。2005年深圳市在全国率先划定了“基本生态控制线”①，将全市约一半面积的土地（974km^2）都划入线内，实行严格的保护制度，这里面有延绵不断的山岭和丘陵、珍稀的亚热带森林景观、星罗棋布的湖泊和湿地，此外深圳还拥有4个海湾、51个大大小小的岛屿以及长达260km长的海岸线，这1997.47km^{2}的陆地和1145km^{2}的海域里生活着超过两万种生物，是一个生机盎然、没有围墙、没有穹顶、永久开放、让人叹为观止的超级自然大乐园。

过去十几年来，生态控制线作为深圳城市生态安全屏障和生态保护的“生命线”和“高压线”已经深入人心，其生态、环境价值得到市民的广泛认可，但是，生态控制线并不意味着“禁区”或者“无人区”②，特别是随着都市人口的持续膨胀，大家对自然生态游憩的需求也日益提高，生态控制线在历史文化、科普教育、旅游休闲方面的价值应该被重视起来，给市民一个了解和亲近自然的机会，让市民共享城市生态资产，促进生态线内资源和城市生活的互动，也是对自然更好的保护。近年来笔者主持了位于深圳市生态控制线内的龙华环城绿道、光明山湖绿道、盐田海滨栈道等诸多大尺度景观项目，充分地利用生态控制线的自然资源，在修复自然的基础上激发了边缘地区的活力，为在城市里紧张工作的人们提供了休闲放松的场所，受到了广大市民的欢迎。让人类走进自然，关键点在于“适度”，我们对待自然始终要保持敬畏之心，在不破坏自然的前提下亲近自然。在自然郊野的地方不恰当地使用各种巨构尺度高架栈桥、不锈钢栈道，采用各种刺激夸张的鲜艳色彩，这种追求一时网红、吸引眼球但造价高昂又不实用的风潮并不是一个好的方向。

让人类适度地走进自然，让孩子们更多地了解我们身边的一草一木，以自然环境为场

① 深圳市基本生态控制线：2005年11月1日，深圳市人民政府划定基本生态控制线并颁布实施《深圳市基本生态控制线管理规定》，对全市范围进行自然生态保护。

② 盛鸣．从规划编制到政策设计：深圳市基本生态控制线的实证研究与思考[J]. 城市规划学刊,2010(S1):48-53.

图 4-1 深圳市光明区郊野径充分结合地形特征采用低干扰设计手法

所，通过有吸引力的自然教育活动，在自然中体验学习，建立与自然的联结，其实是对自然保护最大的支持。一生致力于黑猩猩野外研究的著名动物生态学家珍妮·古道尔说过一句话："惟有理解，才能关心；惟有关心，才能帮助；惟有帮助，才能都被拯救。"而大尺度景观规划设计可以帮助城市、帮助市民更好地做到这一点。

二、让自然天然地渗透城市

除了让居住在城市的居民顺着绿道或其他途径走出城市、拥抱自然，也可以把城市周围的自然更好地引入城市内部，让自然做功，一方面避免城市建设阻断自然生物的流通，通过生态廊道的形式维系自然生态格局的完整性，另一方面让市民在城市里也可以呼吸到新鲜的空气，拥抱森林和河流，感受大自然的美好。

从大尺度景观的角度来看，最典型的做法就是楔形绿地。楔形绿地是“从城市郊区沿城市的辐射线方向插入城市内的绿地，因反映在城市总平面图上呈楔形而得名”[①]。因为这种绿地布局便于城市中心地区的居民接触大片绿地，进行休息、游乐和健身活动，所以楔形绿地经常出现在国内外各种城市规划的具体实践中，尤为著名的是数次伦敦规划中。伦敦将绿楔定义为“解决21世纪城市问题的绿色网格”，指状渗透、功能复合的绿楔可以更好地融合自然与城市，并引导城市多中心发展，大幅提升环境质量。2002年，伦敦宣布发展城市绿楔的声明；2004年，《东伦敦绿网规划》提出6条城市绿楔的规划，以促进城市多中心发展，直至2012年拓展至12条；2011年，绿楔被纳入大伦敦发展战略，其规划的绿楔并非单一连绵的绿廊，6条绿楔融合5条产业走廊共同发展，连点成串、连串成片，形成聚集效应，带动周边正在衰败的新城实现转型发展。楔形绿地思想不但打破了欧洲自19世纪以来占统治地位的同心圆式城市格局，创造出有利卫生和健康的通风廊道和居民便于接近的城市绿地，而且结合城市的内外交通在区域范围中协调空间和资源布局，同时还蕴含着破除城乡区隔的深远寓意[②]。

新加坡同样在这方面开展了积极的探索，自20世纪80年代末起，面对人口迅猛增长和城市化加剧，新加坡政府着手规划并逐步建设了公园连接道系统(Park Connector Network)，以增进绿色空间的可达性。这一系统连接着人口密集区、主要公园、自然保护区、名胜古迹及其他自然开敞空间，使公众能够通过无间断的绿色网络探索全岛。为使用者提供了绿廊网络、各类景观、不同距离休闲空间的丰富选择，是新加坡迈向“花园中的城市”目标的重要举措[③]。

---

① 中国大百科全书总委员会,《建筑 园林 城市规划》委员会 . 中国大百科全书 : 建筑 园林 城市规划 [M]. 北京 : 中国大百科全书出版社 , 1992.

② 刘亦师 . 楔形绿地规划思想及其全球传播与早期实践 [J]. 城市规划学刊 ,2020(3):109-118.

③ 张天洁 , 李泽 . 高密度城市的多目标绿道网络——新加坡公园连接道系统 [J]. 城市规划 ,2013,37(5):67-73.

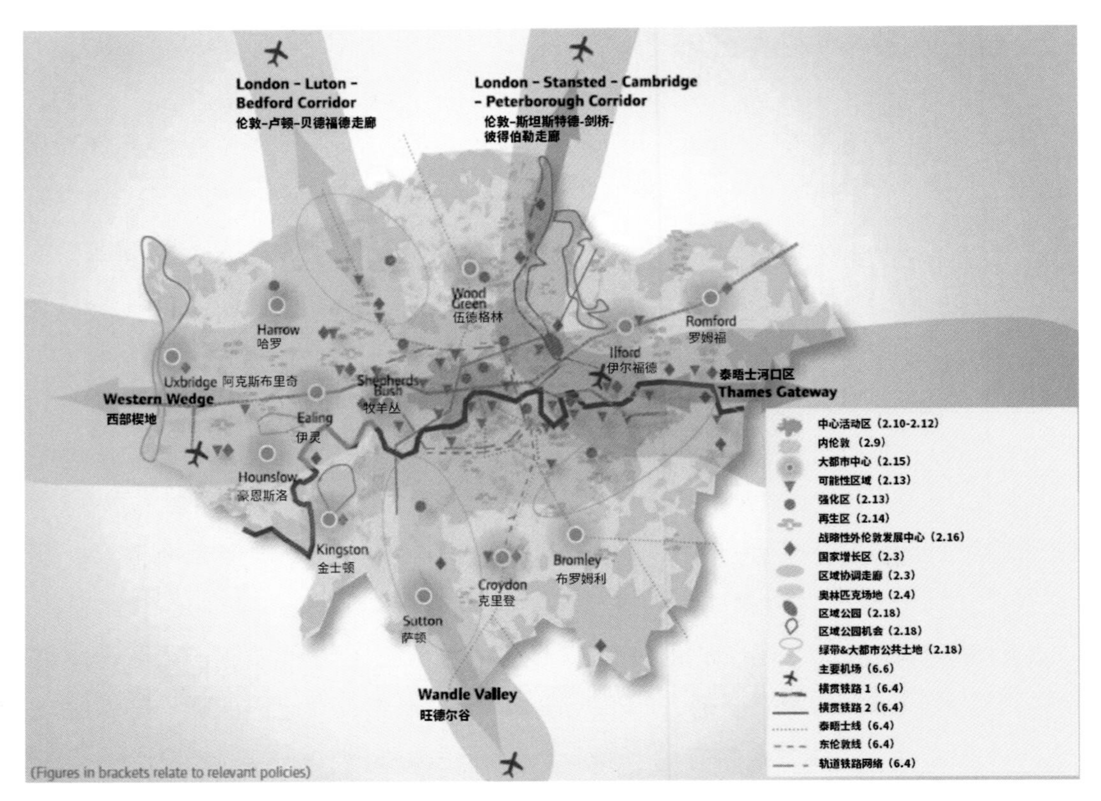

图 4–2 伦敦结合绿楔打造 5 条产业走廊

图片来源：《伦敦计划：大伦敦的空间发展战略》第 73 页，2011. https://www.eustonareaplan.info/wp-content/uploads/2014/04/GOV8-The-London-Plan-2011-GLA.pdf.

除了人为地规划建设联系城市内外的绿色通道以外，更为直接高效的方式是利用好城市里的天然线性空间，例如河流。许多大型的河流都发源于高山，沿地势一路蜿蜒曲折，历经漫长的距离一直流入湖泊或海洋，人类可以调整河流的宽度，改变河流的形态，但却极少能够改变河流的起点和终点，流经城市的河流成为连接城市和自然最直接的“绿色高速公路”，源源不断地把生物所需的能量和物质输送到各个角落，因此借河流来布局城市的生态廊道，让外围的自然空间和新鲜空气可以无障碍地渗透到城市内部，自然界的生物流通并不因城市的边界而被阻隔，城市也可以更好地参与大自然的生态循环中。

三、构建充满活力的城野边界

2008年1月1日，《中华人民共和国城乡规划法》正式施行，《中华人民共和国城市规划法》同时废止。2019年5月9日，中共中央、国务院正式印发《关于建立国土空间规划体系并监督实施的若干意见》，标志着生态文明新时代背景下，"多规合一"的国土空间规划体系顶层设计和总体框架基本形成，从城市规划到城乡规划，再到国土空间规划，城乡统筹、区域统筹成为大势所趋。在此之前城市规划一直重点关注于城市建成区，乡村、大量非建设用地和城市建成区虽然也有融合，但总体上是分离的，在规划中较少作为一个整体予以系统性的考虑，城市和自然交界的城乡接合部往往就成了"脏乱差"的代名词，成了"三不管"的灰色地带，土地价值不高，生态属性不强。

其实这是对这些"风水宝地"价值的极大浪费，生态学认为边缘地区是物种多样性、种群密度较大的地区，城市地域中的边缘效应，是"性质不同的地区，在其交界、过渡地区由于功能的叠加效应，产生强于其本身的功能"[①]，这些区域的定位往往是多元的、没有标准答案的，这种模糊性正是它的特色所在。许多邻近城市区域的大尺度自然空间参与了城市整体风貌的构成，是城市生态功能不可或缺的组成部分，同时也是人民群众旅游、休闲和观光的重要空间载体，为城市的空间环境品质提供了良好的本底基础，这些空间多是较大尺度范围内多种要素整合形成的地域综合体，既包括了山形水势、气候植被、风土人情等孕育魅力资源的自然和文化基底，也包括了人、自然与文化三者在长期交融互动中形成可以被人们感知到的地域特色[②]。在这里自然可以很亲民，城市也可以很自然，两者的功能和风貌相互交融，再加上更具优势的区位条件，是市民触手可及的"诗和远方"，成为城市里最具魅力和吸引力的场所之一。

深圳市龙华区的环城绿道[③]很好地利用了城区边缘绿地的游憩价值，龙华区的行政边界大部分沿着城市建成区四周山体划定，银湖山、梅林山、红木山等山体的部分林地构成天然的环城生态带，生态控制区占全区总面积约36%，城市建设用地主要集中在中间腹地。尽管周边的生态用地被定性为郊野公园，风景优美、资源丰富，但可达性不佳，利用率低，

① 邢忠."边缘效应"与城市生态规划[J].城市规划,2001(6):44-49.

② 王笑时,束晨阳,邓武功,等.国土空间规划语境下魅力景观空间构建研究[J].中国园林,2021,37(S1):100-105.

③ 项目信息来源于《龙华区环城绿道建设项目（方案设计、初步设计）》，由深圳市蕾奥规划设计咨询股份有限公司、深圳翰博设计股份有限公司、中国瑞林工程技术股份有限公司规划设计。

甚至成为违建屡禁不止、环境“脏乱差”的灰色地带。我们通过开展龙华区环城绿道和环城公园体系的规划建设，对边缘空间进行了系统的梳理和规划，形成全长135km的环城绿环。对于城市外围，绿道能够盘活城区边缘地带，整治修复消极区域，提高城市的公平性；对于城市中心，在公园、广场等便民休闲设施缺乏的情况下，环城绿道的支线能够将市民活动引入自然之中，让市民更好地享受自然、热爱自然。同时通过各类步道将外围生态绿地和城内的公园绿地连为一体，形成一条环绕全城的连续的活力风景带。

城野边界的大尺度景观空间需要更加精准和个性化的规划设计和用地管控，既要避免被城市建设侵占或被污染破坏，也要避免和城市功能脱节，沦为“城市死角”。通过搭建全域用途管制和全要素设计导控的技术框架，再结合适当的文化功能和游憩功能植入，可以将这些城市和自然之间的魅力空间更好地进行统筹和融合，从消极保护转变为积极治理，充分释放其美学价值和游憩价值，让人与自然的距离更加靠近。

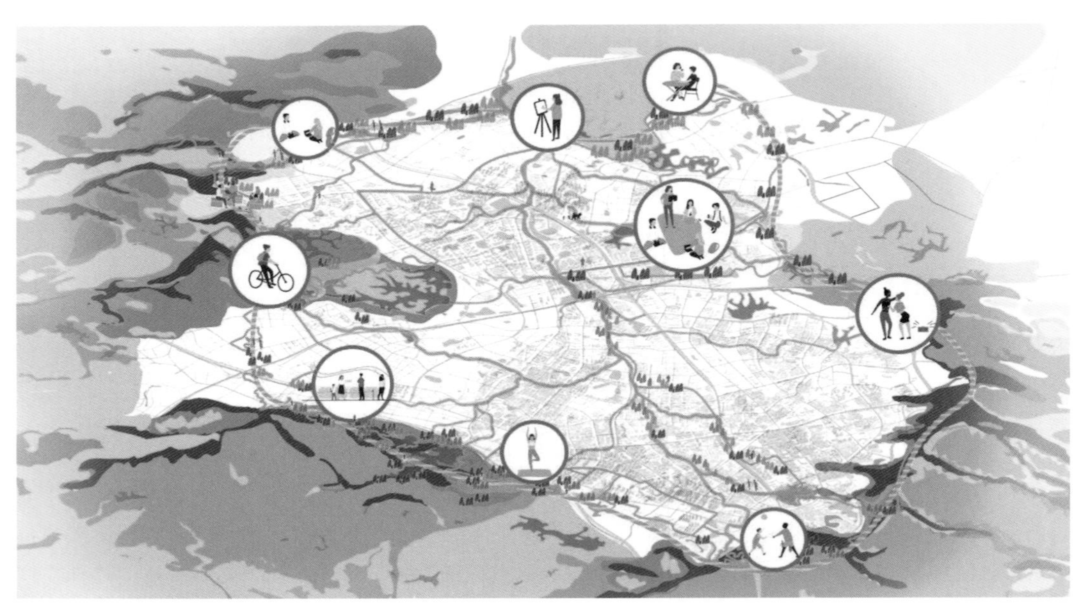

图 4-3 龙华区环城绿道规划示意图

四、重塑城市的蓝绿公共空间

蓝绿空间即各类水域、绿地等开敞空间所组成的空间系统，其中蓝色空间包括河流、湖泊、滩涂、湿地等自然水体空间及水库、沟渠等人工水体；绿色空间包括公共绿地、防护绿地、附属绿地等纳入城市建设用地的绿地，也包括农业用地以及具有生态保育功能的其他非建设用地。蓝绿空间并不是分别独立的两个系统，而是山水林田湖草生命共同体的具体空间。①

由于城市大规模、大力度的开发建设导致城市内部的蓝绿空间系统②经常是断裂的、破碎的。也许我们生活的城市里有风景很优美的公园、视野很开阔的山丘以及各种各样的绿色空间，但如果彼此之间都是孤立的、难以到达的，那么我们是很难在城市里感受到自然之美的，不同的生态组团也会因为缺乏生物的流动而沦为城市钢筋水泥丛林里的生态孤岛，最终丧失生命力。

蓝绿空间系统具有天然的“融合性”，城市绿色空间多与河流水系伴生，沿线也多集中承载了城市的历史文脉，同时也是城市景观风貌塑造的核心区域。相较于传统绿地系统和水系统，编制蓝绿空间系统规划有利于城市生态、景观、游憩和文化系统的统筹和融合。③在城市的整体规划设计中应该把这些蓝绿空间作为一个整体，跳出各类公园和绿地的所谓“红线”边界，挖掘蓝绿空间的内在联系，发挥蓝绿空间生态、游憩等多元功能的叠加效益，这样既有利于更好地从全局角度改善城市的空间环境品质，也可以对城市的公共空间进行系统组织，基于大尺度景观的公共空间规划方法论可以让城市内的自然空间要素被充分关注，在城市规划框架中由过去的“打补丁”转向“铺底图”，从消极保护转变为积极治理和利用。

可以以国土空间基础信息平台为依托，“统一底图、统一标准、统一规划、统一平台”，围绕蓝绿空间的保护、修复、建设和治理，进一步发展衍生出多层次、多角度的专项规划。一方面，针对森林、湿地、河流、绿地等相对清晰、独立的生态要素开展大尺度景观空间

① 王世福，刘联璧．从廊道到全域——绿色城市设计引领下的城乡蓝绿空间网络构建 [J]. 风景园林，2021,28(8):45-50.
② 蓝绿系统：城市水资源（蓝色系统）和城市植被系统（绿色系统）共同组成的生态空间系统。
③ 吴岩，贺旭生，杨玲．国土空间规划体系背景下市县级蓝绿空间系统专项规划的编制构想 [J]. 风景园林，2020,27(1):30-34.

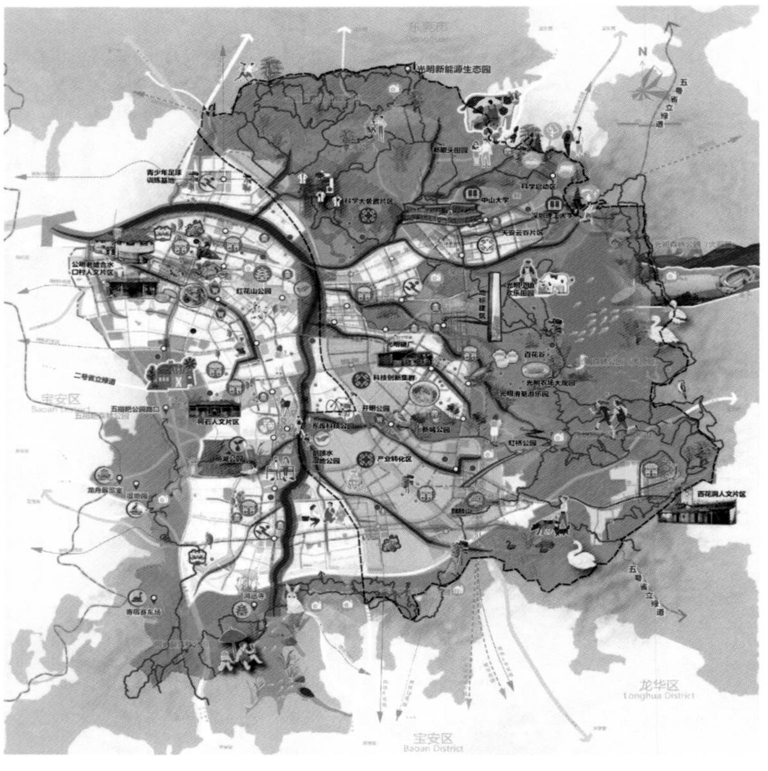

图 4-4 深圳市光明区开展山水连城规划，2022

的保护、管控、治理专项规划，比如公园系统规划、湿地保护规划、森林城市规划等；另一方面，针对跨区域的综合地理资源和特色地理单元开展专项规划，比如环城公园带专项规划、湖滨生态带专项规划、城区滨水开放空间专项规划等，从大尺度的空间视角整合蓝绿空间，融合不同生态要素，推动城市各类蓝绿生态空间和景观资源的优化以及高质量发展。

深圳市光明区山水资源得天独厚，拥有丰富的山水田林湖生态资源，有深圳最大的水库——光明湖水库，有深圳最长的河流——茅洲河，还有40km^2的山地林地四面环绕城区，素有深圳"绿肺"之美誉。截至2020年底，光明区建成260个公园，基本实现"5公里到达森林公园、2公里到达市政公园、500米到达社区公园"的目标。在被赋予打造世界一流科学城和深圳北部中心新使命的时代背景下，新的发展对城市的公共空间环境品质提出了更高的要求，2022年光明区开展了全区的山水连城规划。作为非法定、非常规的规划，该规划具有边规划、边实施、边宣传、边优化的特征，一方面发挥蓝绿空间体系综合规划的平台作用，在编制过程中不断整合吸收山水连城相关的规划与工作部署，动态梳理行动项目库，另一方面在编制过程中持续联动社会公众与职能部门，收集有效反馈，实现成果内容的动态调优。该规划并不是单独推进绿地，或者河流、绿道的规划设计，而是在既有生态底板、系统网络基础上，融合城市多元蓝绿要素的一次再提炼和升华，通过将全区丰富的自然资源与城市相连与相融，实现二者的相互赋能。

五、守护城市中的荒野景观

在深圳市南山区最为繁华的中心区域有一片总面积达68.5hm^2的高品质纯自然湿地环境，其中湿地面积约50.13hm^2，拥有近5万m^2的滨海红树林湿地，这里的湿地与深圳湾水系相通，是深圳湾滨海湿地生态系统的重要组成部分，是深圳湾动植物的生命通道，也是国际候鸟重要的迁飞中转站和栖息地之一，每年有数万只候鸟南迁北徙在此停歇，辽远广阔的水面、郁郁苍苍的芦苇、疏疏朗朗的草甸、郁郁葱葱的红树林形成了和周围高楼大厦截然不同的景致，而且在这块难得的城市生态孤岛上还发现了稳定的豹猫群落，这是全国乃至世界首次在城市中心地带发现豹猫活动踪迹。这就是深圳市首个国家湿地公园——华侨城国家湿地公园，全国唯一位于现代化大都市腹地的国家级滨海红树林湿地公园，全园采取预约制，每天限制入园人数，只为最低干扰维持近自然的生态环境。

在寸土寸金的深圳都市核心区能够保存下来如此大面积的纯自然空间实属难得，这源自场地所在的华侨城片区极具前瞻性的规划设计理念，以及几版深圳市总体规划一脉相承的对自然充分尊重和保护的原则。过去的城市规划，在城市中心区保留这种所谓的“城市荒野”景观可能会面临极大的压力，过去人们普遍认为荒野意味着“蛮荒”“野蛮”，和现代城市文明格格不入，自然也没有保护和维持的必要性，这也是导致城市中这类荒野景观越来越少的原因之一。然而，近些年来城市荒野成了越来越热门的话题，城市文明与荒野之间看似对立的关系，在某种程度上更加证明了荒野在城市中存在的价值和必要性①。

首先，城市中的荒野很少受到人工干预，其具备大自然中荒野自然演化的主要特征，能够极大地保留场地自然原貌，很好地保护城市物种多样性，促进生态环境的改善②，若能将城市中的荒野景观与城市中其他的绿色基础设施结合构建城市的绿色网络，可以更加高效而经济地缓解城市生态方面的压力。

深圳新闻网 sznews.com

深圳 视频 直播 时政 要闻 湾区 国内 问政 文化 改革 专题 教育 房产 财经

深圳生态魅力引来豹猫种群

人工智能朗读：

图 4-5 华侨城国家湿地公园，每年有数万只候鸟南迁北徙在此停歇

图片来源：中华人民共和国生态环境部官网 . https://www.mee.gov.cn/home/ztbd/2021/mlhwyxalzjhd/algs/gds/202109/t20210906_900092.shtml.

① 王晞月，王向荣 . 风景园林视野下的城市中的荒野 [J]. 中国园林 ,2017,(8):40-47.

② 王墣凡，白佳峰 . 荒野景观艺术：城市中有“灵”的自然山水 [N]. 中国社会科学报 ,2022-03-23(009).

其次，由自然过程主导的荒野是一种最接近自然状态的、稳定的生态系统，具有低维护、低影响、可持续的特性。自然状态下的植物群落能够自发生长，相互竞争适应，从而形成适宜场地环境的群落形态和稳定、优越的生态系统。研究表明，在维持和改善城市生态环境方面，荒野较之那些精心设计和建造的绿地更具有优越性。

当然城市中的荒野也不一定全是大规模的，我们在深圳市龙华区的景观风貌规划中提出建设微型自然保护区，保护城市中的微荒野、微自然，用大尺度景观的思维将无数小微自然空间进行系统性的整合和保护，同样具有重要的意义。

城市的荒野是城市大尺度景观体系里非常独特的组成，只有把它放在更宏观的区域自然视角中去理解，我们才能明白这些分布在城市里如同孑遗生物一般小小的自然对于大自然的深刻意义。我们人类本来就来自荒野，当我们站在一片完全自然的、未经任何人工干扰、植物自由疯狂生长的土地上时，心里会涌出一种由衷的感动和仰慕，这是对大自然的敬畏，城市里的荒野景观虽然是人工介入程度最低的区域，但是在提高市民自然生态意识和自然审美认知方面，比城市里的公园更令人震撼，又比远郊的原生荒野更亲切，高密度的城市环境给荒野留下的空间如同社会的通气口，能够调和社会中的高压与繁杂，让人更加亲近自然、了解自然、融入自然。

让人类适度地走进自然是为了让人在与自然的关系中主动作为；让自然天然地渗透城市是为了让自然在人与自然的关系中更为主动；构建充满活力的城野边界是为了让人与自然的距离更加靠近，这些都是在通过不同的大尺度景观手法连接人与自然。重塑城市的蓝绿公共空间体系，是基于人的需求和发展把不同类型的自然空间进行融合和功能梳理，其本质是基于自然处理人与人的关系；守护城市中的荒野景观，是把小自然放在大自然的视野去重新审视它们的价值。大尺度景观的工作面对的是不同组合的两两关系，人和自然、人和人、自然和自然，当彼此和谐相互靠近，人和自然也就连接上了。

岸·游艇观光
商务会议

第五章

自然中的城市

城市的形成是人类文明产生的标志之一，城市也是人与自然关系中的枢纽。用大尺度景观的手法连接人与自然，其连接点大多是城市，而城市本身就是大尺度景观的一种类型，城市的发展阶段和空间形态也在一定程度上反映了我们是如何处理人和自然的关系的。随着工业化的发展和全球城市化进程的加快，城市越来越大，越来越密，现代产业分工、愈加发达的工业和信息技术让人类生产、定居活动摆脱自然环境束缚，人类活动能够改变区域地形、地貌、气候，甚至创建一个高度人工化的城市生态系统，但现在我们也知道，这里面并不全是对未来的美好憧憬，更隐藏着人与土地间关系割裂后的种种隐忧[①]。“城市病”问题日渐严峻，城市与自然的空间格局关系愈加不和谐，城市的生态功能退化，环境污染严重，各类生态风险问题加剧，城市和自然逐渐成了二元对立的空间。

的确，城市的出现必然伴随着人与大自然环境的相对隔离，城市的规模越大，相对隔离的程度也就越高，[②]但是我们要做的不是去诋毁城市本身，而是尝试着修复或重建城市与自然的和谐关系，因为一切城市都不是凭空而来的空中楼阁，而是人们依据自然规律、利用自然物质在自然中创造出来的一种人工环境。学会和自然共生，在自然中生长，也许是城市要学会的第一课。

自然中的城市应该长什么样？当你漫步杭州西湖，看着烟雨中的城市和湖光山色相得益彰的时候，你会觉得这仿佛是在自然中长出来的城市，一点都不突兀，就像在森林中长出一棵树、一朵花那样自然；当你走在塞纳河畔，看着城市因河流而动人，河流更因城市文化的浸润而独具魅力时，你会觉得自然和城市是相互依存的，城市也可以让自然变得更好；当你来到新加坡这座举世闻名的花园城市，在浓荫匝地的林荫道下徜徉、在滨海湾花园的“擎天大树”之上俯瞰城市美景时，你会发现原来在城市里也可以感受到大自然的别样风情。

如麦克劳林在*Urban and Regional Planning: A Systems Approach*一书中所提及的，人们对于未来城市的想象，较少出自建筑，更多来源于园林。[③]对于自然中的城市，也许很难给出一个标准答案，人们也一直在尝试着用各种头衔、各种结构、各类指标去量化和界定生态和绿色的城市应该长什么样，无数的经典案例和模式更新迭代，推陈出新。大家比较熟知的有英国社会活动家霍华德基于著名空想社会主义者罗伯特·欧文的概念提出的“田

① 徐桐．在人类世重拾诗意栖居的智慧 [J]. 风景园林 ,2022,29(4):8-9.
② 周维权．中国古典园林史 [M]. 北京：清华大学出版社 ,2008.
③ MCLOUGHLIN J. B. Urban and regional planning: A systems approach[M]. London:Faber and Faber,1969.

图 5-1 杭州西湖尽显湖光山色，诗画人间
图片来源：Stewart Edward 摄

图 5-2 新加坡滨海湾花园，花园城市变为花园中的城市的重要实践
图片来源：Sergio Sala 摄

园城市”，他认为建设理想的城市，应兼具城与乡二者的优点，城市社区与乡村生活像磁铁那样互相吸引，城市与城市之间均留有农业用地作为绿地，[①]著名的“同心圆”模型描绘了其心目中城市与乡村结合的理想模式，城市被农场包围，绿带嵌入城市。同样是社会改革理想主义者的阿图罗·索里亚·玛塔则于1882年提出了“带状城市”理论，与霍华德不同的是，索里亚是工程学出身，他更关注城市功能，想法更经济务实。他认为城市形态应当以交通网络为核心，沿着交通干线进行功能分区及分布，形成镶嵌在乡村里的城市网络。

① 王建国．“从自然中的城市”到“城市中的自然”——因地制宜，顺势而为的城市设计 [J]. 城市规划，2021, 45(2):36-43.

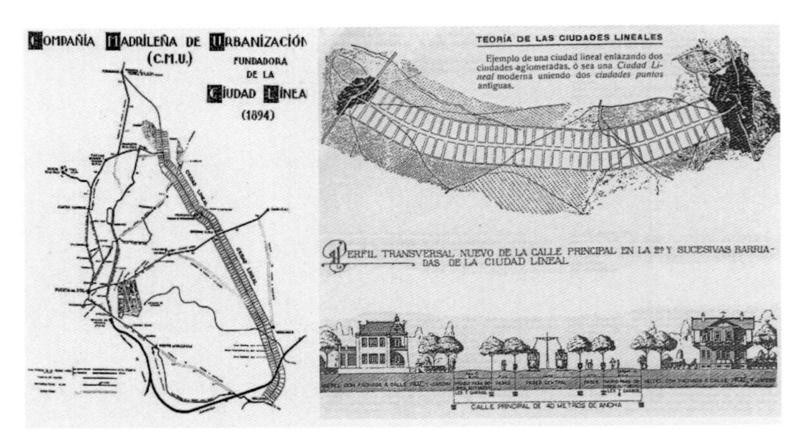

图 5-3 阿图罗·索里亚·玛塔的带形城市手稿
图片来源：Arturo Soriay Mata, Ciudad Lineal,1882

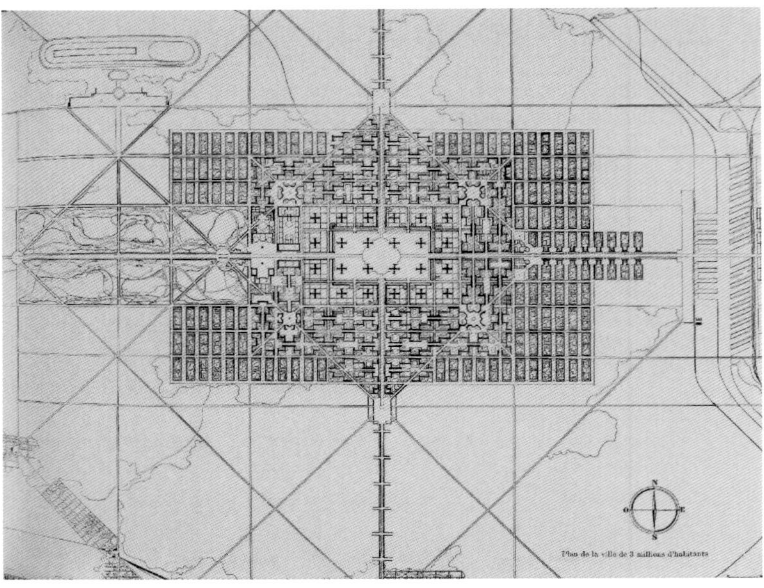

图 5-4 勒·柯布西耶的巴黎规划手稿
图片来源：Le Corbusier,Plan Voisin De Paris,1925

1922年，勒·柯布西耶对当时主流的“城市疏散主义”①发出挑战，提出了“城市集中主义”，认为聚集的大城市形态是我们需要接受的现实，他认为应当重新整合用地，在中心区建设众多超高层的摩天大楼，这样可以在增加人口承载力的同时腾出更多绿地空间，再通过交通系统的优化、功能分区等手段形成高承载力的宜居城市。

同时期比较著名的城市规划理论还有美国建筑师赖特在《正

① 城市疏散主义：也称城市分散主义，在19世纪末期，起源于霍华德的“田园城市”理论，逐步发展和影响到“卫星城”理论，赖特的“广亩城市”、索里亚的“带状城市”等理论。

图 5-5 摩天大楼计划建模
图片来源：Le Corbusier,Plan Voisin De Paris,1925

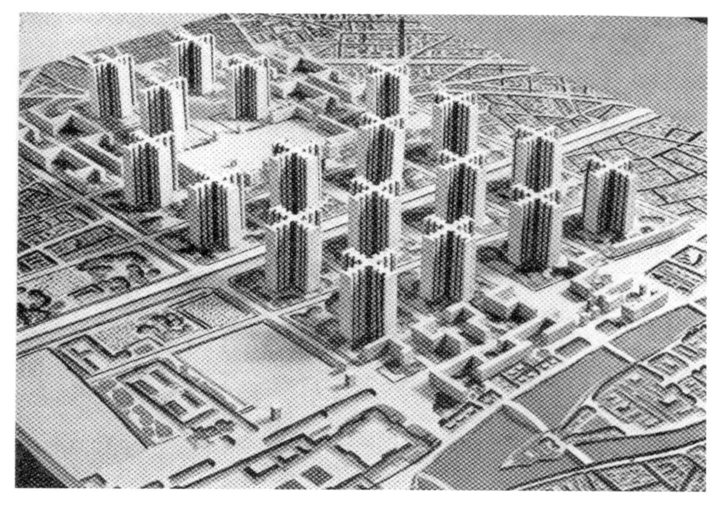

图 5-6 赖特的广亩城市手稿
图片来源：Wright F L,The living city,1963

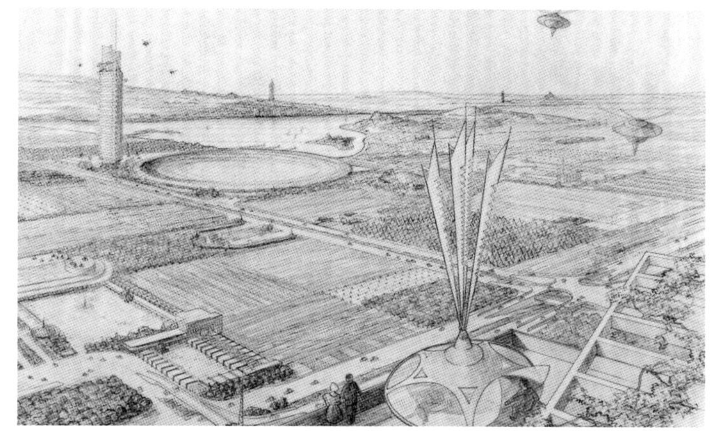

在消失的城市》及随后发表的《宽阔的田地》中提出的“广亩城市”，他与勒·柯布西耶的观点截然相反，他认为理想的城市形态是“没有城市的城市”，他认为现代的城市不能应对现代生活需求，也不能代表人类理想生活方式的愿景，建议取消城市，建立一种半农田式的广亩城市，每户周围都有一英亩土地，足够生产粮食蔬菜。居住区之间以超级公路相连，提供便捷的汽车交通，他怀念并想恢复高度城市化以前人与环境相对和谐的状态。关于城市到底是应该“集中”还是“分散”，怎么“集中”、怎么“分散”并没有吵出定论，但这场辩论推动了人们对城市与自然相处模式的探索热潮。

工业化发展潮同样催生了其他城市对于理想城市的实践探索。例如新加坡，为了迅速实现现代化，与世界经济圈接轨，1961 年新加坡经济发展局的成立，标志着大规模的工业化运动的开展。与其他国家发展路径类似，大规模的工业化发展带来了许多城市问题，其中包括人口增长及城市扩张导致的自然生态收缩和退化、现代化钢筋水泥主导的城市风貌等。新加坡政府重新审视城市发展目标，积极调整城市发展价值取向，探索经济发展不以牺牲城市环境为代价的规划发展模式，提出开展绿化行动，奠定了新加坡花园城市的基础。1968年，政府在向公众解读“环境公共卫生法案”时首次提出把新加坡转变成清洁而葱绿的花园城市的目标。20世纪90年代末新加坡政府又提出了“花园中的城市”愿景，在花园城市的基础上，注重生态自然的保护和连接城市环境的绿色空间，使其网络化和系统化，逐步迈向世界级花园中的城市。新加坡花园城市从浅入深，从城市绿化开始到城市蓝绿空间的统筹完善，并注重自然生态遗产和生物多样性的保护，将之延续扩展至已有的自然保护区之外、融入城市的人居生活空间，成功塑造了新加坡的城市印象，通过清洁、绿化的环境优势吸引世界投资和商旅，实现新加坡经济从第三世界向第一世界的跨越[①]。

1971年联合国教科文组织第十六届大会上汇集了当时东西方国家生态环境与城市规划等领域研究前沿学者群体，针对开展“人与生物圈”国际科学合作长期研究计划进行探讨研究。会上，苏联学者亚尼茨基率先系统阐述了“生态城市”的构想，他认为“生态城市”是社会与生态得到协调发展的结果，需要自然科学、工程技术等跨学科协作融合。后来成为美国生态城市协会会长的理查德·雷吉斯特给了更直接的解释，“生态城市”就是“生态健康的城市”，即适合人类活动、资源节约高效利用、与自然环境协调共生的城市形态。由于“生态城市”的提出正值西方国家工业革命时期，其旨在探讨城市社会—经济发展—生态系统三者之间的和谐。

1997年联合国环境规划署与国际公园与康乐设施协会（IFPRA）联合主办的“国际花园城市”竞赛正式开始，其围绕景观改善、遗产管理、公众参与、健康生活方式、环保实践、未来规划六方面进行评比，目标是鼓励人们采用最佳的实践经验、创新意识和领导方式，提供一个充满活力的、具有可持续性环保发展模式的社区，并改善人们的生活质量。“国际花园城市”并非一种全新的理论，而是对花园城市的全球性倡导，已成为一项被世界共同认可的城市环境评价称号。

① 王君，刘宏．从“花园城市”到“花园中的城市”——新加坡环境政策的理念与实践及其对中国的启示 [J]. 城市观察，2015(2):12.

另一个国际上重要的理论“绿色城市”理念源于可持续发展，是以追求良好自然环境、控制城市环境污染为概念起点针对可持续发展的目标愿景。2005年来自世界各国50多个城市的市长在美国旧金山市签署了《城市环境协定 —— 绿色城市宣言》，协定关于能量、废物减少、城市设计等绿色城市建设所需考虑的七项内容。“绿色城市”强调城市内部结构关系、城市与自然关系的同时，又涉及城市中人与人的关系。“绿色城市”注重生态友好、资源高效利用，同时协调城市发展带来的资源环境问题，并且通过城市绿色发展，在城市建设、社会进步、经济发展、就业机会等方面创造更多的条件和机遇[①]。 相对于其他理念，“绿色城市”更关注城市健康与建设“可持续”发展的城市蓝图。

改革开放后，我国城市建设进入高速发展阶段，快速的城镇化导致了一系列城市问题，如生态环境恶劣、山水资源破损、缺乏文化内涵、千城一面等，1990年钱学森院士提出了“山水城市”的构思，他给吴良镛院士写了封信，提到“能不能把中国的山水诗词、中国古典园林建筑和中国的山水画融合在一起，创造‘山水城市’的概念”。山水城市既强调生态，又强调人文，认为应当“用园林包围建筑，而不是建筑群中有几块绿地。应当用园林艺术来提高城市环境质量”。他认为城市发展模式是一般城市—园林城市—山水园林城市—山水城市，山水城市是“要让每个市民生活在园林之中，而不是要市民去找园林绿化、风景名胜”。吴良镛院士对山水城市进行了解读，认为山水城市是提倡人工环境与自然环境相协调发展，其最终目的在于建立以城市为代表的人工环境及以山水为代表的自然环境相融合的人类聚居环境，在此基础上，吴良镛院士结合其一直以来研究的“广义建筑学·聚居论”提出了“人居环境学”这一学术观念和学术系统。[②]

此外，国内还有国家园林城市、国家生态园林城市、国家森林城市等一系列评定标准，旨在不断探索理想的城市和自然发展的模式和形态，为城市的绿色发展提供指导依据。2018年2月习近平总书记在成都天府新区视察时提出“公园城市”的概念，公园城市作为一种城市发展模式第一次被正式提出。其内涵是以生态文明为引领，将公园形态和城市空间有机融合，打造生产生活生态空间相宜、自然经济社会人文相融的复合系统。[③]

---

① 高菲，游添茸，韩照．“公园城市”及其相近概念辨析 [J]. 建筑与文化，2019(2):147-148.

② 鲍世行．钱学森论山水城市 [M]. 北京：中国建筑工业出版社，2010.

③ 2018 年 7 月，成都市委十三届三次全会审议通过《中共成都市委关于深入贯彻落实习近平总书记来川视察重要指示精神加快建设美丽宜居公园城市的决定》，正式提出“公园城市”内涵：公园城市是将公园形态与城市空间有机融合，生产生活生态空间相宜、自然经济社会人文相融的复合系统，是“人、城、境、业”高度和谐统一的现代化城市，是新时代可持续发展城市建设的新模式。

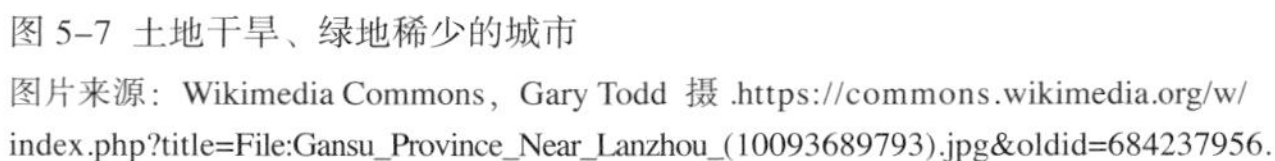

图 5-7 土地干旱、绿地稀少的城市
图片来源：Wikimedia Commons，Gary Todd 摄 .https://commons.wikimedia.org/w/index.php?title=File:Gansu_Province_Near_Lanzhou_(10093689793).jpg&oldid=684237956.

图 5-8 水分阳光充足、绿意盎然的城市
图片来源：Unsplash, Tom Wang 摄

虽然人们对于理想城市的描述形成了很多模式、范本，亦有了系统全面的指标体系，但是正如“世上没有两片完全相同的树叶”，大自然的纷繁复杂、千变万化造就了不同地域、不同气候、不同文化下的城市，这些城市具有迥异的性格和特征，温带干旱地区的城市和亚热带林木郁郁葱葱的城市关于城市领域的发展路径肯定大相径庭，处于不同发展阶段的城市在和大自然的相处过程中肯定也面临着不同的问题和挑战。

改革开放以来，我国城镇化水平快速提高，城市规模不断扩大，大城市数量增长迅速。这些城市有些是一线特大城市，人口密集、产业多元，有些是依托旅游资源和特色交通区位发展起来的中小城市，有些是现代时尚、包容开放的年轻城市，还有些是具有悠久文化底蕴的历史文化名城。不同的城市性质、不同的区域特征、不同的人口规模形成了丰富多彩的多元化城市魅力，亦在不断地影响着城市的发展策略，包括和自然共处的策略。

我们选取了曾经参与具体项目的10个城市/城区作范例进行研究，有些城市里的自然是绝对主角，几乎占据了城市的大部分空间，深刻地影响着城市的形态和发展；有些城市和自然相对隔离，却又彼此依存；有些城市和自然相互交融，你中有我，我中有你，界线越来越模糊。虽然地理环境和空间结构千差万别，但是在面对“城市病”问题突出、城市和自然隔离、城市品质下降等共性问题的情况下，顺应城市自身的空间特点和发展模式，谋求和自然的共生，都是大家越来越趋向一致的认识。

做一个合格的“自然中的城市”，首先得学会跳出城市本身，从大自然、大尺度的视角来看城市，而这需要我们把视点拉得更高、更远、更大，这时的我们看到的将是完全不一样的风景。

一、和自然共生共融的高密度超大城市

根据第七次全国人口普查数据，截至2020年11月1日零时，我国常住人口超过1000万的城市已经达到7个，包括上海、北京、深圳、重庆、广州、成都、天津，即所谓的超大城市，此外还有14个常住人口超500万的特大城市，事实上这些城市的实际服务人口远远超过这个数字[①]。从经济学的角度来看，超大、特大城市是经济发展的增长极、火车头，人口的快速增长给经济发展带来强劲的促进作用，但同时，高度聚集的人口也增加了城市的环境和资源压力，原有的城市规模已经无法满足更高的发展需求，人口拥挤、交通拥堵、地价昂贵、环境污染等种种弊端开始出现。

一般来说，平原城市在长期的发展过程中最易形成“摊大饼”的空间发展模式，但是如果受制于山地、丘陵等地形环境，可能会促使城市走出一条不一样的空间发展路径。分布在我国东南沿海地区的低山丘陵城市就呈现出和北方平原城市完全不一样的城市风貌，这里属亚热带湿润季风气候，丰裕的降水、充足的日照及北回归线以南的高温，为多样生命的繁衍提供了巨大的能量，除少数河流下游和入海口有小面积平原以外，绝大部分为山岭耸峙、丘陵起伏、河谷盆地错落的地形。这些环境造成了城市发展和城市建设的局限性，在过去数百上千年的发展历程中，它们注定不能像北方那些传统的平原城市一样讲究严格、规整的秩序，人们最早的聚居点一般设置在丘陵之间的干燥、平坦地段，或是沿着河流逐渐延展，呈多点组团式布置，道路依山就势、蜿蜒曲折，日积月累逐渐发展出了灵活多样的城市形态。

图 5-9 深圳市典型的低山丘陵型环境
图片来源：新浪新闻 . http://k.sina.com.cn/article_1895096900_70f4e244034005bx7.html?cre=newspagepc&mod=f&loc=4&r=9&doct=0&rfunc=100.

① 国家统计局：第七次全国人口普查主要数据情况。

这些低山丘陵城市与自然的融合程度更高。首先，因为在建城之初并不是在一张白纸上做规划，而是按照地理特征来做空间布局，真正实现了“在自然中建城市”，许多山体、河流和湖泊被保护下来，城市的生态基础条件普遍会比其他北方的平原城市要好得多，森林覆盖率和绿地率都会比较高；其次，由于地形条件的限制，城市多会呈现组团式的布置，山地自然地理环境复杂，生态系统脆弱，工程和地质灾害易发，决定了在城市规划建设中对自然环境的顺应尤为重要，这样既可以有效地限制城市规模“摊”得过广，也可以让城市和自然的接触面变得很大，城市被自然包围，市民们不需要穿越整个城区到达郊外才能看到青山绿水，而是在城市内部就可以实现和自然的亲密接触。

深圳恰恰就是这样一座具备天然特质的典型城市。在我国7座特大城市中，深圳不是人口规模最大的城市，但却是面积规模最“袖珍”的城市，它以不到2000km^{2}的土地承载了1760多万人口，成为全国人口密度最大的城市；同时深圳还是全国超高层建筑最多的城市，根据2022年中国摩天高楼排行榜，深圳拥有171座200m以上摩天大楼。40多年来，除了在经济发展上的成就，深圳也呈现了一座城市化率百分之百、具有蓬勃活力的年轻城市，“密”是深圳的底色，“快”是深圳的韵律，深圳是当之无愧的超级城市。

但在闪亮的经济发展数据背后，深圳还有很多不为人知的一面。深圳是中国特大城市里唯一坐拥优质山海资源的城市，它坐落于南海之滨，拥有长达260km的海岸线和51个大大小小的岛屿，这里还包括全国唯一处在城市腹地、面积最小的国家级森林和野生动物类型的自然保护区——内伶仃岛—福田红树林自然保护区。深圳城市的陆域同样精彩，这里有生长着世界上分布纬度最南、海拔最低的原生乔木型高山杜鹃的梧桐山国家级风景名胜区，它也是世界上唯一在大都市中心分布的原生高山杜鹃群落，十分珍贵，每年春天满山盛放的杜鹃美景吸引着各地游客纷至沓来；这里有我国唯一处在一线城市腹地的国家级湿地公园——华侨城湿地公园，68hm^{2}的湿地采取严格的预约制以进行保护和保育，每年吸引数万国际候鸟中转和栖息；这里有多处发现豹猫踪迹的森林公园和湿地景区，豹猫作为国家二级保护动物，屡屡在城市中心区域现身，是城市生态环境优越的最佳体现；这里还有各种各样的山丘、湖泊、森林、湿地、河流，在空间上和城市建成区相互依存，紧密相连，一再刷新人们对现代超级城市的印象。2022年11月，在武汉举行的《湿地公约》第十四届缔约方大会开幕式上，国家主席习近平在致辞中提出在深圳建立“国家红树林中心”，支持举办全球滨海论坛会议，更是让深圳宝贵的湿地资源逐步成为全球关注的焦点。

图 5-10 深圳福田红树林自然保护区千鸟齐飞
图片来源：广东省林业局官网 . http://lyj.gd.gov.cn/news/newspaper/content/post_2653466.html.

图 5-11 排牙山—七娘山节点生态廊道，是深圳专门为野生动物交流来往修建的一条生态走廊

图 5-12 红外相机已多次拍摄到豹猫出现①
图片来源：深圳卫视深视新闻 . https://baijiahao.baidu.com/s?id=1711052829720133546&wfr=spider&for=pc.

繁华现代与荒野自然，这两个极端的特点在深圳实现了奇妙的融合，形成了我们现在所看到的大疏大密、有无相生的独特城市格局。

深圳一直将绿色可持续、宜居城市作为规划建设主线，1982年编制的《深圳经济特区社会经济发展大纲》基于原特区依山面海、东西狭长的自然地形特点，确立城市带状组团式结构布局，1993年开展的第二次城市总体规划的范围从原经济特区内扩展到全市，规划面积一下从300多km^2扩展到2000km^2，将全市域的建设与非建设空间进行统筹规划。曾经主持该版城市总体规划的负责人王富海提到，当时特别大的问题是理念上的挑战。原先的城市规划只做建设用地范围之内的规划，但现在需要将城市建设用地、村镇建设用地、生态及农业等非建设用地都当作一个整体来规划。从全国城市的规划进程来说，我们在深圳的做法至少超前了十年②。

① 深圳卫视深视新闻．神奇动物在哪里？在深圳首条野生动物保护“生态长廊”！［N/OL］（2021-09-15）［2022-08-09］. https://baijiahao.baidu.com/s?id=1711052829720133546&wfr=spider&for=pc.

② 信息来源：《从设计师到董事长 一个城市规划师的“理想国”追寻记》，该规划荣获“阿伯克隆比”荣誉提名奖和国家级优秀勘察设计金奖。

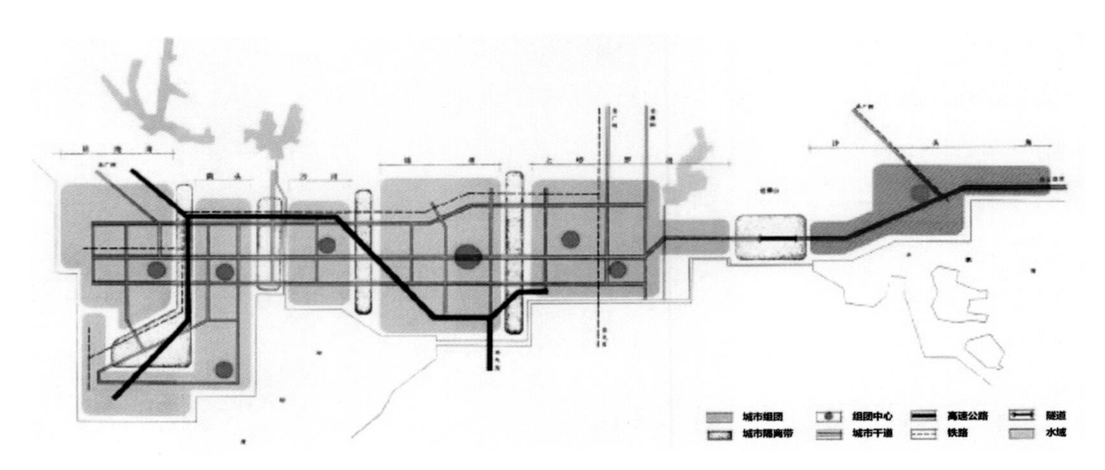

图 5-13 《深圳经济特区总体规划（1986—2000）》空间结构图

经过1986年、1996年和2010年版深圳城市总体规划的持续优化并引导建设发展，城市空间发展与自然山水有机融合，形成了深圳独具特色的半城半绿、山海城相依的“多中心、网络化、组团式”空间格局。各功能组团相对独立发展，形成各具特色的城区特征；组团间由自然山体、河流和防护绿带隔离，避免建设无序蔓延；现在这些绿色隔离空间逐步演化成为重要的公园和游憩空间，对保育深圳独特的自然山海资源和生物多样性发挥了重要作用①。

在此基础上深圳又继续在这些生态空间的实施管控和活化利用上做足文章，2001年开始编制的《深圳市绿地系统规划（2014—2030）》开创性地提出了郊野（森林）公园—综合公园—社区公园三级公园体系，搭建了深圳公园城市空间体系的基本轮廓，其中提出郊野公园保护生物多样性和生态资源以及保护郊野地区的观赏价值，与此同时考虑满足市民双休日和长假期间休闲文娱活动和户外活动需求。

2005年，深圳市以8处大型区域绿地和18条城市生态廊道组成的生态绿地系统为基础，划定了国内第一条城市生态控制线，将占深圳陆域近一半面积的土地严格保护起来。这些用地包括一级水源保护区、风景名胜区、自然保护区、集中成片的基本农田保护区、森林及郊野公园；坡度大于25%的山地以及深圳特区内海拔超过50m、特区外海拔超过

① 2023年1月深圳市人民政府发布的《深圳市公园城市建设总体规划暨三年行动计划（2022—2024年）》（深府函〔2022〕321号）文件，由市规划和自然资源局、城管和综合执法局共同组织编制。

80m的高地；主干河流、水库及湿地；维护生态完整性的生态廊道和绿地；岛屿和具有生态保护价值的海滨陆域；其他需要进行基本生态控制的区域共六类土地①。超高密度的都市建造环境使得这些被保护起来的绿化地带和乡郊地区具有特别重要的意义，一方面为城市提供自然保育的功能，维护整个城市生态安全格局，另一方面为市民提供自然野趣和多样化的生态空间，具备观光、康体、游憩、自然教育以及社会和历史等不同方面的价值。

此后的十几年，随着绿道、碧道、郊野径等线性廊道空间不断建设和完善，深圳城市的环境品质持续提升，城市和自然的融合度越来越高，并逐步形成了覆盖全域的生态空间体系，自然中的公园城市形象日渐成熟和丰盈。

深圳从2021年开始推进的“山海连城”计划更是对城市生态空间进行更为系统的统筹和融合，其将深圳最具代表性的海湾、山体、河流、大型绿地等系统进行连接和生态保育，致力于打造“一脊”“一带”“二十廊”的魅力生态骨架，营造“山、海、城”交织共融的公园城市格局，让市民走得进山、亲得近水、赏得了城②。

美好的规划愿景需要强有力的执行力度来保证落地实施，深圳市的“强区放权，多头共管”机制为绿色发展蓝图的实现提供了有效的推手。近年来，深圳市以深化推进简政放权、促进政府职能转变为突破口，着力推进强区放权改革，重点下放政府投资、规划国土、城市建设、交通运输、水务管理等领域100余项核心事权。深圳各区基于更多的自主权和发展动力，立足于自身资源和空间优势，开展了更为精细化的城区品质提升工作。例如龙华区紧紧围绕着“三面环山、一水贯城”的独特生态区位，大力发掘城区边缘绿地的发展潜力，依托环城绿道的建设有效地激活了城市灰色空间，也为生活在高密度城区的市民提供了更多休闲观光的游览目的地；光明区地处深圳最西北端，拥有丰富的山水林田湖资源，规划通过“山水连城”计划，将光明区生态本底、开放空间、人文节点等优势资源“串珠成链”，将光明区丰富的自然资源融入城市，在城市当中连接自然。深圳各区你追我赶，奋力向前，将一个个宏伟的“山—海—城”蓝图落实到大尺度景观项目的实施中，作为提升城区风貌、发展特色产业、招商引资、吸引人才的重要抓手，取得了卓有成效的成绩。

1994年，深圳获得建设部颁发的第二批“国家园林城市”称号；2000年，深圳获得由联合国环境规划署和世界公园协会共同评选的国际“花园城市”称号；2018年深圳正式被

---

① 深圳市人民政府《深圳市基本生态控制线管理规定》第2页，第六条，2005年。

② 深圳特区报．深圳“山海连城”计划让市民亲近自然[N/OL][2022-04-19]. http://www.sz.gov.cn/cn/xxgk/zfxxgj/zwdt/content/post_9711760.html.

批准为“国家森林城市”；2019年深圳公园数量达到1090个，提前一年实现“千园之城”的建设目标；2020年深圳被生态环境部命名为“国家生态文明建设示范市”；截至2022年底，深圳市公园数量达到1260座……回顾过往，深圳不断探索和创新，走出了一条深圳范式的城市绿色发展之路。

鳞次栉比的摩天大楼为深圳贡献了高效和便捷，旷野生态的大自然让每天努力奔波工作的深圳人找回慢生活的放松和愉悦，两者的共生共融是深圳的独特魅力所在，疏密有致、有无相生，这也是深圳在和自然相处的方式上值得借鉴和学习的地方。

图 5-14 龙华区通过环城绿道的建设充分激活城市边缘绿地的游憩价值

图 5-15 深圳人才公园成为深圳公园的“颜值担当”
图片来源：Wikimedia Commons，Charlie fong 摄 .https://commons.wikimedia.org/w/index.php?title=File:China Resources_Headquar-ters%26Shenzhen_Bay_gymnasi-um_in_Nanshan_District2020.jpg&oldid=718416834.

二、从“世界工厂”走向高颜值会客厅的新一线城市

2022年1月20日，广东省政府工作报告透露，东莞2021年GDP过万亿，成为广东继广州、深圳、佛山之后第四座GDP超万亿的城市，也成为全国第十五个GDP过万亿元、人口超千万的“双万”城市。[①]然而历史上的东莞却不过是中国行政级别中平平常常的一个县，改革开放前，东莞有80%的劳动力从事农业生产，农业产值占工农业总产值的67%，工厂只有377家[②]。1978年国务院颁发了《开展对外加工装配业务试行办法》，提出了农村工业化路线，允许广东和福建等地作为试点，率先开展“三来一补”。“三来一补”是指来料加工、来样加工、来件装配、可补偿贸易。东莞抓住历史机遇，大力发展招商引资，一时之间，服装业、家具业、电子产业等各类制造业在东莞遍地开花，工厂像树林一样密集，构成了被称为“珠江模式”[③]，即“店厂分离、前店在港、后厂在莞”的新经济形式。

1997年，由于亚洲金融危机的影响，东亚大部分地区的制造业都陷入了低迷，人力、土地等成本增加，资金链紧张，而东莞大批廉价的劳动力和厂房低廉的租金便吸引了这些外资的目光，于是世界五百强的一些企业纷纷将产业从日本、韩国等地转移到东莞，一时

图 5-16 东莞改革开放以来三次产业结构变化
图片来源：《东莞市现代产业体系中长期发展规划纲要（2020—2035年）》[④]

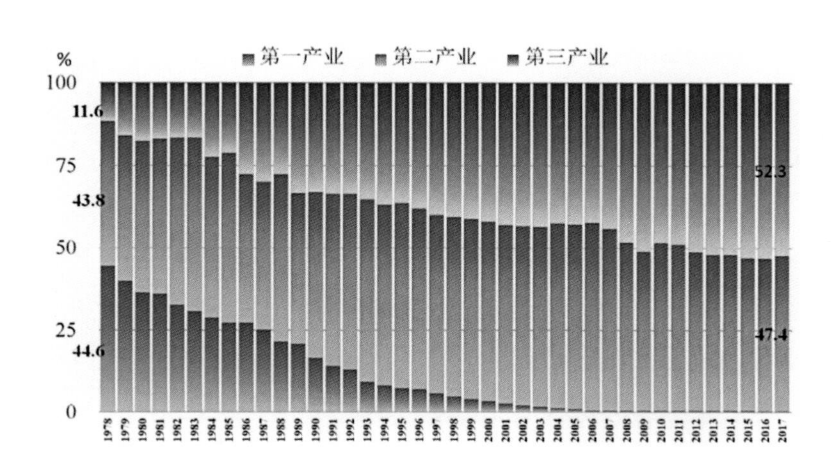

① 南方日报．东莞GDP破万亿元 广东迎来第四座万亿级城市 [N/OL].（2022-01-21）[2022-08-09]. http://gd.people.com.cn/n2/2022/0121/c123932-35105687.html.

② 中共东莞市委党史研究室．东莞推进农村工业化的探索实践 [N/OL]. (2018-07-09)[2023-02-24].https://dgds.sun0769.com/detail.asp?id=3663#_ftn2.

③ 珠江模式：由中国社会学家费孝通首先提出，他认为珠江模式不同于苏南的城市群地区（苏南模式），也不同于温州的农业区域（温州模式），珠三角地区毗邻香港、澳门，可以借助多地的资金、技术、设备和市场，走外向型经济发展道路。

④ 东莞市人民政府网站．改革开放40周年东莞系列课题研究报告之六：服务业发展成效显著 成为经济增长新引擎 [A/OL]. (2018-09-29)[2022-08-09]. http://www.dg.gov.cn/sjfb/sjjd/content/post_358294.html.

图 5-17 科技与生态在松山湖互促发展
图片来源：东莞松山湖高新技术产业开发区管理委员会网站

之间，杜邦、索尼、诺基亚、菲利普等国际大企业纷纷入驻东莞。到20世纪90年代末，东莞便成为世界最大的电子制造业基地之一，当时有句俗语叫“东莞堵车，世界缺货”，意思是如果东莞到深圳的高速公路堵车，全球将会有70%的电脑产品缺货。东莞“世界工厂”的名号也由此而来。

东莞的制造业能力是有目共睹的，然而政府也早早地意识到了“东莞模式”存在的致命问题：产业低端、利润低、对外依存度高、缺乏升级动力。特别是近年来随着各类要素成本的攀升，东莞的制造业也在积极探索求变，纷纷走上转型升级之路。但是过去四十多年来以工业化带动城镇化的发展之路也埋下诸多城市隐患，土地资源粗放利用、环境容量逼近极限、亦城亦乡和城乡混杂的空间环境等都严重制约了东莞的进一步发展。

东莞未来的目标是打造大湾区先进制造业中心，并有很大机会通过与周边城市的产业互补成为未来科技制造业的探路者，人才成为城市发展过程中的关键因素，而国际上顶尖的科创型人才对于吸引他们的城市有着自己的期许和愿景，比如生态与科技融合的城市氛围、舒适宜人的生活环境、低碳和环境友好的生活方式、公交慢行主导的出行方式、自然融入工作和生活的公共空间等。东莞这座飞速发展、以“制造名城”闻名全球的“双万”

图 5-18 东莞——从威远岛上空俯瞰珠江入海口及虎门大桥

城市也面临着属于自己的考验：怎样在保证经济稳步向前的同时，守护城市一方净土，让东莞不仅能提供高端人才科技创新环境，也能打造舒适惬意的人居环境，寻求经济与生态齐头共进的发展模式。

在生态本底上，临江、近海、环山是东莞基本的空间特征，其在中国绿色城市指数排名中也有不错的排名，并有极具潜力的上升空间。近些年来，东莞提出全力打造中心城区、松山湖、滨海湾“三位一体”的都市核心区，这三大区域在空间格局和自然资源禀赋上各有优势，分别依托山水、湖、海形成了自身的城区特色风貌，以及设施全、交通畅、空间美、特色显的高品质魅力。

其中松山湖是最早依托“科技共山水一色，新城与产业齐飞”打响名声的城区，通常东莞给人的城市印象是连绵不断的工厂和园区，但是松山湖却向人展示了一个诗情画意的东莞意境，这里有打动人心的湖光山色，有云集人才的高新产业，园区规划控制面积72km^2，有近8km^2的淡水湖，生态环境优越，10倍于世界卫生组织规定的“空气清新”标准的负氧离子含量，6.8倍于全国标准的人均绿地面积，70%以上的绿地覆盖率。2001年，东莞市提前谋划发展模式转型和创新，把眼光瞄向了大岭山、寮步、大朗三镇交会处的松木山，提出开发建设松山湖科技产业园区，指出松山湖是未来东莞的经济科技中心[①]。松山湖高新区建立之初便提出依托良好的自然环境条件，按照“新城”而非“产业园区”的规划设计理念来开展园区规划设计，松山湖规划的负责人、中国城市规划设计研究院副总规划师朱荣远在当时提出对标广州、深圳等超大城市，要想更具竞争力，东莞比拼的不能再是厂房和高楼大厦，应该依托松山湖8km^2的淡水湖和14km^2的生态绿地，为东莞再造一座新城出来。松山湖的城市设计明确了以生态安全网络为基础的静态山水景观，为实现城市主题的核心空间，探索实施山水城市、生态城市、设计集群、新城文化、滨水生活的前瞻性城市化路径[②]。经过二十多年的发展，松山湖出门入园、推窗见绿，山水、城市与风景相互融合，独具特色的生态美景成为松山湖吸引人才、留住人才的突出优势。

2020年7月，国家发改委、科技部批复同意东莞松山湖科学城与深圳光明科学城共同建设大湾区综合性国家科学中心先行启动区，承载大科学装置，集聚科研院所、大学等一批科技创新资源，从事世界前沿研究，从高新区走向科学城，松山湖片区的创新能级将显著提升，人才结构将显著升级，新功能、新人群必然对空间提出新要求，而其多年来坚守的优质环境特色，将得到一如既往地坚守和发扬光大，而且从更大尺度的生态格局来看，松山湖+巍峨山，“山水一色”又有了更为全面的阐述。

在《松山湖科学城空间总体规划纲要（2020—2035年）》中，以科学城、大岭山、大朗及黄江“一园三镇”为整体研究范围，通过对地形地貌、地质灾害分布、河湖分布、雨水径流及汇水情况、土地覆盖类型、生物迁徙最小阻力面等因素进行多维数据的分析，确定了松山湖和巍峨山的双核结构，以及11条连山通湖的放射状生态廊道，生态廊道的宽度按原则上不低于50m进行预控，其中复合绿廊允许适度复合的高绿地率、低强度的城市开发。生态廊道所依托水系需开展暗渠复明、河道疏通及生态岸线建设，廊道受阻处建设生态廊桥，确保生态廊道的连续性，整体搭建起生态安全的骨架，形成山水相连、蓝绿交织的风貌体系[③]。

---

① 东莞日报社，东莞市档案馆和中共东莞市委党史研究室．微纪录片《红色档案·东莞记忆》。

② 中国城市规划设计研究院深圳分院．扎根地方 创新奉献 中规院服务松山湖20年大发展——深圳分院获“松山湖20年突出贡献单位”朱荣远获“突出贡献人物”荣誉称号[N/OL].(2021-12-14)[2022-08-09]. http://www.szcaupd.com/news-branch-i_14181.htm.

③ 项目信息来源于《松山湖科学城国土空间专项规划》，由深圳市蕾奥规划设计咨询股份有限公司、东莞市城建规划设计院编制。

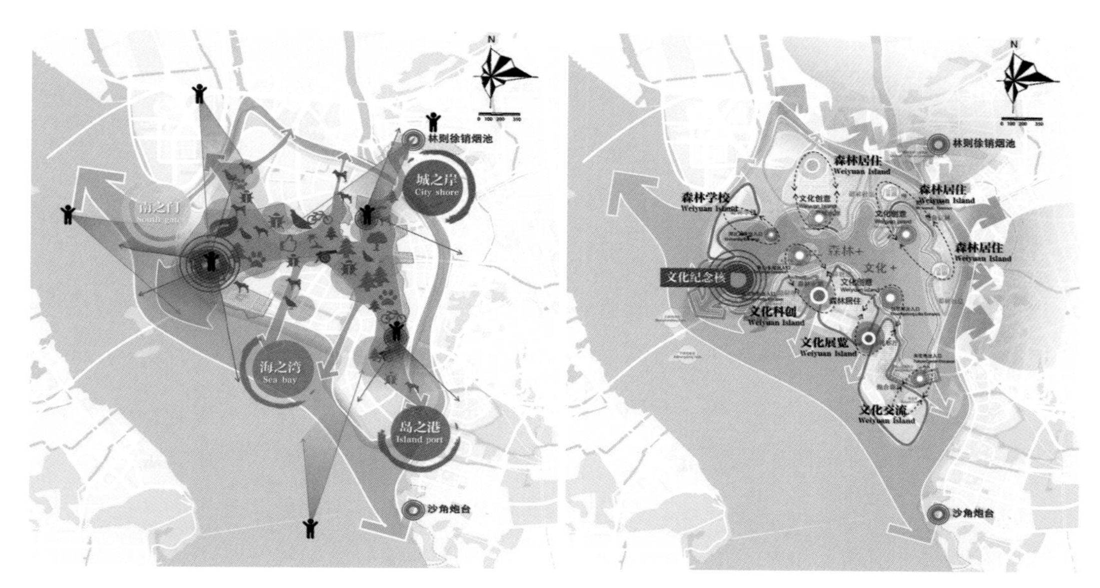

图 5-19 威远岛 “山海流动”和“森岛共融”策略

图片来源：《东莞滨海湾新区威远岛森林公园概念设计国际竞赛》

图 5-20 松山湖科学城“双核十一廊”生态结构示意图

图片来源：《松山湖科学城空间总体规划纲要（2020 — 2035 年）》专家评审稿

生态休闲的科学山林、人文艺术的创意水岸、活力开放的产研街区将山水画卷与科学产业巧妙融合，面对创新科研人群对环境的需求，以蓝绿成网的生态基底耦合舒适的慢行网络，构建自由放松、促进交流的开放空间，让生活回归诗意的山水之间，在自然中交往，在交往中迸发灵感……在未来，临山望水的生态优势与自然科技的无缝联动将进一步彰显，这也是对“科技共山水一色”这个松山湖基因一如既往地延续和传承。

东莞滨海湾新区依托珠江口东岸的优越区位，则是在“海”特色上做足了文章。新区成立之初便确立了“一廊两轴三板块”空间格局，其中“一廊”即世界级的滨海景观活力长廊，通过串联威远岛森林公园、沙角半岛中央农业公园、磨碟河湿地公园等各类生态系统，打造一条长40km，集生态、景观、文化、公共服务、娱乐休闲于一体的滨海活力长廊。同时这条滨海长廊所处的珠江口东岸还拥有丰富的人文历史资源，是近代中国海防的重要见证和中国近代史的开篇地，依托森林、海岸、炮台遗址、湿地等互动连接，让拥抱自然、体验丰富的滨海休闲探索之旅徐徐展开，展现了东莞之“海岸”的独特气质①。

前文是东莞的“湖”和“海”，接下来便是东莞的“山水”特色。东莞的山水融合人文特色的最美场景在中心城区。东莞中心城区是东莞的综合服务中心和行政文化中心，具有“半城山色半城水、一脉三江莞邑香”的山水特色，中堂水道、东莞水道和东莞运河三江水系串联，黄旗山、同沙湖、西平水库、水涟山水库等山水资源环绕城区，山一水一城格局是中心城区有别于另外两个片区最为显著的特征。如何利用好这样独特的空间格局，联动山水资源和城市，提升城市的品质和形象，借鉴波士顿“翡翠项链”公园体系的思路，我们在东莞“翡翠绿环”的规划研究项目中希望通过完整的都市景观体系，整合现有资源，优化城市格局②。

波士顿“翡翠项链”公园体系是典型的大尺度景观设计手法，顾名思义其不是指一个单个的公园，而是通过被喻为“项链”的公园道（parkway）巧妙地将分散的各个块状公园连接成一个有机整体。整个公园系统的建设始于1878年，历时17年，将波士顿公地、公共花园、马省林荫道、后湾沼泽地等九大城市公园和其他绿地系统有序地联系起来，形成了一片绵延16km的风景优美的公园绿道景观。

① 项目信息来源于《东莞滨海湾新区威远岛森林公园概念设计国际竞赛》，由深圳市蕾奥规划设计咨询股份有限公司、OKRA城市规划和景观设计事务所规划设计。
② 项目信息来源于《东莞中心城区翡翠绿环规划研究》，由深圳市蕾奥规划设计咨询股份有限公司编制。

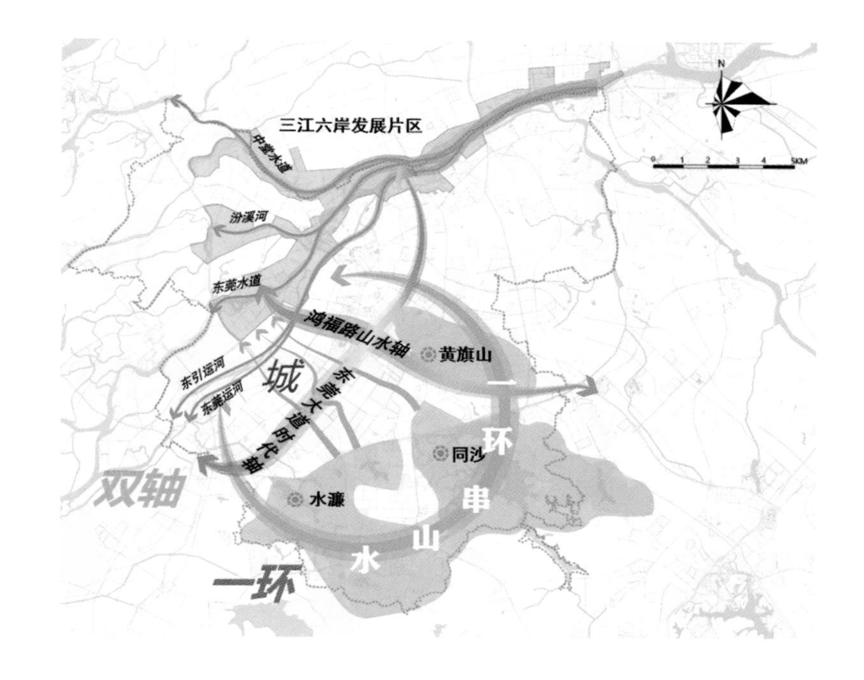

图 5-21 东莞翡翠绿链规划结构示意
图片来源：《东莞中心城区翡翠绿环规划研究》

波士顿公园体系的整体设计强调在都市之中保留自然景观，并致力于实现工业社会中城市、人与自然三者之间的和谐共生。这一规划是波士顿市政府力图改善城市环境的重要举措，有效缓解和改善了工业化早期城市急剧膨胀带来的环境污染、交通混乱等弊端，为市民开辟了一片享受自然乐趣、呼吸新鲜空气的净土。这个庞大的公园系统连通了波士顿中心地区和布鲁克莱恩地区，并与查尔斯河相连，将大量的公园和绿地有序联系在一起，形成一个完整的体系，改变了城市的原有格局，构建了波士顿引以为傲的城市特色与风貌。如今，这条绿道远离喧嚣，沿途曲水流长、草木葱茏，有着一派田园诗般的自然风光，在绿道上散步、谈天、骑车、休憩已成为波士顿人的一种生活方式。①

让我们将目光拉回东莞中心城区，和波士顿的翡翠项链一样，这里也是一片资源丰富但特征错综复杂的区域。这里山水汇聚，并且集聚国际商务区、行政文化中心、三江六岸片区、黄旗

① 易辉．波士顿公园绿道：散落都市的“翡翠项链”[J]. 人类居住，2018, 94(1):20-23.

山南片区等重点片区，是未来城市发展的核心地段；这里也是文化兼容并蓄的活力之地，既是醒狮、舞蹈、龙舟之乡，又是篮球城市、游泳之乡，在地文化和外来文化并存，既古典又现代。近些年来，中心城区建设提速，取得了不错的成效，重点项目如火如荼地展开，然而快速的城镇化建设也带来了一些问题和挑战，比如由于缺乏品牌知识产权（IP），形象不突出，各类资源缺乏整合契机，资源之间没有形成有效的联动，设施品质一般、丰富性不足、无法满足多样性需求，以及缺少热点爆点活动策划作为城市宣传性的大事件，中心城区发展迫切需要一个清晰的目标，一个恰到好处的契机。

“翡翠绿环”是一个强有力的战略抓手，是一个以小的投入带来大的附加价值的优质大尺度景观项目。通过这条绿链，可以把中心城区最优质的生态本底资源（黄旗山、同沙水库、西平水库、新基河、水濂湖、东江水系）和最核心的城市建设开发片区（东莞国际商务区、黄旗南片区、三江六岸片区、同沙西片区）串联起来，通过城绿共融的国际级环城公园带连接最郊野和最繁华的两个场景，连接人与自然。

规划提出了五环共生共融的理念。首先，这是一条生态之环，通过构建一条52.7km主线的环全城风景带串联中心城区的8个主要的生态节点，通过环环交错的生态廊道和林荫道，构建一个生态功能完善的大景观系统，内部多样生境可以实现更好地连接，将自然空

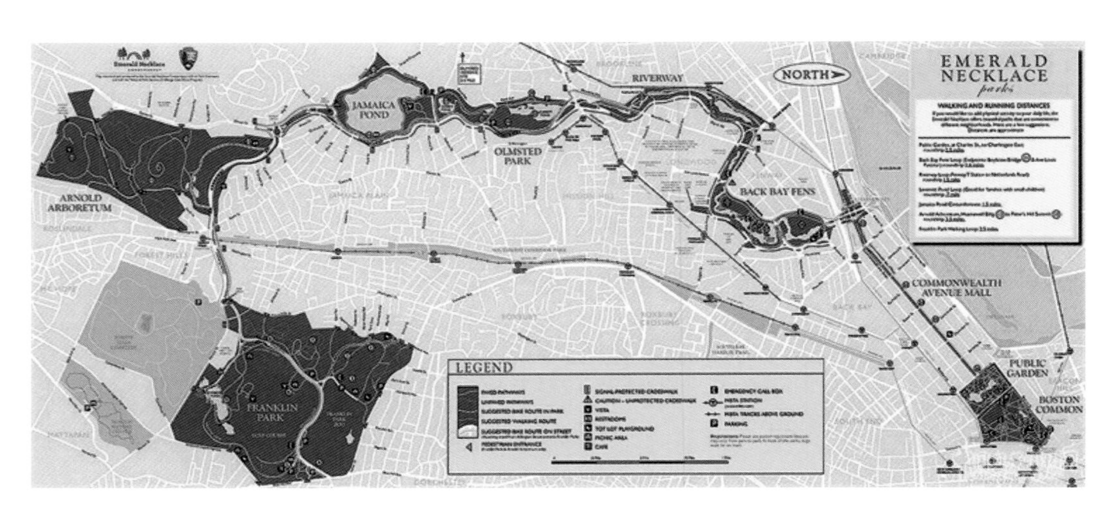

图 5–22 波士顿“翡翠项链”平面图

图片来源：https://www.emeraldnecklace.org/park-overview/emerald-necklace-map/.

间与城市空间有机耦合；其次，这是一个公园之环，通过绿道和慢行系统将现状零星分散的大小公园串联到一起，并不断地激发和建设更多的沿线公园，形成便捷可达、全民共享的公园和开放空间系统，为市民和游客提供更多安全且能够自由访问的公园、开放空间以及游憩节点，改善城市生活，提升城市公共空间吸引力；再次，这是一条活力之环，是城市活力的触媒，通过串联各类城市公共资源节点，借助公共设施带动城市活力，并融合大事件的策划，比如借助黄旗山的历史底蕴举办国际花灯节，守护传统文化，展现非物质文化遗产的文化魅力，在同沙生态公园结合自身生态优势举办湿地观鸟节，突出其观鸟目的地的旅游品牌，打造城市生态旅游名片，在众多丰富的事件中强化城市中最具标志性的景观体验，加深城市记忆。

此外，这个环必定是和城市功能紧密联系的，它还是城市的服务之环和交通之环。在城市服务方面，绿环串联了七大城市重点发展片区和11个工业园区，使翡翠绿环的“触手”伸向更大范围的社区，更好地支持社区生活，提升人群活跃度，激活城市公共空间活力；在交通方面，为更好地鼓励市民绿色低碳出行，除现有两条已建与在建的轨道线之外，还额外策划了新型轨道交通游览环线，直达各景观公共空间，营造公交慢行系统舒适体验，并通过连续贯通无障碍的步行道路和自行车道，衔接城市活动空间。

整个环的选线分为主线和支线。主线旨在尽可能地深入中心城区最为精华的区域，把最自然的空间与最繁华的城市连接起来，选线以园区公园道为主；支线主要经过城市活动较为密集的区域，选线以城市慢行道为主。未来随着这条连山串水融城的“翡翠绿环”的建成，山水将成为东莞中心城区都市大景观体系的品牌而深入人心。

松山湖的“湖”、滨海湾的“海”、中心城区的“山水”，东莞的魅力不止一面，从世界工厂走向高颜值的“城市会客厅”，东莞正在用全新的发展路径再次向世人展现它的城市实力。

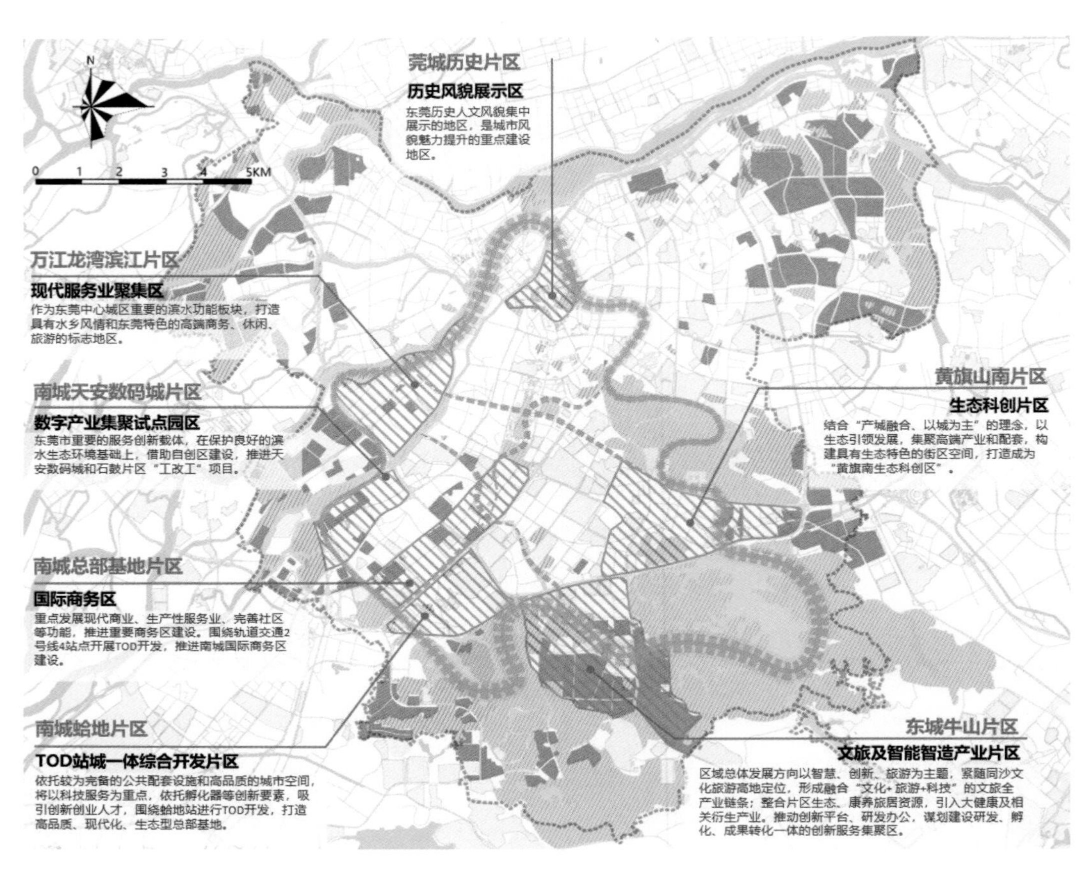

图 5–23 绿链串联七大城市重点发展片区
图片来源：《东莞中心城区翡翠绿环规划研究》

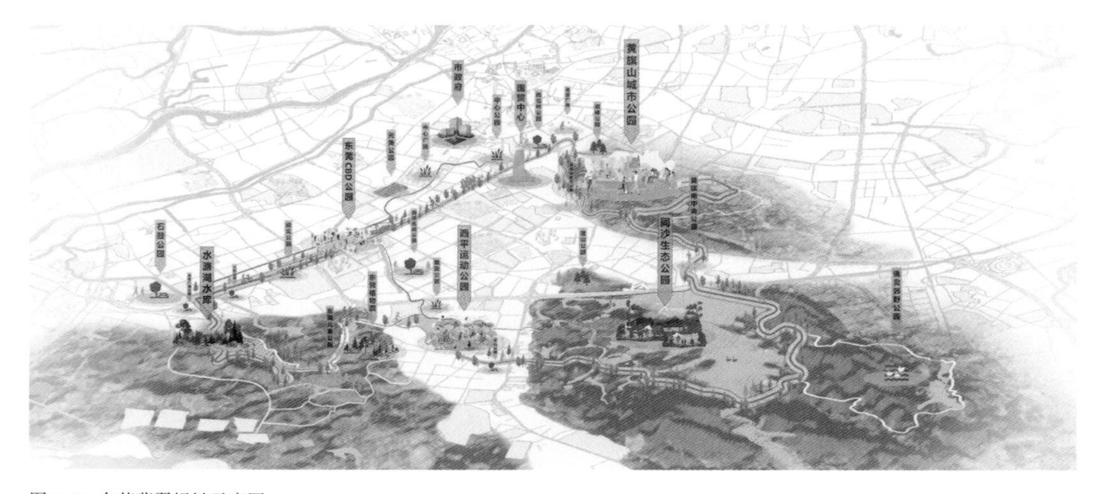

图 5–24 东莞翡翠绿链示意图
图片来源：《东莞中心城区翡翠绿环规划研究》

三、文化为山水赋魂的岭南魅力古城

自然风景以山、水为地貌基础，以植被作装点，山、水、植物乃是构成自然风景的基本要素，所以中国人历来都用“山水”作为自然风景的代称，山嵌水抱一向被认为是最佳的成景态势，也反映了阴阳相生的辩证哲理。[①]同时古人还把泽及万民的理想君子德行和人文审美赋予大自然而形成山水的风格，构建了中国特色的山水文化。所谓中国山水文化，是指我国人民长期以来钟情大自然，同大自然的神往与反馈中所创造的文明成果。[②]我们想象一下，如果泰山少了数以千计的大小碑碣和摩崖石刻，少了历代君王在此封禅祭祀，文人墨客在此吟咏题刻的历史沉淀，即使风光再巍峨雄壮、幽奥俊秀，也难以撑起五岳之尊的美誉；如果没有白娘子和许仙的浪漫爱情、没有无数文人骚客的吟咏兴叹和泼墨挥毫，西湖十景的美好意境只怕也要失色不少……“山水美”是一种精神价值，是人与自然之间审美关系的建立与发展[③]，从山水画、山水诗文、山水园林到今天的城市规划与建筑设计，“山水”已渐渐从最初的具体“山”“水”转变为中国人心中的文化烙印和精神诉求，是追求天人合一境界的最深刻体现。

当我们在面对现代城市的山山水水这些大尺度景观空间时，太多的专业术语固化了我们对于这些山水的理解和想象力，这些山和水在不同专业学者的眼里是各种条条框框和色块图斑，生态保护线、绿线、蓝线、管理线、生态保护区、保育区、控制区、协调区……我们都希望用更有效更直接的方式更好地保护它们、合理利用它们，但是在作出各种理性判断的同时，我们常常忘了看清楚山水本来的模样，以及它们传递给我们的那些精神力量。

有山有水的城市一定有更多的故事，文化为山水赋魂可以为城市的发展提供更多的启发。珠江东岸的惠州北依九连山，南临南海，四季常绿，北回归线穿越而过，属于典型的南亚热带季风气候区。山为势、水为廊，优越的生态本底造就了惠州“半城山色半城湖”的城市格局。但如果只是谈绿量、谈辽阔的山脉和广袤的海洋，惠州故事也许会平淡很多，悠久的文化底蕴和生动的历史片段才是让惠州熠熠生辉的珍宝，并让这些蓝绿空间更加鲜活和动人，而这些珍宝却被湮没在时间长河中，需要被后人发现和传承。我们恰好参与编

---

① 周维权 . 中国古典园林史 [M]. 北京：清华大学出版社 ,2008.

② 谢凝高 . 中国山水文化源流初深 [J]. 中国园林 ,1991(4):15-19.

③ 陈明松 . 中国风景园林与山水文化论 [J]. 中国园林 ,2009(3):29-32.

图 5-25 罗浮山素来有“岭南第一山”的称号

图 5-26 东江两侧，一边是新中心区的现代与繁华，一边是老惠城中心的传统与历史

图片来源：广东省人民政府官网 .http://www.gd.gov.cn/zjgd/csmp/content/post_105005.html.

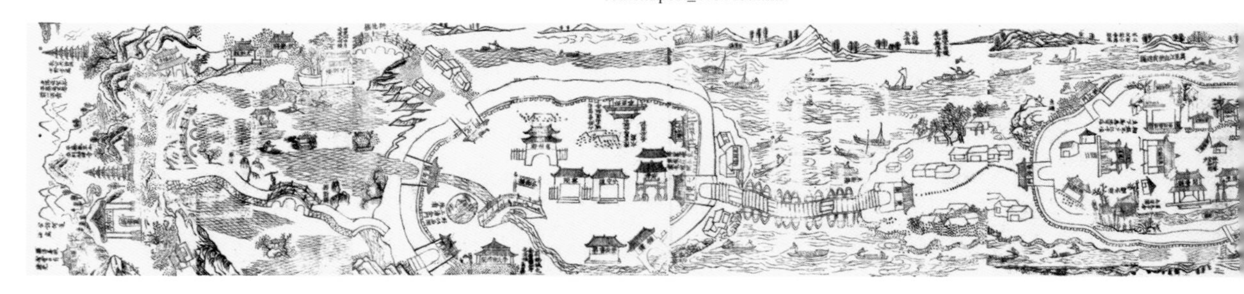

图 5-27 （明）《惠景全图》，左为西湖和惠州府城，右为东新桥和归善县城，“一街挑两城”

制了惠州市的绿地系统规划项目，对于惠州这样一座典型的山水城市，有了更多的理解和感触。

惠州的故事要从惠州古城说起，而古城的故事要从“湖”说起。根据《读史方舆纪要》记载，惠州古城“东接长汀，北连赣岭，控潮海之襟要，半广南只辅翼，大海横陈，群山拥后”，地处区位要地，进可入平原，退可守山隘，北象山与南高榜山形成二山八字开张之势，东江中间穿山而过，如龙从中来，惠州古城在东江水转处建设，其西临湖，东倚江，江湖紧密环城，形成的极致紧密和相互影响的水城关系，成为我国古城典型的传统山水城市营建代表，是古代城市发展“以水定城”的典范之一。

古城所临的西湖原名丰湖，原是东江和西枝江两江汇合处由山川水入江冲刷而成的一个积水洼地，由于水源丰沛，湖的水位比东江还高，为防止水满决堤，在西湖排进东江的泄水口处修建了作为控水作用的拱北桥，溢涨的湖水通过拱北桥的排水闸泄入东江，西湖、

图 5-28 惠州西湖风光
图片来源：广东省人民政府

城池与水系浑然一体，宛如天成，体现了“湖—城—江”一体的空间关系。惠州湖城江的自然区位条件，促使西湖成为惠州古城整治山洪及东江水患的天然调蓄池。城市景观与水利工程相结合的建设模式被沿用下来。西新桥、烟霞桥、明圣桥等西湖亭台水榭景观与防洪堤结合划分洪水蓄滞分区，芳华洲、点翠洲、浮碧洲等洲岛在疏导水流的同时与防洪堤形成对景，形成“五桥六堤，因洲为景”的西湖景观水利构架。①

单是景观水利工程并不能让惠州西湖名扬天下，一个关键的历史人物改变了西湖。世人皆知大文豪苏东坡和杭州西湖的渊源，他曾两次到杭州为官，但却鲜有人知道苏轼也曾

① 项目信息来源于《惠州市国家历史文化名城（桥东桥西）保护提升与控制性详细规划》，由北京清华同衡规划设计研究院有限公司、深圳市蕾奥规划设计咨询股份有限公司共同规划编制。

被贬惠州数年，他在惠州西湖上修建了“两桥一堤”民生工程，即惠州东新桥和西新桥和苏堤。西湖著名景点中的鹤峰返照、苏堤玩月、玉塔微澜、六如禅悟、西新避暑，都与苏东坡有直接关系，并有了“大中国西湖三十六，唯惠州足并杭州”的史载。如果说“居庙堂之上”的杭州西湖代表的是苏东坡人生上半场的得意，那“处江湖之远”的惠州西湖则代表着苏东坡人生下半场的大起大落，两个西湖是进退之间的不同人生际遇，合起来才能看到历史上苏东坡完整鲜活的一生。据《惠州志·艺文卷》统计，苏东坡在惠州创作的作品有587首（篇、封）。苏轼的诗词与惠州西湖交相辉映，为湖润色，遂与杭州西湖、颍州西湖齐名。诚如清代诗人江逢辰所言：“一自坡公谪南海，天下不敢小惠州。”

惠州西湖与古惠州城相融相生，“半城山色半城湖”的城址环境保存至今，现在我们来到惠州西湖风景区还可以深刻地感受到山川秀邃、幽胜曲折、浮洲四起、青山似黛的美景和浓郁的文化氛围，但惠州古城当年的大山水格局和传统历史风貌却在现代生活中慢慢消退，随着城市的发展和扩大，对土地资源的需求在不断增加，近些年来古城山水资源不断被蚕食割裂，西湖、螺山、红花湖和长坑山之间的山体绿地断裂不连续，西湖与东江、西枝江联系水网被建设填埋，桥东水塘在50年间陆续被填埋作为建设用地，山水空间被蚕食严重。

在恢复山水格局和历史风貌的过程中，文化始终是串联起所有特色的主线，是古城的灵魂，惠州也一直在加快推进西湖及周边区域的更新改造工作，围绕西湖景区有序推进惠州府城遗址修复，挖掘古城丰富的历史文化资源，打通西湖—府城—归善县城水东街人文景观带，构建惠州大西湖游赏体系。在针对国家历史文化名城（桥东桥西及西湖）的保护提升规划中将特色空间通过古城自然地理和文化体系、山水城格局和影响关系、城市建设格局和传统生活的分析整理，把惠州古城最为突出、最有特色的价值进行空间落位，最终形成特色空间价值图，在此基础上确定不同功能多等级与多层次的公共开放空间和城市活动空间。惠州以水定城，通过水构建了城市文化历史骨架，我们还将古城道路体系与城市地形进行校核，梳理出“通江连湖，鱼骨放射”的古城空间序列，并延续古人营城依形就势的设计手法，保留惠州古城较为完整的对景关系，通过水体复兴、山体复兴连通山水割裂的现状，重现山绕城、水拥城，功能相连、风貌相似的历史营城格局。

依托西湖的古城风貌保护和恢复只是惠州文化和风貌体系的一个小小缩影，惠州在山水方面的精彩远不止于西湖，其北部道教名山罗浮山方圆超214km^2，被尊为百粤群山之

图 5-29 惠州市历史城区特色空间规划图
图片来源：《惠州市国家历史文化名城（桥东桥西及西湖）保护提升与控制性详细规划》

祖，享有蓬莱仙境之美誉；东江、西枝江是岭南地区河运经济的典型缩影；巽寮湾、双月湾更是知名的滨海旅游目的地，深邃的南海、奔流的东江、温婉的西湖，这些不同形态的水系，为惠州增添了几分侠骨柔情。山、湖、江、海各自都在历史长河里留下了灿烂的自然与人文遗产，为惠州文化写下了浓墨重彩的一笔。

自然资源如此优越、人文底蕴如此丰厚的城市应该放眼皆是绿，处处都是景，可是在开展全市绿地系统规划基础调研时，我们收集到的信息却和想象中的偏差较大，一方面与62.4%的森林覆盖率形成强烈反差的是城市内部较低的绿地率和公园绿地数量，特别是在中心城区，市民的普遍反映就是绿地少、公园少，能去玩的地方不多，可达性差，有特色的景点也不多，除了去西湖、罗浮山等景区之外，在城市里对本土文化的感知度并不强。

究其原因，一方面近年来随着惠州市城市空间沿着水路、交通干线持续拓展和扩张，生态资源受到威胁，关键性的生态过渡带、节点和廊道难以得到有效保护，特别是前些年

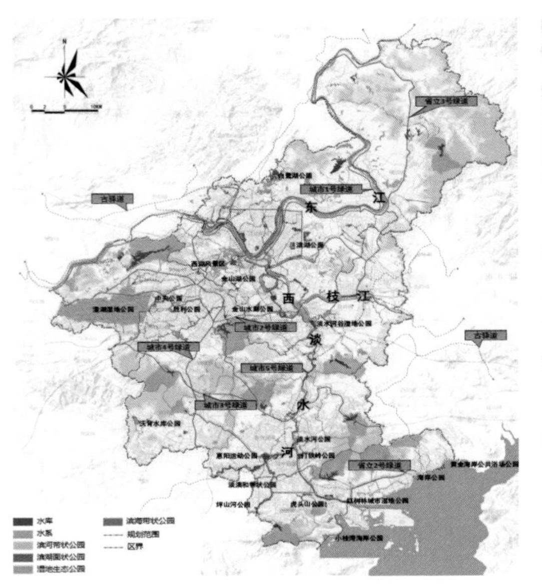

图 5-30 惠州市中心城区滨水大公园规划示意图

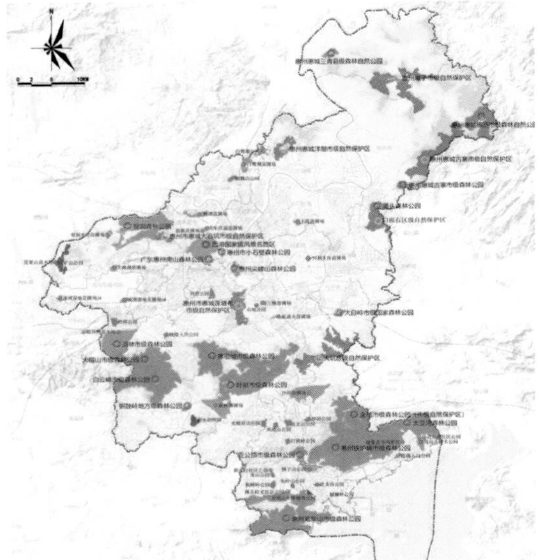

图 5-31 惠州市中心城区山体大公园规划示意图

房地产开发的白热化导致“炒地皮”热潮，土地荒废、城镇面貌混乱，不可持续的发展方式导致自然空间和开发建设用地的空间结构不合理，自然界面不连续，自然生态体系破碎化加剧，难以给人一个完整的视觉界面；另一方面虽然64.34%的惠州国土空间都通过生态控制线的划定被保护起来，但是广域的自然空间缺乏更为系统完善的功能导入，特别是那些蕴含着文化底蕴和特色人文资源的山水空间，如果只是刚性地围起来，保护起来，或者粗暴地植入一些泛泛的游览路径和景点，文化很难得到大众的共识，自然景观也没有融入城市的功能中，只可远观、不能近赏，这并不是一种可持续的保护和传承方式。

在新的历史时期，如何让文化继续传承，让城市的山水继续成为人们的精神寄托和心中的“乡愁”，公园 —— 这个现代文化的产物可能会是一个很好的媒介，连接过去和未来，连接历史人物和现代市民。我们在惠州市的绿地系统规划中提出了活化利用山体，整合“山体大公园”的概念，通过梳理山地资源，对70处区域绿地、山地型公园绿地进行活化利用兼顾生态保护与服务于民的游憩开发，形成总面积约410km^{2}的“山体大公园”体系；同时高效利用城市水体资源打造滨河、滨湖、滨海和湿地这4类滨水特色公园，紧扣本土地域文化对这些山水特色的公园主题化、特色化、功能化，特别是许多位于高密度建

自然公园 自然保护区、森林公园、基本农田等

滨水公园 滨江绿地、环湖绿地、滨河绿地、湿地公园等

文化公园 文化遗迹、纪念公园、民俗公园、运动公园等

产业公园 石油公园、电子信息公园、港口公园等

乡村公园 古树公园、果林公园、花田公园等

图 5-32 惠州市规划的五大主题公园类型示意图

成区附近，依托自然资源、地貌和近自然绿色景观形成的自然公园可以更好地为生活在城市中的居民提供欣赏自然、回归自然、开展自然游憩和户外活动的空间场所，具有生态保育、自然游憩、景观美化、教育科普、防灾减灾以及科学研究等复合功能，是培育现代市民文化、营造市民生活氛围的最好载体。

一千年前，苏轼看着罗浮盛夏美景，写下了“罗浮山下四时春，卢橘杨梅次第新，日啖荔枝三百颗，不辞长作岭南人”的千古名句，苏轼在惠州的际遇和文化遗产将这座城市的文化带入了一个新的高度，山水依然是一千年前的山水，现代的惠州人也将会续写山水文化在新时代的新篇章。

四、消隐在世界遗产中的旅游型城市

在我国有这样一类城市，单听名字就能让人无限神往，相比较城市本身，其所处的大国土景观体系才是这座城市的意义所在，它们或拥有绝妙的自然景观风貌，或展示了地球演化的重要阶段，或涵盖了具有国家标识意义的重要山脉、河流、海岸线、珍稀动植物栖息地等地貌特征，具有生态、科学、审美等多重价值，同时在漫长的发展过程中，由人类活动直接作用于地表而塑造出了丰富的景观人工形态和精神意境，和自然本底相互映衬，赋予了城市独特的价值。

这些城市包括位于我国重点生态功能区内的市县，以及依托重要的风景名胜区、风景旅游区、自然保护区而发展起来的旅游城市，它们拥有天赋异禀的资源优势和火爆的旅游市场，特别是近些年来在全域旅游的政策背景下高举高打，依托广域城区空间和乡镇腹地，景区内外一起发力，城市发展势头如火如荼。

但当你充满期待地来到那座城市的时候，也许你会略有点失望，这似乎和我们生活的城市没有什么区别，和老家县城一模一样的街巷，密密麻麻的建筑，随处可见、似曾相识的房地产大招牌广告，连超市和餐馆里都是熟悉的商品和味道，城市里的人们同样热衷和向往一切现代先进的城市形态和生活方式，只有驱车到市郊甚至更远，买完门票进入景区后，我们才能感受到这片土地原来真正的模样，人类不知不觉地在壮阔的自然中又克隆了

图 5-33 俯瞰武夷山市区

图 5-34 武夷山景区

图片来源：Zhang zhugang 摄 .https://commons.wikimedia.org/w/index.php?title=File:Wuyi_Shan_Fengjing_Mingsheng_Qu_2012.08.23_09-32-55.jpg&oldid=454625135.

一个和其他城市无异，和周边迥异，又自我隔绝的城市模块。

当你把它看作一座城市的时候，它也许就是一座再普通不过的城市，但当你从几百米的高空俯视这座城市的时候，或许你才可以感受到最完美、最和谐的人地关系在这块土地上的呈现。在武夷山市，我们通过无人机可以看到原来城市的主体既不是高楼也不是道路，而是大片大片望不到边际的蓝绿空间，崇阳溪蜿蜒穿城而过，洲岛连水、碧水丹山，村镇于水畔星星点点地错落分布，城郊大片翠绿的茶田重塑着大地的肌理，完全就是古人诗画景象中对于诗意栖居的最美呈现。在这种视角下，其实所谓的城市已经化身为低调的配角，在自然中消隐了。

同样，正因为有大自然的无边绿色背景衬托，不和谐的建设行为才显得更为突兀，对大地的破坏才显得更为触目惊心，如同一道道伤疤被永久地记录下来。这些在自然中的城市既渺小又敏感，有没有可能取得一种平衡？在追求现代生活方式和旅游健康发展的同时，能更好地守护好各类自然和人文遗产，走城市和自然和谐相处的可持续发展之路。

武夷山景区所在的武夷山市正是这样一座典型城市，武夷山不仅仅是中国著名的风景旅游区，还是世界文化与自然双重遗产和世界生物圈保护区，这里保存了世界同纬度带最完整、最典型、面积最大的中亚热带原生性森林生态系统，同时也是闻名于世的三教名山和儒家学者倡道讲学之地，南宋理学大家朱熹和著名词人柳永的故乡均位于此，朱子理学文化、茶文化、宗教文化等交相辉映。

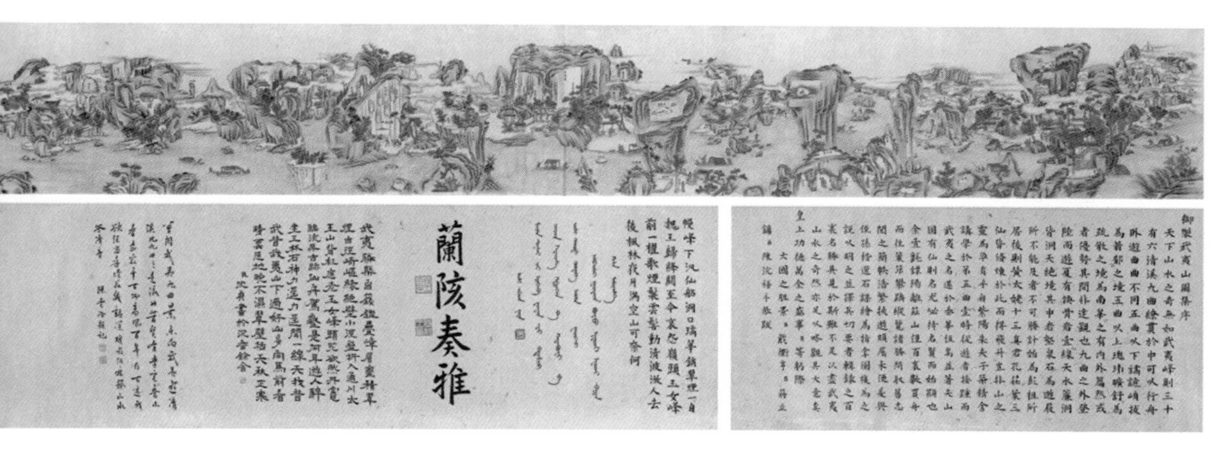

图 5-35（清）华冠《御制武夷山图》1806

这里集山水奇境、繁华集镇、田园风光、思想文化于一体，一年四季游人如织，尤其是世界遗产这顶闪亮的皇冠让城市的形象熠熠生辉，在国内外旅游市场上声名显赫；这里碧水丹山，人杰地灵，曾经孕育了许多动人的神话传说，无数文人墨客、达官贵人在此留下足迹和墨宝，对武夷山极尽赞美之词，将其与蓬莱、仙境等相提并论，郭沫若甚至不惜拿桂林山水与之相比，称“桂林山水甲天下，不如武夷一小丘。”

但是与武夷山悠久的历史相比，武夷山市却是一个年轻的城市，它是福建省唯一以名山命名的新兴旅游城市，其前身为崇安县，1989年8月经国务院批准撤县建市，市域总面积约2813.91km^2，下辖4个镇、6个乡，其中中心城区115.9km^2，紧邻武夷山景区，是武夷山旅游的重要集散地。但在发展过程中武夷山市也一直面临着不少尴尬，最典型的就是大部分游客都是冲着武夷山风景区的名气而来，在景区内部及附近玩两天、住两天，旅游结束就直接回家了，大量的游客并没有给城市带来更多的发展契机，世界级遗产在全域旅游中的辐射和带动作用并没有被最大化地发挥出来，景区内外两重天，旅游景点之间协作能力不足，各景点的交流合作存在壁垒。

武夷山市近年来也先后推出了大安源、武夷源自然风光游，大安村、赤石村红色文化游，五夫朱子民俗文化游等特色乡村旅游路线，把乡村休闲游作为大武夷旅游的有效延伸，努力打造“一乡一品，一村一品”的乡村旅游格局，但面临着整体起步较晚、模式单一、旅游设施简陋、产品核心竞争力不足等问题。

从城区发展的视角来看，如何突破景区界限，保护和利用好城市山水格局和自然生态优势，塑造山水城市的特色空间意象，景区内外一起发力，将武夷品牌最大化；从全域旅游的视角来看，如何更好地分流游客到周边乡镇，留下游客，促进武夷山旅游“全景、全时、全民、全业”的发展，打造大武夷旅游经济圈，都是武夷山市在发展中面临的挑战。

近年来，我们跟进了武夷山许多的规划和实施工作，武夷山市市域西翼大部分纳入国家公园和生态红线保护范围，进入严控范围；东翼依托良好的生态、文化、国家级历史文化名镇、名村等资源逐步迎来全面发展新契机。《武夷山市东翼文化旅游带战略策划及重点区域控规规划》一体化设计咨询[①]在宏观层面深入挖掘空间资源潜力与价值，明确各镇总体定位及发展方向；微观层面以项目策划为导向、以控制性详细规划为平台、以项目库为抓

① 项目信息来源于《武夷山市东翼文化旅游带战略策划及重点区域控规规划》一体化咨询，由深圳市蕾奥规划设计咨询股份有限公司、SMART度假产业智慧平台、深圳市道普建筑设计有限公司编制。

手，策划实施项目，形成招商地图，并对重点地区和重点项目提出详细风貌及建筑管控指引，全过程指导项目落地实施。2017年，伴随着城市总体规划的修编，武夷山市开展了城市规划大会战，城市总体规划、总体城市设计、给排水、道路交通、停车场、历史文化名城、棚户区改造、风貌特色等专项规划同时启动，我们承接了控制性详细规划全覆盖工作，以总设计师服务的方式落实总体规划和各专项规划要求，整合、梳理和统筹各类规划和要求。

同年由武夷山市规划局组织开展编制的《武夷山市绿道网专项规划（2017—2035年）》寄期望通过“绿道”这个载体和媒介，对武夷山的旅游资源进行系统梳理，串联起市区内外的世界级遗产和景区，推动旅游发展，助力乡镇产业振兴。自从2010年珠三角在全国首先开展绿道网的建设，绿道的概念在中国迅速普及，越来越多的城市开始以绿道建设为契机，串联风景资源、凸显城市特色、促进旅游发展。武夷山市作为一个典型的旅游型城市，本地人口少、旅游人口多；市区面积小，市域面积大；老城密度高、新城活力不足；整体经济实力较弱，政府财政收入不多，在这样的背景下做绿道建设，应该秉承怎样的原则？绿道又能为武夷山诸多问题的解决提供怎样的思路？我们从市区、市郊和市域三个层面进行探索，希望立足武夷山的世界级风景和资源，让这座旅游城市持续散发迷人的光彩和魅力[①]。

（1）市区——打破景区边界，依托崇阳溪塑造大尺度山水城的诗画意象

现在的武夷山景区和城市在物理空间上是相对隔离的，但是山水的空间意境和风景视线是无限延展的，城周山体林立，城内五溪萦绕的整体氛围与景区融为一体。借好景、用好资源，把品牌效应最大化，才能够真正地留住游客。

追溯到武夷山最早的聚居历史，原始闽北居民点最初隐居山中，后多沿水而居，北宋到清末城市沿溪生长，在崇阳溪潺口聚集，城市发展以城墙为界、以河流为依托呈块状发展，直到现在，武夷山市区的整体空间格局仍然呈现很明显的沿溪发展的态势，城市以崇阳溪、武夷大道为主要轴线向南扩张，同时逐渐向西发展，城内五溪萦绕，构成城市的基本骨架[②]。

---

① 项目信息来源于《武夷山市绿道网专项规划（2017—2030年）》，由深圳市蕾奥规划设计咨询股份有限公司编制。
② 项目信息来源于《武夷山市总体城市设计（中心城区）》，由南京东南大学城市规划设计研究院有限公司规划设计。

图 5-36 武夷山俯瞰崇阳溪

图 5-37 崇阳溪三个主题段分别以不同的风格向人们展示武夷山之美（效果图示意）

因此，贯穿全城的崇阳溪无疑成为整个中心城区最具空间意象和人文气质的场所，也是未来城市风貌和空间体系的着重发力点，依托崇阳溪东西两岸规划的贯穿全城的绿道和开放空间体系不仅可以串联起城市几大重点发展组团，满足绿色通勤需求，也联系起低山丘陵地带和众多水系支流空间，促进城市与自然环境的融合共生。城市与山水一体，山水与城市共荣，让城市“看得见山、望得见水，记得住美丽的乡愁”，形成滨水望城、由城观山、依山看城的山水之城。

同时，我们根据不同河段的地形地貌特征，形成上游至下游的三个典型段落，第一段山水夹城，背山面水，依托古城展示的是传统的人文之美；第二段溪水穿城，洲岛连水水连天，感受的是生态之美；第三段山水相傍，城依水生，碧水丹山画中行，感受的是泛舟溪间的诗情画意之美。这样景区内外相辅相成，打破人为的景区边界，让山水可以自由地延展，当游客来到武夷山市，不仅仅会被武夷山景区吸引，也会驻足这座山脚的城市，漫步崇阳溪，细品岩茶，感受小城的悠然惬意。

（2）郊区——串联城郊风景，依托城郊大环线引导世界遗产文化的多元拓展

众人皆知大武夷，但是却鲜有人了解其实还有一个小武夷，小武夷景区位于城区的西北角，如果说大武夷景区代表的是世界遗产的大气，那么小武夷以其朴实、自然的特性，展示的是更生动的人气，当地居民喜在岩石缝隙处种植岩茶，武夷岩茶自古就有"岩骨花香"之美誉，小武夷内奇石密布，茶园和花田交错，展示了武夷山的另一种风情①。

其实在武夷山中心城区的外围还分布着许许多多这样个性不一、极具价值的景区和景点，环武夷城区大环线的策划就可以很好地把这些资源串起来，这个大环线是一个多元复合的集合体，风景道连接大景区，各类绿道和步道连接不同景点，登山径和远足径如同毛

图 5-38 小武夷公园设计方案鸟瞰效果
图片来源：《武夷山市小武夷公园概念规划及重要节点修建性详细规划》

① 项目信息来源于《武夷山市小武夷公园概念规划及重要节点修建性详细规划》，由深圳市蕾奥规划设计咨询股份有限公司规划设计。

细血管把景区的游憩系统向外部拓展，让人们不仅仅停留在景区或者市区内，还随着游憩系统的引导，慢慢地拓展更多的游线，带动城区第三产业的发展。游客不仅可以欣赏大武夷的壮美，还可以来市区感受小武夷的秀美、杜坝郊野公园的活力，沿线结合茶叶文创产业的发展、度假休闲体验、亲子游乐主题等参与丰富多彩的主题活动，进一步丰富世界遗产观光体验。

（3）市域——向外辐射拓展，依托多功能绿道发掘乡镇资源特色

武夷山市域的精彩丝毫不亚于武夷山景区，市域范围内具有丰富的历史文化遗存，古闽人在此留下了船棺、虹桥板和被誉为“江南汉代考古第一城”的闽越王城；作为儒释道圣地，受武夷山山水文化影响与熏陶，朱子理学在这里孕育、成长和传播；作为老革命根据地，这里先后发生过著名的上梅暴动、赤石暴动，并坐落着土地革命战争时期的闽北苏区首府 —— 大安[①]。阳春白雪、下里巴人，雅俗共赏、多元荟萃，旅游资源虽优越却分散，缺整合、缺包装，“养在深闺人未识”。大家来武夷山市的旅游形式以“快游”为主，“慢游”不足，现状条件有限的景区很难以把游人留下来。

通过开展全域的绿道网建设促进周边乡镇的旅游开发，吸引游人深度游，变“快游”为“慢游”。在一个旅游城市建设绿道，和在北上广深这样的一线城市建绿道肯定是完全不一样的思路，大城市里的绿道更多服务于本地的市民出行，而在本地人口较少、游客占比较大的城市，绿道的功能肯定是更加多元和复合的，同时在资金有限、政府财政压力较大的背景下，大家对绿道赋予了更多经济上的预期和要求。一边是世界级的自然遗产和文化遗产资源，另一边是亟待发展的城区空间和广域的乡镇腹地，绿道应该发挥更好的连接人与自然、连接悠久历史和未来的发展作用。

因此，在绿道的规划中突破绿道本身的概念，提出打造“多道合一”，即风景道、绿道、远足径、登山道、骑行道等功能的融合。用风景道链接各镇区中心，匹配旅游配套设施，可以满足不同群体自驾的需求；用骑行道串联各景区，形成10～30km风景环线；用远足径和登山道通达市域，特别是车行道路难以进入的水库、溪流、山川等，可以满足驴友探索的需求。同时结合周边各乡镇的乡土资源和特色，规划六大主题绿道，比如依托五

① 叶维沁 . 武夷山市旅游产业发展的现状分析与对策研究 [D]. 福州：福建农林大学，2016.

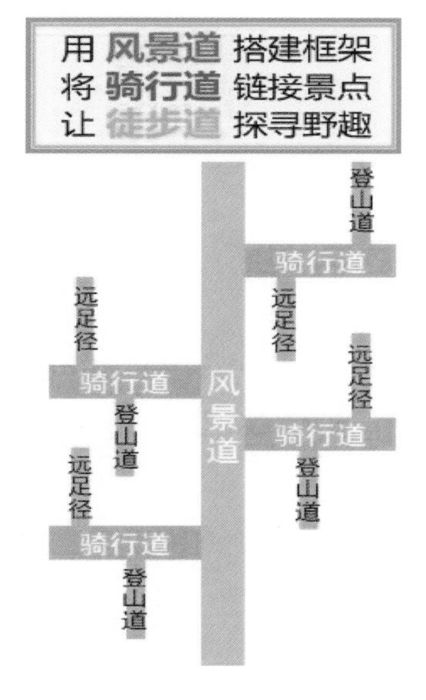

图 5-39 多道合一示意图

夫镇和下梅镇的茶路古道，以柳永和朱子等名人文化为特色，把古村资源、田园景观和各类文旅产品充分融合起来，打造万里茶路品两宋遗风的特色风情游线；又或是在最偏远的岚谷和吴屯两乡依托地势落差较大的山地型绿道，将沿线飞瀑撩雾、清泉流畅、山影朦胧等自然奇观尽收眼底，将沿线田园风光、民俗风情、特色美食物产融入绿道旅游体系中，掠湖飞瀑尝山水绝味，借绿道吸引游人乡村深度游，带动观光农业的发展。

景区有风景、城区更有惊喜，乡乡有亮点、镇镇有资源，从国土空间的大尺度景观视角来看，美丽多彩的国土遗产景观赋予了武夷山市独特的魅力，而这座城市亦可以在新时代通过城市的社会、人文和情感等多重要素和大自然产生更多精神层面的联系和共鸣。

图 5-40 武夷山山地风景

五、北方严寒气候条件下的草原城市

说起呼伦贝尔，大家心目中的第一印象往往是广袤无垠的大草原，如果说武夷山代表的是南方的秀美，那么呼伦贝尔就是北方辽阔大气风景的代言，而这种大气不仅仅是体现在风景上，它更是用惊人的数据颠覆对城市这个概念的理解。呼伦贝尔市市域面积25.3万km^2，是中国面积最大的地级市，相当于山东、江苏两省面积的总和，它拥有着13.3万km^2森林、9.93万km^2草原、2万km^2湿地、500多个湖泊以及3000多条河流，是我国北方重要的生态安全屏障，也是国家重点生态功能区的重要组成部分①。

照理来说，在这样的广域国土景观背景下，任何人类定居活动建立的城乡聚落空间在这个尺度对比下应该都是微不足道的，但尺度上的微不足道并不意味着影响的微不足道，这里地处温带北部，冬季严寒而漫长、夏季温凉而短促，适生植物品种非常少且难以成活、生长缓慢，同时这里降水少风力大，土壤瘠薄，浅薄的土层一旦遭到破坏就极易风蚀沙化。在这样高度脆弱的生态环境中建设城市，破坏极易、修复极难，任何破坏自然所造成的损伤就像大地上的伤疤，格外醒目，触目惊心。被自然包围的城市，生态美丽，但又脆弱敏感。

图 5-41 呼伦贝尔草原景观
图片来源：大漠1208摄.https://commons.wikimedia.org/w/index.php?title=File:%E5%91%BC%E4%BC%A6%E8%B4%9D%E5%B0%94_%E5%93%88%E5%85%8B_-_panoramio.jpg&oldid=650965758.

① 呼伦贝尔市人民政府. 自然地理. [A/OL]. (2014-10-16)[2022-11-09]. https://web.archive.org/web/20200624162336/http://www.hlbe.gov.cn/content/channel/53db34ae9a05c2a0707279e9/.

图 5-42 呼伦贝尔圣山之殇

图 5-43 垃圾填埋场

图 5-44 开挖受损的山体

图 5-45 海拉尔河的河道挖沙导致 2004 ～ 2017 年水面拓宽严重，形成断流

呼伦贝尔中心城区正是在这样的环境下逐渐成长起来的，城区由海拉尔区、呼伦贝尔市新区及鄂温克族自治旗巴彦托海镇片区 3 个区域组成，总面积约为 380km²，正处于森林草原交错带的敏感区域。在中心城区，我们可以看到大呼伦贝尔的精彩缩影，有草原、森林、湿地“泡子”[①]等自然景观，以及多民族聚居、文化汇聚融合的风貌沉淀，但是在深度的调研走访之下，我们看到呼伦贝尔生态环境残酷的另一面。

位于城区郊外的海拉尔河作为典型的草原游荡型河流，是调节草原沙漠化、退化的良剂，但是河流两侧布置了大量的砖厂、挖沙场和采石场，河边水草丰美的牧场被持续不断开采的砂子、河流石以及抽砂流出的稀泥堆积侵蚀，许多护堤柳被随意铲除，采砂点的装载机、重型运砂车在牧场上任意行驶碾压。由于人们无序地开采，葱茏的草场自此变成了秃黄的沙丘和砂石路，反差之大，不禁令人心寒。有的采砂者把河边生态环境破坏了还不算，还往外拓展空间，用水泥柱、铁刺线围上，持续不断的破坏导致水土流失严重，支流消失，草原游荡型河流陷入逐渐消失的境地。

① “泡子”是指冰雪融水、降雨等在山坳处或其他低洼处聚集的能较长时间或常年存在的小型湖泊，一般水面呈静态，流动性差，但却是草原生态的重要组成，不少水鸟在此繁殖栖息。

许多“泡子”因城市基础设施建设阻断而失去水源补给，逐渐干涸。铁路、公路建设阻断了它们的汇水通道，水量越来越少，如果再不采取措施，这些“泡子”将永远消失在美丽的草原上。

还有被城市开发建设裹挟侵蚀、遍布滑坡点的台地，有水土流失逐渐沙化的草原，有僵直硬化的河道岸线等，可谓满目疮痍，这也是呼伦贝尔市当年作为全国第二批“城市双修”试点城市①所需要攻克的核心困难。为了探索总结更多可复制、可推广的“城市双修”经验，住房和城乡建设部从2015年开始，连续推出了三批“城市双修”试点城市，要求试点城市制定“城市双修”实施计划，开展生态环境和城市建设调查评估，完成“城市双修”重要地区的城市设计，推进一批有实效、有影响、可示范的“城市双修”项目。

2018年呼伦贝尔在中心城区开展“城市双修”总体统筹与行动规划工作②，作为一座美丽脆弱的草原中的城市，我们需要厘清它的几个独特性。

图 5-46 各种污染导致中心城区的生态环境严重受损

① 住房和城乡建设部 . 关于将福州等 19 个城市列为生态修复城市修补试点城市的通知 [A/OL]. (2017-04-18)[2022-08-09]. http://www.gov.cn/xinwen/2017-04/18/content_5186958.htm.

② 项目信息来源于《呼伦贝尔市中心城区“城市双修”总体统筹与行动规划》，由深圳市蕾奥规划设计咨询股份有限公司、中国城市规划设计研究院、呼伦贝尔市城市规划设计研究院编制。

首先它与我国大多数城市不同，呼伦贝尔市中心城区是被生态斑块包围的城市，生态界面就是城市边界，例如海拉尔这种河谷型城市中，河流是城市发展的脊梁，是城市建设发展的依托与维系，真正意义上孕育了草原城市，所以滨河空间是整个城市结构中的重中之重，是凸显城市历史文化与自然生态文明的重要廊道。河流一侧的东山台地与西部森林湿地交错带是其发展的天然生态屏障，随着城市建设的推进，东山组团突破了城市自然屏障向东发展，使东山台地从城市外围屏障，成为城市中央生态廊道。

过去的城市蔓延忽略了区位与自然条件，导致景观界面破坏，生态界面阻隔，生态基底的连通性不足。由于河道被硬化、山体受侵占、江景楼盘割裂河道岸线、铁路高速路阻断河流水系，造成山水割裂，城市生态系统失去自我调节能力。我们需要做的是让自然重新在城市里做功，回到城市的主导空间中来，在对生态破坏行为及时止损的基础上，协调生态保护与城市发展的关系，收缩城市建设用地，从规划层面确定“木”字形生态骨架。以海拉尔河、伊敏河、东山台地和西部森林湿地生态带为修复重点，依托城市外环路构筑外环生态屏障；结合绿地系统规划编制，划定生态控制线及绿线并纳入法定规划保护范围。

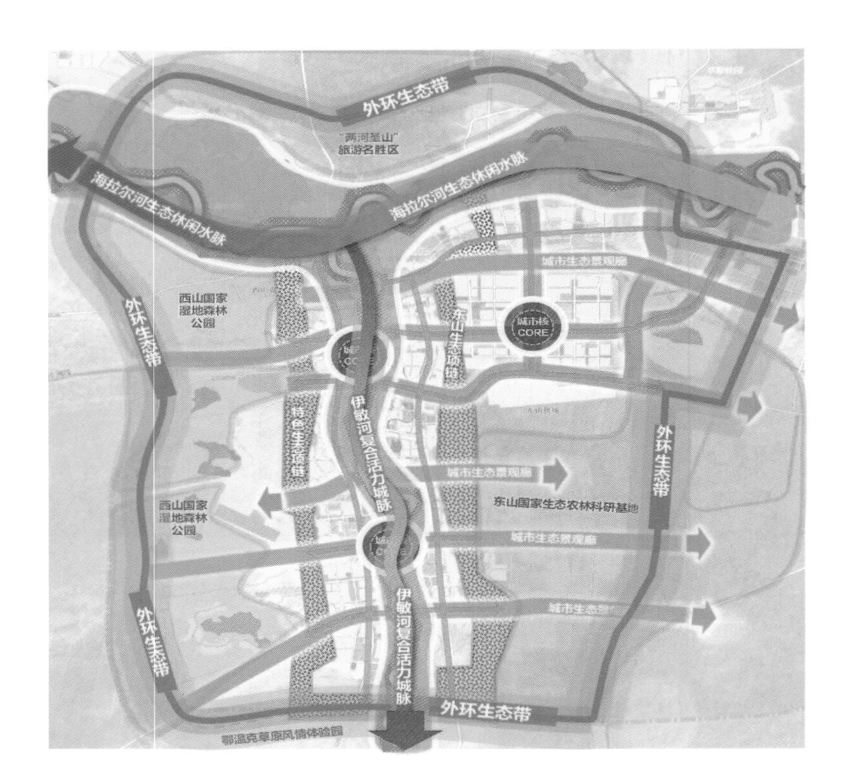

图 5-47 海拉尔城区的“木”字形生态骨架结构

图 5-48 针对海拉尔城区的矿坑修复工程示意图

其次是结合当地财政支出有限、生态空间缺乏法定保护、建设活动无序开展、污染防治管控薄弱等问题，在实施路径上加强管控，对位于海拉尔河周边、东山台地、西山保护区等重要生态空间的相关项目，从生态视角进行评估优化，与城市交通、旅游开发等工作相协调，并为海拉尔河、伊敏河、东山、西山等重要生态空间设立专门协调管理机构，统筹生态修复项目的规划、设计、实施工作，并通过相关的技术规范统一把控后续管养维护的水准。

a 现状

b 效果图

图 5-49 铁路专线遗址公园——锅炉房改造再利用示意图

a 现状

b 效果图

图 5-50 铁路专线遗址公园——废弃机械桁架改造再利用示意图

a 现状

b 规划平面图

图 5-51 伊敏河改造提升效果示意图

再次是针对北方严寒草原地区的特性，综合考虑生态破坏情况的危害性、修复的技术难度，对生态破坏区域因地制宜采取不同的修复手段，管控为先、工程取巧、量力而行，加之更多的耐心，方见成效。

优先对存在极大生态安全隐患、影响城市形象及经济发展的受损区域，如两河交汇处的挖沙河道、矿坑、砖厂、边坡、垃圾污染等采用生态修复工程进行修复。对环境质量达到相关标准要求、具有潜在利用价值的已修复土地和废弃设施进行规划设计，建设遗址公园、郊野公园等，实现废弃地再利用。

对于受外环高速路、铁路建设影响的湿地汇水区域，破坏后仍有可逆空间的区域，采用小型工程打通水路、连通生物通廊，结合防护林带建设加强水源涵养保护。对于伊敏河、六二六小河岸线僵直等非安全隐患类问题，在财力允许的条件下采取近远期结合的方式进行优化，近期点状柔化，恢复一定生态岸线空间为动植物生境恢复创造条件，远期逐段改造，直改曲、立改斜，恢复自然岸线。对距建成区较远、面积较大的挖沙河段、沙化草原采用混播草种及围栏封育的方式，用时间与自然力量进行低成本修复。

呼伦贝尔大草原是世界著名的天然牧场，还是众多古代文明、游牧民族的发祥地，是世界四大草原之一。每年6～8月份，来自世界各地的游客慕名而来，他们大多先来到中心海拉尔城区，以此为据点向四周的草原、湿地其他景区辐射出发，感受“诗和远方”的魅力。作为隐匿在茫茫草原中的小城，城市的建设手法和发展路径代表着我们对待大自然的态度，它们是大自然的补丁、伤疤，还是“人化自然”下绚烂的文化遗产，这对生活于此的人们来说，是一道关键的抉择。

这次针对呼伦贝尔中心城区的“城市双修”规划主抓突出的“城市病”，补短板补欠账，不搞大拆大建，也不是推翻重来，而是渐进式改善，对上向城市总体规划和城市设计反馈，使总体规划修改更为完善，可行、可落地；对下以各类修复项目为抓手，治理“城市病”，解决实际问题。是城市策划、规划、运营、实施的综合推进平台，对这座北方严寒气候条件下的草原城市未来持续滚动发展和环境提升起到了很好的示范和指导作用。

六、让边缘灰色空间大放异彩的花园新城 —— 龙华

2011年10月27日，深圳市委市政府宣布将在宝安新增一个功能新区 —— 龙华新区，总面积175.6km^2，对先前设立的光明新区和坪山新区所取得的成效进行再实践，发挥深圳作为综合配套改革试验区的优势，进一步拓展城市发展新空间，打造新的经济增长极。龙华新区边界沿着光明森林公园到观澜森林公园，往南经阳台山到梅林山，从龙岗区的坂田街道西侧通过连接樟坑径水库往北到达观澜湖高尔夫球场，然后往西通过白花河接上光明森林公园，如果加上坂田片区，刚好形成了一圈围绕着主城区较为完整的环城山林带，其大部分地区位于深圳市的生态控制线范围内，生态控制线内面积占到全区面积的36%。龙华，这个被一圈森林包围、形似如意的城区，开始以独立的角色登上了深圳的舞台。

2017年1月7日，龙华新区跻身行政区之列，随着深圳人口持续汇聚，人口、产业等要素持续向中部集聚，深圳强力推进特区一体化，并在“十四五”规划中将龙华区南部民治和龙华两个街道正式纳入深圳都市核心区，龙华区从特区“后花园”跃升为发展前沿①，实现了从城市副中心到都市核心区的历史性跨越，全区上下斗志昂扬，以新体制开创新局面，展示了深圳特区在新的发展阶段又一次令人惊叹的深圳速度，龙华区也因此被许多市民夸张地称为“宇宙中心”。

高速的城区发展需要生态系统的服务和支撑，吸引人才更需要良好的宜居环境和就业氛围，在深圳市强区放权的政策背景下，龙华区这些年在景观建设领域也大刀阔斧地开展了一系列颇具前瞻性和创新性的举措，以强有力的手段有效地推动了一个老旧杂乱的城区发展，实现了质的飞跃。2013年，彼时的龙华新区在全市率先编制了第一个景观风貌类的专项规划，通过整体开放空间设计和景观要素导则的形式为未来五年搭建景观建设工作行动方案，并跟进一系列大尺度景观设计作品的落地；2021年在全市国土空间规划以及龙华区分区国土空间规划开展的背景下对景观风貌规划进行修编，协助摸底全区山水林田湖等自然资源，不断构建和夯实生态安全格局和多层次的开敞空间与公园体系。龙华区在大尺度景观空间方面的实践，为城区存量空间优化提升提供了可复制推广的借鉴。

回顾过去数年来龙华区的景观建设工作，其中最重要的一项是很精准地识别了龙华的

① 深圳市人民政府．深圳市国民经济和社会发展第十四个五年规划和二〇三五年远景目标纲要，2021.06.09.

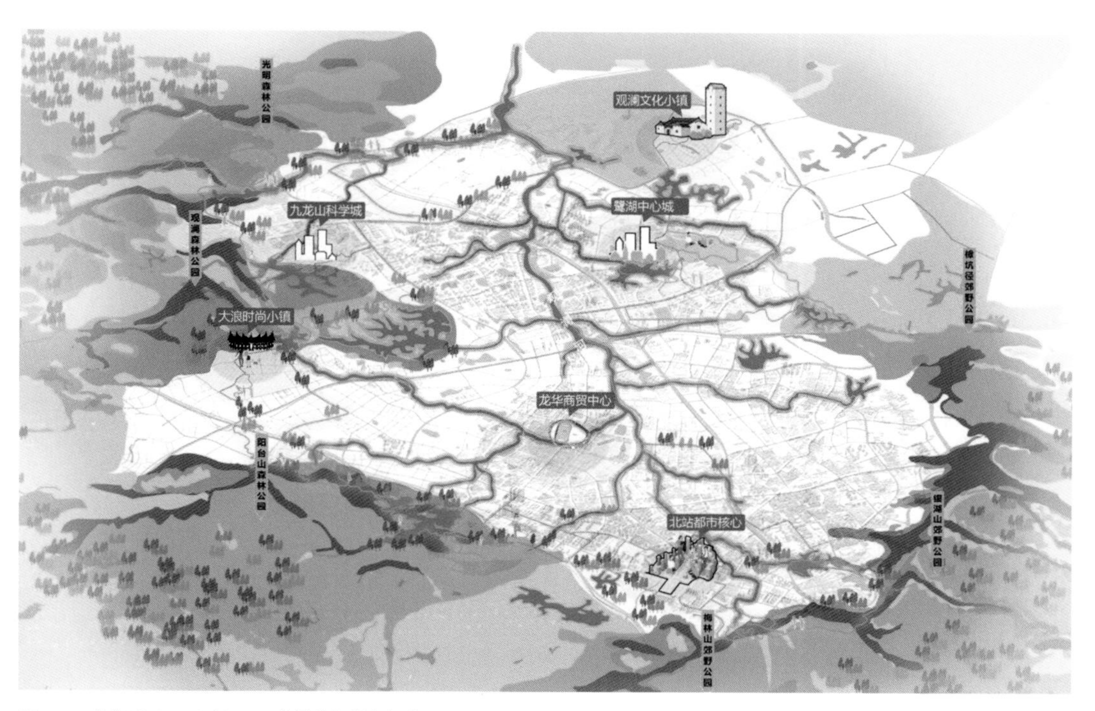

图 5-52 龙华区“四面环山，一水贯城”的空间格局

城市地理特征，确定了生态骨架和景观结构，“四面环山、一水贯城”空间格局的确立，引出了接下来近十年城市与山水的故事，并探索了一条城区边缘生态空间活化再利用的新路径。

（1）从四面环山到环城绿道

龙华新区成立之初，行政边界大部分沿着城市建成区四周山体划定，银湖山、梅林山、红木山、阳台山、观澜湿地公园、光明森林公园、樟坑径森林公园等山体的部分林地构成天然的环城生态带，城市建设用地主要集中在中间腹地；观澜河自南向北贯穿城区中心，是深圳五大河流之一，23条支流从主脉向两侧辐射延展，构成密布的水系网络，联系外围山体和16个水库，形成规模化的自然系统。“三面环山、一水贯城”，宛如叶脉状的自然山水格局构成了龙华区最大的空间特征。

在将郊野公园面积纳入统计的情况下，龙华区的人均绿地面积可达14m^{2}以上；而形成鲜明对比的是，建成区内绿地碎片化、公园绿地总量不足，拥有155万管理人口的龙华区，建成区的人均公园绿地面积不足3m^2，城市的公共绿色开放空间被严重挤压，与此同时，市民对亲近自然的期望值却特别高①，对区内绿地的游憩功能需求非常迫切，但是区内绿地多在边缘地区，可达性不佳，利用率较低，甚至成为违建屡禁不止、环境“脏乱差”的灰色地带，并没有充分地发挥出服务城市、服务市民的作用。过去对于区域绿地的被动刚性管理，虽然在一定程度上确保了资源底线保护，但是缺乏积极治理和空间品质提升②，同时位于区域绿地③内的各个森林公园分属于不同的行政区划，给各区主动积极治理制造了行政障碍。2014年的全区风貌规划把位于龙华区东南侧、属于龙岗区行政管辖的坂田片区纳入到整体的生态研究范围，从全域全要素的角度进行统筹规划，打通山体的连续性，将“三面环山”升级为“四面环山”，加强生态廊道连接和生态斑块修复，并通过环城绿道的建设和毗邻的各区及东莞市形成生态互通、游憩联动。

这条环城绿道环绕龙华区全境一圈，全长135km，是典型的大尺度景观项目，秉承“尊重自然”的建设原则，绿道的实施未对自然地貌进行大的改造，弱化绿道的存在感，最大限度地减少对山林的破坏，同时它改变了传统绿道的单一功能，兼具慢行道、防火道、护林道、登山道等多重属性，并整合了沿线的公园、湿地、水塘、果林等自然资源，以及历史村落、文创园区、名胜古迹等文化资源，极大地丰富了绿道的自然与人文内涵，多样的活动可以在不同的节点举办。据统计，龙华环城绿道串联了7个郊野公园、14个水库湿地，并通过支线连接15处文化景点、40处城市公园，将外围生态绿地和城内的公园绿地连为一体，形成一条环绕全城的、连续的活力风景带④。

在环城绿道建设的同时，生态修复工作也在马不停蹄地进行着。一方面对城市外围破碎化的生态斑块进行空间缝补，对不同绿地进行分级分类地修复；另一方面清理排查生态控制线内的违法占地，对违法占地已经进行建设的地块，考虑将其转化为绿道上的特色节点，修复后加以利用，如将垃圾堆场转变为环保花园，将废弃的采石场提升为露营基地，

---

① 魏伟，张一康，杨巧婉，程冠华．高密度城市边缘生态区的活化利用——龙华区环城绿道 [J]. 风景园林 ,2021,28(7):102-106.

②崔翀，宋聚生，严丽平．空间规划体系重构背景下深圳总体城市设计探索 [J]. 规划师 ,2021,37(23):23-32.

③ 区域绿地是《城市绿地分类标准》中的一种绿地类别。指城市建设用地之外，具有生态系统及自然文化资源保护、休闲游憩、安全防护隔离、园林苗木生产等功能的各类绿地。

④ 项目信息来源于《龙华区环城绿道建设项目（方案设计、初步设计）》，由深圳市蕾奥规划设计咨询股份有限公司、深圳翰博设计股份有限公司、中国瑞林工程技术股份有限公司规划设计。

将裸露的渣土场及臭水塘改造为可游览的生态湿地，利用场地遗留的拖拉机及轮胎形成儿童趣味花园。在规划设计上巧妙地采用生态修复和功能修补相结合的措施，改造利用了以往被遗弃或被侵占的生态空间，成为大众尤其是儿童、青年喜欢的休闲目的地。

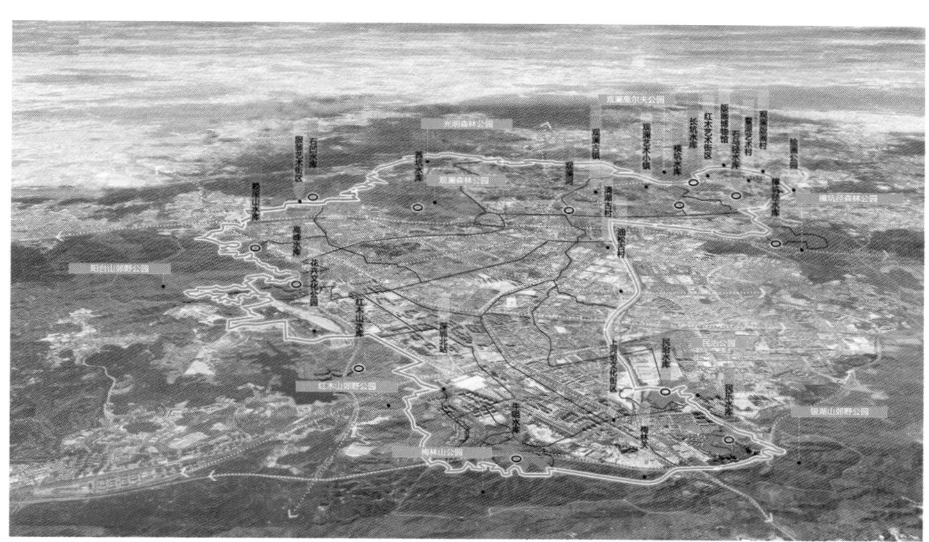

图 5-53 龙华环城绿道规划布局鸟瞰示意

图 5-54 龙华环城绿道沿线废物利用改造而成的轮胎花园

进入环城绿道后，儿童、青年、老人都可以找到自己的活动方式，或骑自行车、或跑步、或远足，享受亲近自然带来的乐趣，这里也是户外教学和科普的露天博物馆。启动段建成后受到广泛的欢迎，举办了首届环城绿道自行车赛、国际青年背包跑等城市赛事。环城绿道的建成极大地提升了城区的环境品质，鼓励了慢行出行，推广了龙华特色品牌，激发了沿线的城市活力①。

（2）从龙华环城绿道到深圳北环城公园带

2021年在第二版龙华全区景观风貌规划的基础上对环城绿道的规划建设情况进行了系统的再评估和梳理，在环城绿道的基础上对区域绿地进行进一步升级，提出了新的目标：跳出绿道本身的界线，着眼于环城的大游憩系统，构建辐射深圳7个区近1/10土地、绵延不断、可观赏可感知的深圳北环城公园带。

这个公园带不再局限于龙华区的行政边界，而是将东莞和深圳（深圳光明区、宝安区、南山区、福田区、罗湖区和龙岗区）的邻近公园和绿地放在一起进行整体研究，让它成为深圳北面一个非常重要的生态环和游憩环，发挥更大的价值。同时从绿道到公园带的转变意味着它不再是线状的，而是面状的，需要更为系统地生态连通和整体维护，比如各类生态断点的修复、生态廊道的连接、生态栖息空间的保护都纳入政府工作日程，各类本土的和珍稀的动植物群落可以从更大范围进行保护和保育，小动物们也可以自由安全地从罗湖、福田来到龙华，甚至来到东莞，实现生态的连通。同时在这个公园带上结合现有的公园和未来规划的公园，策划了十大特色公园，这里面有结合未来华为总部基地打造的九龙山数字公园，有融合植物科研和风景游赏的深圳第二植物园，还有以极限运动为主题的新彩极限运动公园等，在这些大公园之间还分布着许多的社区公园和口袋公园，大大小小的公园被串联到一起，形成了极其丰富的游憩廊道，同时和城区内部的叶脉水系进行串联，城由水进山，山经水入城，基于一系列大尺度的景观规划搭建起城区的基础性生态骨架与风貌体系，和以建筑为主体的城市肌理互为图底关系，搭建出龙华区的整体城市空间格局。

① 龙华新闻．龙华环城绿道荣获2020IFLA经济可持续发展杰出大奖[N/OL]. (2010-10-15)[2022-08-09]. http://ilonghua.sznews.com/content/2020-10/15/content_23634697.htm.

（3）从环城公园带到城市活力发展环

产业发展一直以来是龙华区工作的重中之重，龙华区提出了六大重点片区的发展路径，这几个片区涵盖了商务、行政、产学研、时尚产业、数字科技、文化小镇等不同领域和方向，总面积约104.62km^2，约占龙华区全域面积的60%，是引领龙华高质量发展的重要增长极。非常巧合的是这六大重点片区的位置恰好都在龙华环城绿道的边缘，和城郊生态空间有着很紧密的关系。

环城绿道的2.0版本是环城公园带，那么3.0版本是什么呢？有没有可能跳出景观和公园本身的范畴，和城市进行更好的融合呢？环城绿道在提出之初就设想了“大环套小环”的概念，除了设计一条大环线串联主要郊野公园、湿地、水库外，还在局部设计了若干处小环线，满足从不同入口进入和不同年龄段人群使用的需求，形成了1~3小时全龄全时游憩圈。六大重点片区的发展战略刚好给环城绿道的“小环”建设提供了一个很好的契机。

龙华区各个重点片区在发展龙头产业、招商引资、吸引人才的同时都特别希望能够高效地提升片区内部的景观和环境品质，形成特色、形成品牌，各个片区也一直在思考如何用好边缘的生态绿地，引山水入城，激活城市内部的活力空间。于是，6个片区每个片区分一个“翡翠趣环”的设想开始浮现，这个小环可以发挥很多价值，对外可以通过绿廊、绿楔把城区内部的公园体系和环城公园连为一个闭环，市民们通过完善的公园步道系统就能无障碍地进入环城绿道的游憩系统中，郊外的风景也可以更好地进入城区内部，极大地提升了片区的环境品质。同时“翡翠趣环”在不同地理环境和产业基础下还可以有不同的具体体现，或长条、或椭圆，或连山、或通水，或突出艺术时尚、或突出文化创意，不仅仅可以聚公园、聚景区，沿线空间还能成为最具土地价值和市场潜力的城市用地，聚人气、聚产业，真正成为激活城市功能的载体。

从环城绿道到环城公园带，再到城市活力发展环，环城绿道的升级反映了人们对景观的理解也在一步步迭代更新，并充分地意识到其在促进社会公平、提升土地价值、促进城市发展方面的积极作用。过去对于城市边缘生态空间的被动保护常常让人们忽略了它们的休闲观光和游憩价值，也忽略了内部社区和村庄的发展诉求，龙华区环城绿道作为高密度城市边缘生态区的活化利用范例，考虑自然生态修复的同时又能兼顾人类利益，驱动了周

居民活力分布

项目团队通过大数据分析了龙华地区居民在一周内的日常出行和活动分布规律，提取了一系列能让市民更好地进入绿道的衔接节点，包括35处出入口、20处衔接点。

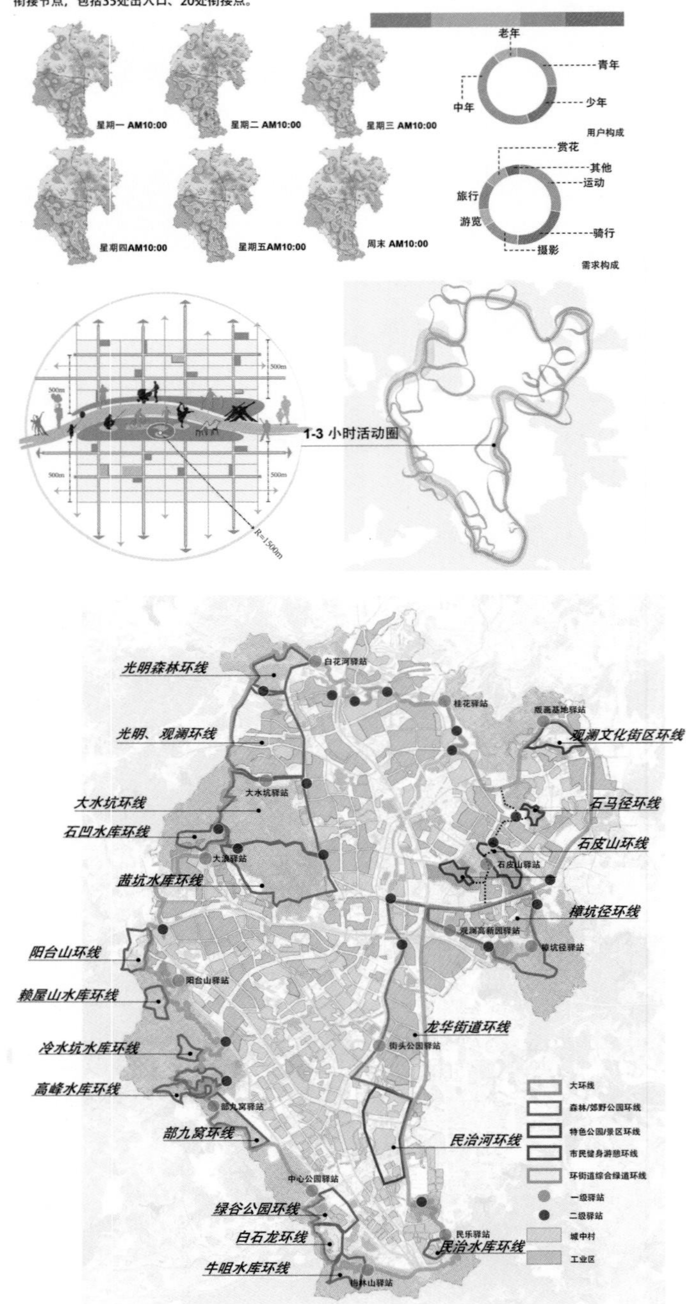

图 5-55 龙华环城绿道“大环套小环”的规划理念

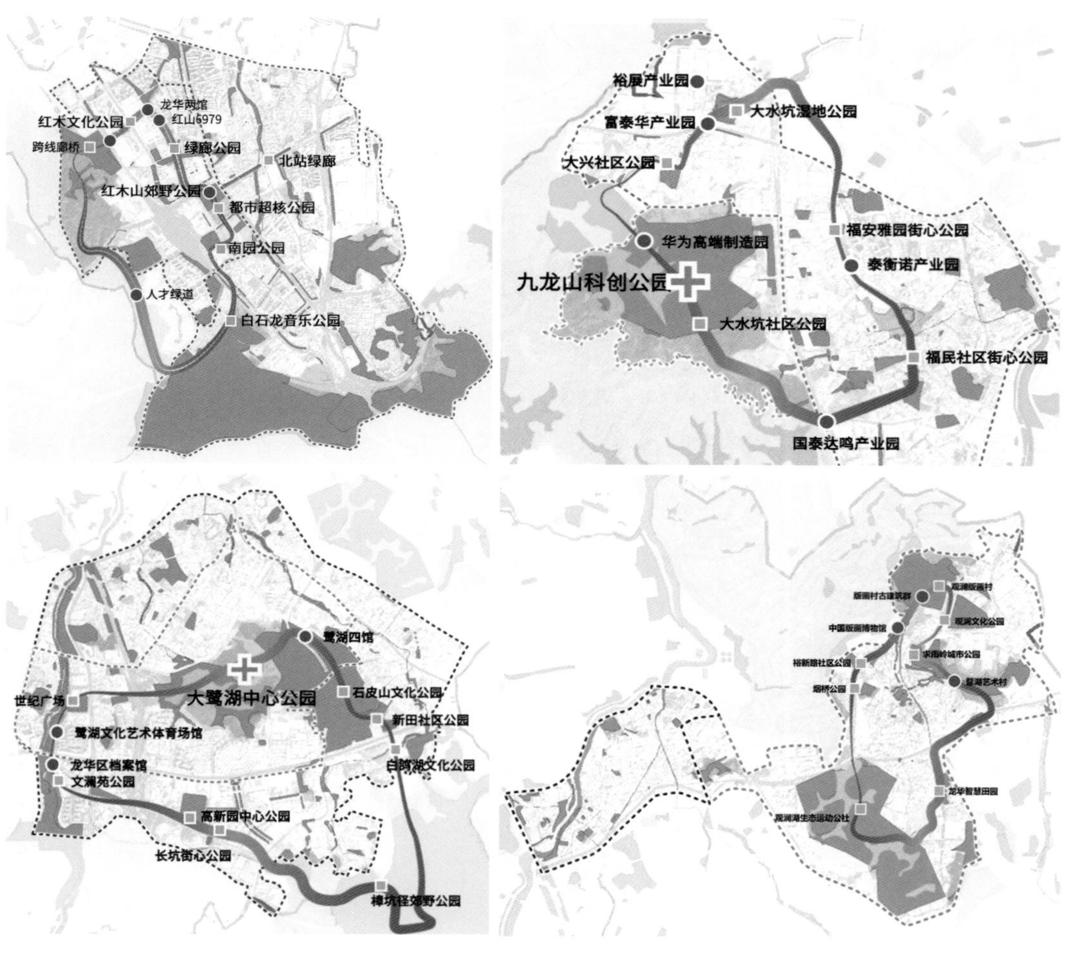

图 5-56 龙华区各重点片区依据“小环”建设融入环城绿道大体系

边土地的增值，从而实现城市的综合效益，实现长期的可持续发展。四面环山的环城公园+一水贯城的叶脉水厅当前已经成为龙华区最具代表性的城市形象，环城绿道项目也屡获国际大奖，在带动城市边缘地区的活力及城市的整体发展方面发挥了重要的作用，成为龙华区重要的城市品牌。[①]

① 龙华环城绿道项目 2020 年获得国际风景园林师联合会（IFLA）经济可持续发展类（Economic Viability）专项最高奖——杰出奖（Outstanding Award），2021 年获得英国皇家风景园林学会（Landscape Institute）皇家西尔维娅·克罗夫人杰出国际贡献奖以及首届大湾区城市设计大奖实体落成项目最高大奖（Outstanding Award）。

七、“中国最美海岸线”盛名下的旅游城区 —— 盐田

深圳市拥有得天独厚的自然环境，城市海陆兼备、山水相依、气候温暖潮湿、植被茂盛，风光秀美，是我国一线城市中唯一兼具山和海资源的城市，东北一西南走向的莲花山系贯穿深圳东西，群山延绵不断；深圳还拥有260.5km的滨海岸线，从西部的海上田园风光到深圳湾的红树林，从缤纷活力的欢乐港湾到大鹏半岛的中国最美海岸线，从西到东滨海一路风光不断，可以说“山、海、城”三要素相辅相成，共同成就了深圳的美丽风光，但是如果就深圳每个单独的区来说，要想做到“山、海、城”这三方面的融合度最高、比例构图最完美，人文特征和自然条件关系最为紧密，那就是非常不容易了，而能够担此殊荣的，则非盐田莫属了。

盐田，是深圳11个行政区/功能区里面积最小的区，仅有74.99km^2，人口仅有24万（仅比大鹏新区人口略多一点），可以说地小人少，偏居一隅。相比较高新产业云集、高楼大厦林立的南山，城市颜值形象担当、承载行政中心职能的福田，以及近年来异军突起、产业蓬勃发展的龙华等城区，盐田是一个盛名之下无比低调却又最为别致的城区。

盐田区地处深圳市东部，屏山傍海，森林覆盖率达65.3%，依托广阔的山体腹地，形成了以三洲田森林公园和梧桐山风景名胜区为主体，连绵不断的山林板块，海岸蜿蜒曲折，沙滩、岛屿错落，海积、海蚀、崖礁散布其间，海域辽阔，海岸线长19.5km，是全国知名的“黄金海岸”之一，整体呈现山环海抱的格局，其所在的深圳大鹏湾海岸线在2005年也被《中国国家地理》评选为我国八大最美海岸线之一。

山海格局形成了几个相对独立的城市组团，20世纪80年代初，盐田便凭借自身临近香港的区位优势，相继在滨海区域设立沙头角口岸和沙头角保税区，成为首批对港合作的窗口，大力发展“三来一补”产业，同时紧邻香港的中英街地区商贸业迅速发展起来，拉开了盐田区滨海旅游带的序幕；90年代盐田因港设区，港口业务发展迅猛，口岸经济转变为港口经济，每周航线超100条；1999年大梅沙正式对外开放，2007年东部华侨城一期开放，梅沙组团旅游度假功能不断完善和提升。

但当你期待满满地来到盐田，希望尽情地拥抱碧海蓝天的时候，很抱歉，你可能会有小小失望，除了在景区，你可能更多看到的是排着长队的货柜车、巨构尺度的港口以及堆得高高的集装箱、纵横交错的高速路、密密麻麻的城中村，和印象中那个山海交融、清新

图 5-57 盐田区空间格局示意图

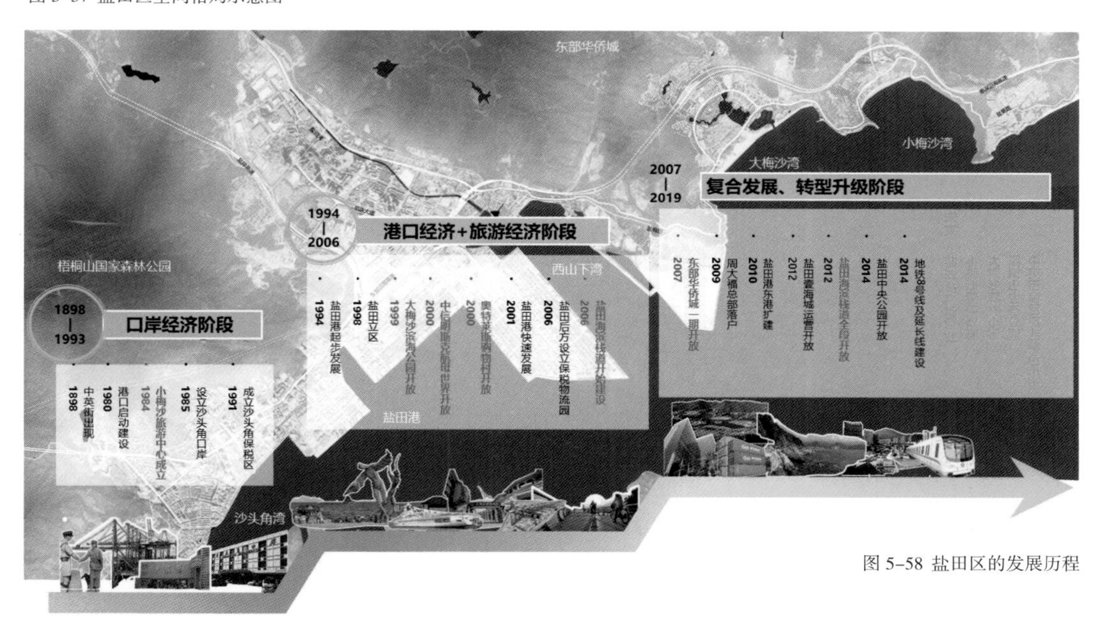

图 5-58 盐田区的发展历程

秀美的盐田还是有一些差距的。

为什么会造成如此的印象反差呢，盐田拥有优越的山海资源，可是在和城市的空间融合度上却一直差强人意，市民、游客的感知度较低，碧绿的山脉，湛蓝的大海，看上去很美，却离我们很远。

究其原因，实为山、海、城的直线距离不等于步行可达距离。首先，盐田的市民并不是那么容易来到海边的。由于城区内部慢行系统不完善、缺乏与滨海空间接驳、通海景观视线受阻、滨海空间的慢行系统本身亦存在不连通情况等问题，导致城市与滨海空间的联系较弱，虽然城区到海边的直线距离非常短，但要想从城区走到海边，再沿着海边漫步欣赏海景，并不是一件简单的事情。其次，盐田的市民也不是那么容易爬到山上。盐田滨海城区的优势不仅仅是坐拥优美的海岸线，还拥有丰富的山体资源。山体是天然的绝佳观景台，但当山和城的交界面大多是灰色地带，没有被更好地利用起来，人们则无法从城区顺畅地走到山上观赏绝美的滨海风光。最后，从山走到海也不是那么容易。山海之间缺乏公共空间连接，形成了“山为山、海是海”进山出海可达性差，山海资源割裂，形成“依山不望海”的窘境。

当你来到盐田，你会发现，即使你艰难地走到了海边，你也可能看不到海。其中一个重要原因是其滨海空间开放性不足，岸线上的景区、住宅区、酒店、港口、道路等要素割裂了岸线的开敞空间，导致人们不能顺畅地沿着海岸线漫步欣赏海景，滨海城区内海的氛围被削弱。即使是公共空间，也被分割成一个个独立的景区，并且游览方式单一落后，进入景区就是沿着海边散步、沙滩游戏、游泳而已，缺乏和城区业态的联系，由于与产业、商业、生活、城市的关系不紧密，导致对人群吸引力不足，我们在盐田不太能够感受到滨海城市的味道。

如何紧抓盐田特色，更好地塑造蓝色盐田的城市品牌，“中国最美海岸线”盛名下的滨海旅游城区应该怎么发展，从大尺度景观的视角，多片区联动更需要再次回归盐田最本真的山海地理特征，在蓝绿空间的耦合中探索一条山—海—城和谐发展之路。

（1）海岸线＋半山带＋城市绿道，连接山—海—城

2018年9月，深圳遭遇自1983年来的最强台风“山竹”正面袭击盐田，最大风力达到14～15级，并引发了巨浪和风暴潮，盐田的旅游品牌海滨栈道遭受毁灭性的打击，借重建的契机，盐田滨海岸线的秩序开始有序地恢复和重构，盐田在2019年初启动了海滨栈道的重建工作。重建的栈道重新连接了大小梅沙、揹仔角等壮丽自然风光的景区，新的栈道采用了更安全合理的选线，更适应气候的构造细节为市民提供了更具容纳性和活动性的开放空间。借助重建的机会，滨海慢行空间和公共开放空间体系得到了系统的梳理和完善，原本割裂的城市空间与自然景区更加紧密地联系在一起，海滨栈道于2020年7月正式对外开放，标志着盐田海岸线空间的又一次涅槃重生①。

① 项目信息来源于《盐田区海滨栈道重建工程》，由深圳市蕾奥规划咨询股份有限公司、译地事务所有限公司、中交水运规划设计院有限公司规划设计。

图 5-59 海滨栈道总平面图

2020年初，盐田区开展了半山公园带规划设计的国际咨询，开启了盐田区山地资源品牌的系统升级。作为盐田区的又一个“明星项目”，半山公园带项目一直备受关注，其全长达69km，以梧桐山风景名胜区、三洲田森林公园、恩上湿地公园等知名景区为依托，在现状的绿道和登山环道的基础上进行升级和贯通，更好地融合瀑布、水库、山林、观景台等多种景观，串联起16个风格各异的公园，在海拔150～300m的半山间打造了一条“悠然登半山、一览山海城”的半山公园带。2021年2月建成正式对外开放后，成为市民另一个出游好去处。

同时为了加强“山 — 城 — 海”之间的空间联系，通过山与海的对话，为滨海景观带赋予更丰富的景观魅力和文化内涵，盐田区重点打造了5条山海通廊，形成从山地到海岸线的无障碍生态通廊和步行空间，并一步步予以落地实施。

从海滨栈道到半山公园带，从大海到山林，再结合山海通廊和城市绿道，线性的游憩空间串联起曾经散落的珍珠，形成了一条闭环的、独具盐田特色的“生态翡翠项链”。

（2）大美山海＋秀美盐田，连接大空间和小微空间

以中英街、大小梅沙等为代表的盐田知名景区普遍面临转型升级，烟墩山公园、中央公园、奥特莱斯等新建景区和节点近年来开始进入大家的日常生活，但普遍存在和城市功能衔接有限、人气活力不足的问题，还有许许多多分布在滨海空间的社区公园、广场、商业街区、街道等空间仍亟待功能完善和空间整合，这些大大小小的空间共同构成了完整的盐田海岸带风貌，真正做到了从全局的角度进行空间融合。

在2017年开展编制的盐田区花城专项规划①中，我们提出把整个盐田作为一个山海大花园进行系统打造，盐田的整体公共开放空间体系遵循“大景区＋小公园”结合的模式，精明利用滨海各类空间资源，注入公园、旅游服务等功能，结合“趣城”规划，积极利用各类消极空间、临时空间、小微空间。坚持“小而精、秀而美”的城市建设理念，以针灸式疗法，精细化塑造城市小微空间，对包括公园、绿地、广场、滨水空间、山体空间、街道慢行空间、重要的公共节点等区域进行细致化、创意性设计，使其尺度近人、创意动人。

（3）多元的观海体验，连接人与山海

根据现状岸线及地形地貌特点，结合城市设计的手法，通过“山—海—城—湾”的多维度空间，塑造全方位的观海视角，山间看、林中看、海中看、城中看、桥上看等，提升游人的观景趣味，最大限度地发掘黄金海岸带的景观价值。

以盐田区的海洋地质遗迹为例，绝大部分游客来盐田游玩，对盐田的大小梅沙、东部华侨城等景区非常熟悉，对疍家民俗、海鲜美食、招牌乳鸽也略有了解，但一定不知道盐田的海洋地质遗迹也是其一大观海特色，这里的遗迹以侏罗纪中期（距今1.68亿年）火山遗迹和海岸地貌（海蚀、海积地貌）为主体，兼有典型的燕山期侵入花岗岩及第四纪古文化遗址。修复重建的海滨栈道和半山绿道在山峦、绿树、海水、云天的映衬下，形成山、海、空立体景观组合，是深圳东南沿海颇有代表性的山水地质路线之一，也是地质科普教育、科学研究的理想线路，为游客市民提供了更丰富的观海体验。

---

① 项目信息来源于《盐田区打造“世界著名花城”专项规划》，由深圳市蕾奥规划设计咨询股份有限公司规划编制。

图 5-60 海滨栈道全域鸟瞰实景

图 5-61 大梅沙海滨栈道

如果说龙华是代表深圳速度的最典型城区，那么盐田就是最不典型的深圳城区，休闲自在，没有快节奏，高楼大厦也不多，代表着深圳所不为人知的另一面特色。如果说深圳的西部代表着深圳现代、活力、创新的一面，东部代表着深圳最生态原始的一面，极具自然、历史、人文魅力的盐田，则恰恰好在现代和原始的中间，不张扬，不争不抢，有人文的沉淀，也有自然的清新，连接着深圳的两面特征和性格，体现着人与自然最完美的和谐关系。

八、探索绿色精明发展的高密度老城区 —— 罗湖

我国人口众多而土地稀缺，随着城镇化的快速发展，高密度城区将是未来城市发展的主要趋势，高密度城区在非常有限的空间范围内聚集了众多功能和人口，建筑、市政设施等高度密集，环境问题随之激化。公共空间匮乏、交通拥堵、污染严重、生态格局破损等导致城市在自然灾害面前变得脆弱敏感，且大面积硬质铺装及通风廊道受阻等带来热岛效应等，使得城市整体环境品质不佳[①]，再加之快节奏的生活，给城市居民带来了巨大的心理压力。特别是那些已经经历过一轮高速发展后，经济增速逐渐放缓、各类设施老化的老旧城区所面临的环境问题更为严峻，积极探索如何在高密度城区用地稀缺的条件下，最大化地满足居民对公共空间和自然环境的需求，俨然成为当前城市高质量发展必须面对的课题之一。

讲到高密度城市，就不得不提香港，香港是世界上人口密度最高的地区之一，被称为“全世界最旺的角落”的旺角商业区人口密度更是达到惊人的13万人/km^2，这里商业兴旺，新旧楼宇林立，节假日的时候经常摩肩接踵，水泄不通，是香港典型场景的代表。因此香港的绿色公共空间特别注重人性化、立体化和网络化的构建，在城市微绿地建设、建立公共空间结构、组织步行交通等方面[②]，作出了很多实践和探索。例如中环地区的步行系统构建了立体的多维景观，并和周边的娱乐、商业设施、公共空间保持了较好的联系，建立起集约混合利用土地的模式。香港的人口和建筑密度虽高，但全港还有大约2/3的土地仍然保留着原有的自然生态状态，被划定为郊野公园，广泛分布在香港各区。

说到另一个高密度城市澳门，澳门自然空间更为紧缺，是寸土寸金的“弹丸之地”，因此澳门基于高密度城市发展对绿地的需求，引入“绿地适宜性分析”，将绿地布局模式纳入城市规划全面考虑，将城市“微绿地”概念应用于高密度的空间中，开拓城市绿色空间以及休憩空间，降低人们的“拥挤感”，提升人们的居住幸福感。

紧邻香港的深圳经历了40多年的高速发展，同样面临着许多高密度老旧城区亟待提升空间品质、实现转型升级的挑战。罗湖区是深圳经济特区最早开发的城区，辖区总面积

---

① 安晓娇 . 澳门高密度城区绿色空间营造策略研究 [D/OL]. 北京：北京建筑大学，2020. DOI:10.26943/d.cnki.gbjzc.2020.000375.
② 常娜 . 珠三角高密度城市微绿地空间研究 [D]. 陕西：西北农林科技大学 ,2017.

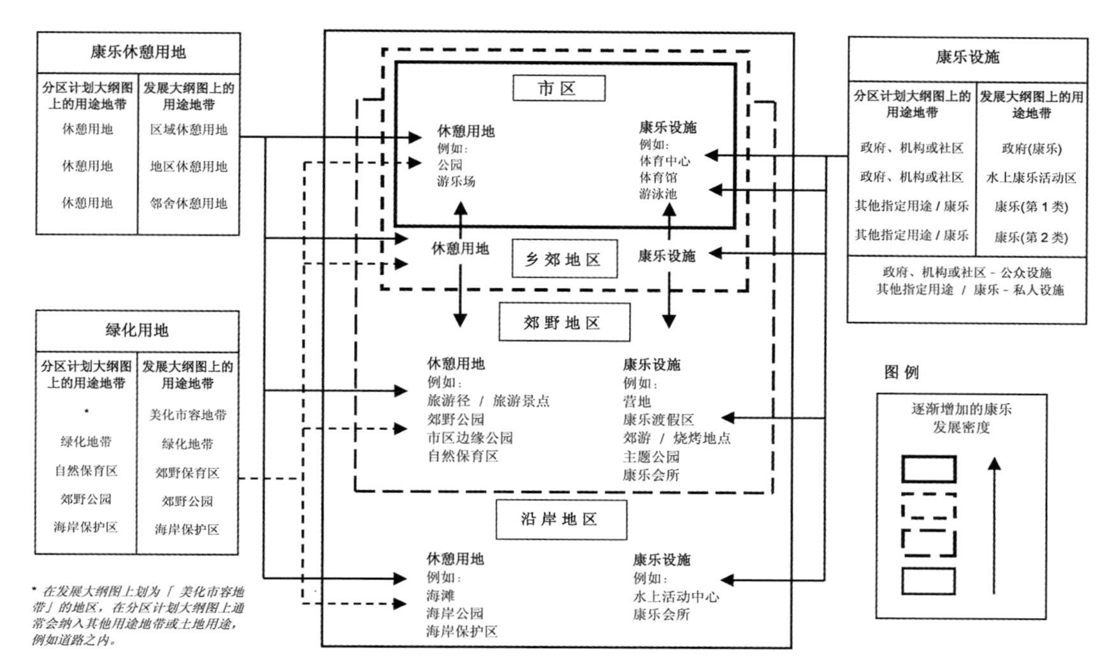

图 5-62 香港用地等级制度及相关用途地带

图片来源：香港特别行政区规划署．《香港规划标准与准则第四章— 康乐、休憩用地及绿化》P8，图 1：

78.75km²，作为改革开放的发源地，具有强烈的时代烙印和城市记忆，这里仿佛肩负着革新的使命，是我国改革开放后探索城市发展范式的开拓者，这里有创造了“三天一层楼”，代表“深圳速度”的国贸大厦，有全国最早的万元户村渔民村，有连接内地和香港的第一口岸——罗湖口岸，罗湖拿得出手的名片绝对不止于经济贸易领域，其更是拥有仙湖植物园、深圳水库、梧桐山、东湖等优越的生态自然资源，素来享有“一半山水一半城”的美誉。

但是罗湖区作为深圳第一个建成区，也最早面临空间制约困境，经过30多年的发展，罗湖是深圳市人口密度最高的地区之一，是最早遭遇“四个难以为继”①的城区，现状土地资源严重过载，建设用地负荷过高，居住、公共服务、交通用地容纳的人口数量已严重超标。近年来，随着城市更新不断加快，罗湖区建筑规模增长与功能转型带来的资源环境与公共服务的需求压力持续增加。现状已建成用地面积43.4km²，建筑总面积和毛容积率远

① 四个难以为继：2005年，在分析深圳发展面临的困难时，深圳市政府就提出“四个难以为继”——土地有限，难以为继；资源短缺，难以为继；人口不堪重负，难以为继；环境承载力严重透支，难以为继。

高于全市和邻近的香港的平均水平，金三角地区开发强度显著高于其他地区，属于典型的高密度城区①。

土地资源的极度紧缺也同样体现在公共空间的不足上，虽然罗湖区山水资源优越，建成区绿化覆盖率达65%，但主要集中在东部的梧桐山风景区和深圳水库水源保护区，中心区的绿化覆盖率仅为15.16%，除了东湖公园、洪湖公园、翠竹公园等几个特区成立之初建立的城市公园之外，罗湖区的公园体系以小规模的社区公园为主，34%以上的社区公园面积小于2000m^2，随着人口的增长，现状的公园和公共空间越来越难以满足市民的需求。

2018年，罗湖区城区常住人口102万人，公园绿地约509.59hm^2，人均公园绿地面积仅5m^2/人②，而根据《深圳市绿地系统规划（2014—2030）》的要求，深圳市到2030年人均公园绿地面积要达到14m^2/人，绿地缺口达786.4hm^{2}③，这对于建设用地寸土寸金的罗湖区来说，是几乎难以实现的天文数字。未来，高密度的罗湖仍需要在空间集约高效利用上做足文章，同时作为深圳唯一一个城市更新改革试点城区，也寄期望通过城市更新释放更多的用地，建设更多的公园、广场等公共空间，而以什么方式进行建设仍然需要更进一步地探索和尝试。

（1）事权之内、精准发力、高效提质

在罗湖78.75km^{2}的土地上，除了市管的风景区、郊野公园和大型的市政公园之外，几乎就是道路绿地和社区公园承载了罗湖人所有公共活动的绿色空间，这两类空间也是最能代表罗湖区城市绿化环境的空间，它们的特征尤为典型：罗湖区的道路路网密度高，支路网络发达，而且呈现很典型的片状发展商圈特征，一板两带式，双向两车道的道路占比达到86%以上，道路绿化空间有限，主要以行道树形式呈现；罗湖区的社区公园在公园总量中占比达到近60%，社区公园密度达到1.24，位列深圳第二名，而且不管是原有还是新建公园均以小微的社区公园为主，是未来主要的增量类型，市民使用率非常高。

① 深圳市罗湖区人民政府，深圳市规划国土委罗湖管理局《罗湖区城市承载力规划研究》，2018.
② 项目信息来源于《罗湖区市政道路绿地和社区公园品质提升专项规划》，由深圳市蕾奥规划设计咨询股份有限公司规划编制。
③ 参考《深圳市绿地系统规划（2014—2030）》。

因此，专门针对市政道路绿地和社区公园的环境品质提升专项规划在2018年应运而生[①]，这种非法定、非常规的规划极好地适应了罗湖区本身的特点和发展困境，是为罗湖量体裁衣、独家定制的规划服务。秉持“事权之内、精准发力、高效提质”的原则，结合“城市更新行动”的工作方法，我们希望规划既有高屋建瓴的国际化视野，又有更为聚焦的抓手和发力点。我们以社区公园等小微绿地为切入点，将挖潜增绿、服务提级、统筹实施作为高密度、高建成度的老城区中践行“公园城市”理念的有效抓手，聚焦小的渐进改善，将小微空间和大生态基底结合起来，探索建立城市存量发展下的公园城区精明建设路径。

（2）法定＋非法定相结合的途径谋绿地增量

在罗湖区城市发展建设的过程中，绿地的用地情况面临着许多严峻问题，一方面是许多法定图则、绿地系统规划等法定规划中规划的绿地地块长期或临时被非法占用，权属问题复杂，公园建设难以推进；另一方面是许多其他类型用地具备公共游憩服务的功能，或已被改造为公共绿地属性，却无法纳入公园体系统一管理。因此当务之急是捋清家底，整体盘算。

罗湖区通过开展社区公园体系规划进行法定规划绿地的系统核查、核对法定绿地现状被占用的情况、弄清用地权属，梳理未来可作为公园建设的备选用地，为未来项目库的整理提供先决工作条件，同时在法定公园绿地体系基础上，进一步整合更多的可开放利用的公共空间与小型绿地，引入“口袋公园”“微型公园”概念，针对道路附属绿地、居住区附

图 5-63 笋岗桥东社区公园，2019 年建成
图片来源：深圳市罗湖区城市管理和综合执法局提供

图 5-64 笋岗东社区公园，2018 年建成
图片来源：深圳市罗湖区城市管理和综合执法局提供

① 项目信息来源于《罗湖区市政道路绿地和社区公园品质提升专项规划》，由深圳市蕾奥规划设计咨询股份有限公司规划编制。

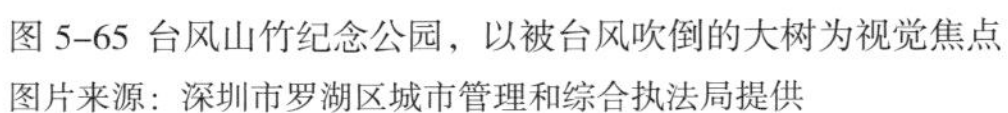
图 5-65 台风山竹纪念公园，以被台风吹倒的大树为视觉焦点
图片来源：深圳市罗湖区城市管理和综合执法局提供

图 5-66 笋岗立交社区公园，2021 年建成
图片来源：深圳市罗湖区城市管理和综合执法局提供

属绿地以及其他灰色空间、立体空间进行挖潜增绿工作，进一步拓展未来绿地的增量空间。

罗湖区虽然用地资源紧缺，但在城市发展建设过程中产生了大量极具公园潜力的灰空间，比如桥下空间、道路拐角的大块公共绿地、小区门口的开敞空间，甚至一些暂时荒废但有大量市民正在使用的临时绿地，这些绿地可以以口袋公园、微型公园的形式更好地使用起来，激活城市灰色空间的活力。

（3）公园群 + 公园带发挥小微空间的组合力量

罗湖区的社区公园密度大、规模小，而且70%以上都沿着城市主次干道分布，基于这样的分布特征，可以转变思路，从平均散点到集中发力打造品牌，一方面将地域范围邻近、公园达到一定密度的公园群落以具体的主题打包进行整体策划和品质提升建设，通过绿道、碧道、林荫道等慢行交通空间进行联系，步行5～10分钟可达，发挥片区辐射优势；另一方面将沿主要道路、呈带状分布的公园群落进行整体规划和建设，引入复合型的游憩活动功能，构建沿街活力走廊，即“社区公园群”和“社区公园带”的构想。

罗湖区在全区的社区公园规划中制定了未来十年的十大社区公园群和两大社区公园带，在此大框架下充分地整合各类社区公园和小微绿地，并结合片区的城市更新行动，分步实施完成，融合进城市15分钟生活圈的配套服务中，真正发挥高密度老城区中存量小微空间的巨大潜力。

（4）公园连接道深度融合构建大公园体系

在南亚热带炎热的气候条件下，如何舒适无障碍地从家门口到达邻近的公园，如何构建更具连接性和辐射度的城市绿色开放空间，同时面对罗湖区建成区外围更具吸引力的大山大水，如何更好地连接城市和自然，加强城区内外生态格局的整体性和系统性，都是罗湖区面临的很大挑战。

在这方面，新加坡的“公园连接道系统”给出了很好的示范，多功能的公园连接道系统是新加坡应对人口剧增和城市化加剧、建设“花园里的城市”的重要规划举措。该绿道网络规划着眼于充分利用排水道缓冲区、车行道保留区等低效土地，增进公园、自然保护区等绿色开敞空间的可达性和生物多样性，提升环境宜居品质及热带花园城市形象①。

罗湖区拥有众多林荫环境良好、行道树特色鲜明的街道空间，以林荫路等带状线形绿色廊道为载体，对全区的公园体系进行深度整合，实施具有可行性。可以对四横四纵八条大型城市主干道两侧的慢行空间进行系统提升和完善，以社区公园带的形式融于大公园体系，对117条林荫路进行更为人性化的小微改善，包括加强遮阴树种的养护和管理、慢行空间的完善、和公园的无障碍衔接、配套设施的补齐等，公园建设和道路绿化提升一体化统筹考虑，将整个罗湖区视为一个大公园。

该规划作为未来10年罗湖区开展公园绿地建设提升工作的重要实施纲领，自2018年编制开始，已指导新建笋岗立交社区公园、文锦南特色花卉公园等23处社区公园，提升改造文锦渡社区公园等10处社区公园，笋岗社区公园带已初步成形并获得了广大市民的好评。

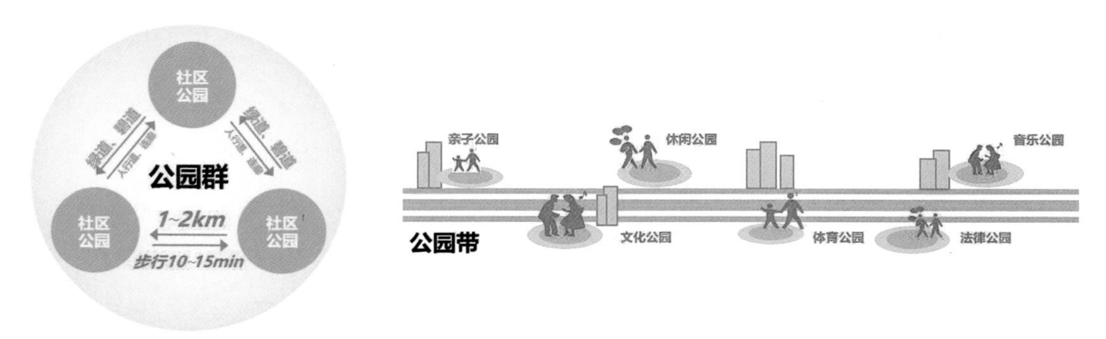

图5-67 公园群示意图

图5-68 公园带示意图

① 张天洁，李泽．高密度城市的多目标绿道网络——新加坡公园连接道系统[J]. 城市规划，2013,37(5):67-73.

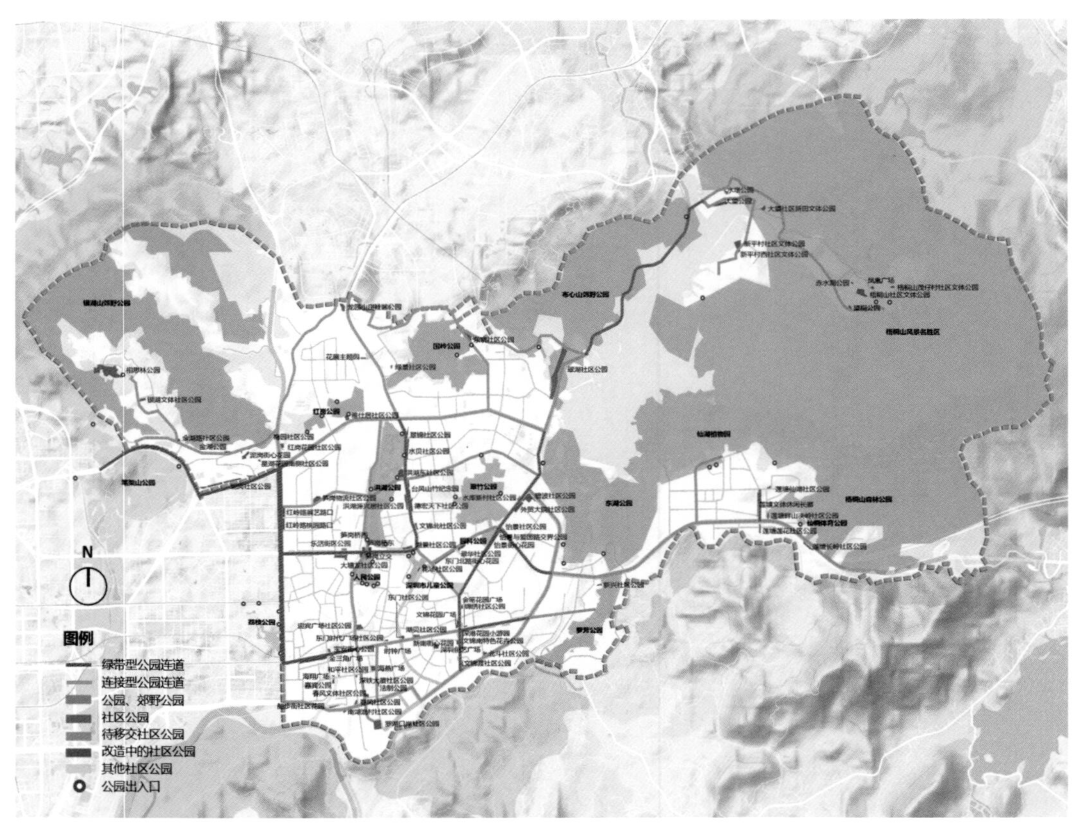

图 5-69 罗湖区社区公园和公园连接道示意

规划助力推进的罗湖区公园标识系统的设计，已在翠实社区公园进行了试点实施，为进一步塑造罗湖区社区公园品牌作出示范。未来我们还将看到20个社区公园旧貌换新颜，43个新公园与市民见面，12个公园群全面成形，150条公园连接道、林荫道将罗湖区“山水城园”连为一体，绿地景观与公共服务功能进一步融合。跟随“万象罗湖”的脚步，存量更新背景下高密度老城区的公园城区示范区将在探索中逐步呈现。

在罗湖区这样一个高密度老城区开展绿色公共空间建设具有较高的难度，但在中国城镇化背景下也相当有典型性，公共绿地极其有限，不能全寄希望于通过大拆大建来释放足够的空间，另外场地也因为留存有足够的城市记忆和文化内涵而弥足珍贵，因此在存量改善、小微更新中做出特色，做出亮点，做出品牌，才是一条更为长远的解决之道。

九、从“森林+城市”到“森林城市”的实践探索——坪山

深圳低山丘陵的地形地貌特征使得城市发展受制于自然条件，而呈现分组团多中心的空间发展模式，不同的城市组团往往也是不同行政区的中心城区，这些城区和周边的山水空间也呈现出不一样的空间布局关系，比如龙华区是“三面环山，一水贯城”，龙岗区是“山环水润”，盐田区是“山环海抱”，而坪山区则是“半城半山”。从卫星图上来看，坪山区北面是集中的开发建设用地，南面马峦山、田头山、聚龙山、燕子岭等郊野公园连绵成片，是大片生态价值极高的森林，生态控制线面积占全区总用地面积的53.6％，森林覆盖率45.38%，不管是在空间布局上还是在数据上，坪山都呈现出典型的“一半森林一半城”。

森林+城市就可以称之为“森林城市”了吗？也许空间形态和数据清单不足以说明“森林城市”的内涵，在世界范围内，美国和加拿大较早提出“森林城市”的概念。1962年，美国肯尼迪政府在户外娱乐资源调查中首先使用了“森林城市”这一概念。1972年，美国通过了一部专门针对城市森林建设的法律——《城市森林法》，规定城市森林覆盖率要达到27%，商业区树冠覆盖度要达到15%，郊区森林覆盖率要达到50%。森林城市建设活动在加拿大、英国等欧美发达国家逐步开展起来。20世纪90年代，“森林城市”的概念传入我国。2004年全国绿化委员会、国家林业局启动了“国家森林城市”的评定程序,《国家森林城市评价指标》GB/T 37342—2019包括五大体系：森林网络、森林健康、生态福利、生态文化和组织管理，涵盖了“森林城市”建设的方方面面。

近年来,“森林城市”的建设发展不仅提升了城市的品质，为居民提供了舒适的人居环境，也为城市未来规划方向提供了新方向，以“森林城市”为导向的城市发展观及实施成效，能够有效地改善城市生态环境、增进民生福祉、吸引人才提升城市综合竞争力，是响应我国生态文明建设的积极实践。2018年深圳市正式获批“国家森林城市”，珠三角率先

图5-70 坪山拥有丰富的森林资源和水资源
图片来源：坪山区人民政府官网.http://www.szpsq.gov.cn/xxgk/zwzt/psqdag/mlps/zrfg/content/post_9356805.html.

成为全国首个国家“森林城市群”。

坪山的森林资源、水资源以及农田资源都非常聚集。“聚”有“聚”的好处，坪山地处深圳东部，位于深圳龙岗和惠州大亚湾之间，其南部所处的东部山体链是深圳陆生脊椎动物多样性最高的区域，马峦山拥有深圳最大的天然瀑布——马峦瀑布，田头山自然保护区拥有珍稀濒危国家重点保护野生动植物44种，包括桫椤、苏铁蕨、金毛狗、土沉香，蟒蛇、果子狸、豹猫等，野生维管植物191科699属1289种。在田头山的核心区域还保存着完好的天然状态的生态系统[①]，是深圳目前野生动物和植物的“避难所”、生物多样性的“基因库”。在河流水系方面，深惠之间主要通过坪山河和龙岗河联系深圳龙岗、坪山、大亚湾三地，其中坪山河发源于坪山，自西向东流入惠州，坪山河的水质安全对整个水域生态安全格局产生重大影响，因此集中且完善的生态资源在维系深惠大区域生态安全格局、发挥山海生态跳板方面发挥着重要的战略作用。

但是过于聚集在南部的森林却离城市很远，离市民也很远，不仅仅空间距离遥远，沿山脚的城市道路和密密麻麻的工业园区还加深了这种阻隔，“森林”只能在地图上被看到，却不能在生活中被感知。森林和城市的生硬拼凑并不是大家期望的“森林城市”，我们希望让森林拥抱城市，让森林走进城市，让城市融入森林。

2020年为了更好地落实国家和深圳市关于“森林城市”建设的部署，同时践行坪山区的绿色高质量发展，坪山区编制了《坪山区森林城市品质提升建设规划》，期望能够在“森林城市”的品质上有更多的探索和思考。过去数年来我们更为注重的是规模扩绿，在数量

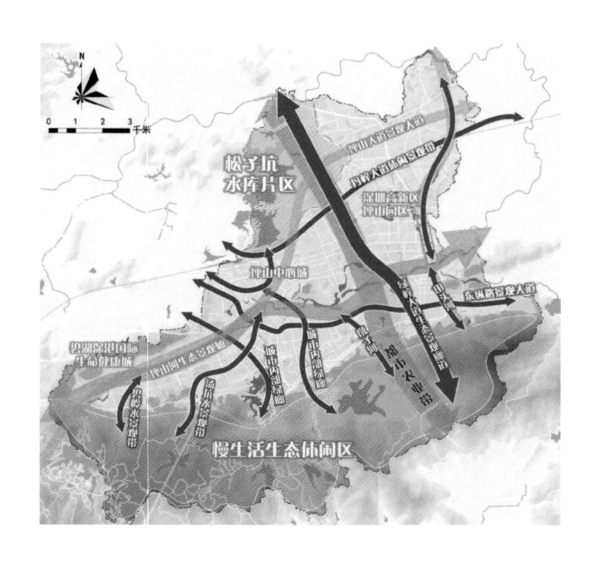

图 5–71 深圳市坪山区开展森林城市品质提升建设规划，2020

① 深圳卫视．端午好去处——深圳自然保护区田头山 [N/OL]. (2019-06-07)[2022-11-09]. https://kknews.cc/zh-sg/news/l9yk69z.html.

凤凰木：花红似火，冠大荫浓

复羽叶栾树：株形美观，花艳果奇

宫粉紫荆：花团锦簇，整树粉红

香樟：植株高大，挡雨庇荫

美丽异木棉：树冠通直，开花繁盛

小叶榄仁：树形优美，大枝横展

人面子：树形雄伟，枝叶茂盛

南洋楹：绿荫如伞，蔚然壮观

蓝花楹：树枝优美，轻盈飘逸

图 5-72 通过不同类型的林荫道打造联系城市和森林的生态廊道

上打基础，那么未来怎么从注重增加绿化建设用地面积转变为提高森林品质？怎么从森林本底资源建设转变为森林网络建设？怎么从营造景观效果转变为注重人与自然和谐共生？这些都是规划中需要思考的问题①。

要让森林拥抱城市、走进城市，最直接高效的方式是利用好城市里的大尺度线性廊道，发挥其与森林和城市间的连接作用，这些廊道既包括河流水系，也包括主要的道路绿化空间。城区内部最重要的生态廊道是坪山河，坪山河东西向贯穿整个坪山区，11条支流中有约9条都源自马峦山，是联系森林和城区最重要的通廊，在坪山区流域具有完整的生态体系，可以将宽阔的水岸空间打造成水岸林廊，并依据不同的区位、功能和自然化率分别划分为都市型河岸、城镇型河岸和自然生态型河岸，满足生态、游憩、景观、科普等多方面

① 项目信息来源于《坪山区森林城市品质提升建设规划》，由深圳市蕾奥规划设计咨询股份有限公司、深圳市坪山规划和自然资源研究中心编制。

图 5-73 马峦山梅园鸟瞰

的需求，这样南部的森林可以通过水系更好地渗透到城市内部，并形成错位发展的主题段落，深入到市民的生活中。

城市道路也是森林拥抱城市、走进城市的重要载体，虽然道路，特别是高、快速路作为主要服务于人和车行的灰色基础设施，不可避免地造成城市用地的割裂，并常常成为空气污染、噪声污染的来源，但是结合城市更新的道路升级改造完全可以将森林公园的建设理念融入城市绿带的建设中，和其他生态廊道共同构建复合生态系统。例如依托城市重要干道的林荫大道可以打造连续性、生态型的防护森林带；城市重要的景观大道可以将行道树、道路两侧的带状公园和街角公园纳入统筹规划建设中，增强道路的碳汇能力和生态连接功能；街区的休闲道路也可以着力推动林荫道的网络化建设以及工业和居住街区建筑退线空间的森林景观匹配建设，不同层级路网协同打造良好的城中森林网络。

要让城市融入森林，城市就好像被森林包围一样，还需要打造森林化的场景，例如可以利用现状公园、医疗、教育、产业周边绿地，打造多种主题纪念林种植空间，如光祖公园烈士纪念林、聚龙山生态公园纪念林、鹏茜矿山公园纪念林、坪山湿地公园纪念林等，并结合类型丰富的纪念林种植认养活动，鼓励民众积极参与，包括夫妻同心林、父母长寿林、麟儿满月林、友谊常青林、节日庆典林、企事业单位文化林、个人认养林等[①]。城市公园、社区公园、储备用地、纪念林、农田甚至各类见缝插绿的小微绿地都可以成为城市里的小森林，提升市民生活的幸福感。

---

① 深圳新闻网．坪山着力打造山水城林共融的森林城市 [N/OL]. (2020-12-10)[2022-11-09]. https://www.sznews.com/news/content/2020-12/10/content_23795221.htm.

图 5-74 坪山的山水自然资源
图片来源：深圳市坪山区城市管理和综合执法局提供

森林应该不仅仅体现在城市空间里，森林的理念还需要根植于我们的内心深处，让更多人热爱森林、了解森林、保护森林，是“森林城市”工作的当务之急。坪山区除了有在建被称为“深圳新十大文化设施之一”的深圳自然博物馆，还打造了没有围墙的“自然博物馆”—— 坪山全域自然博物，旨在打破各要素空间和边界，将坪山全域作为自然教育载体。正在推进的15条覆盖坪山全域的自然研习步道，覆盖全区的山川河流、公园社区、文化聚落及重要景点，并在每条线路配置图书、课程、标识指引、线上解说系统、语音导览，市民来到坪山的每一个角落用手机识别二维码就能一边游山玩水一边学习自然知识，这些举措受到不少市民的欢迎，大大提升了坪山“森林城市”的品牌特色和魅力。

坪山区近年来推动了一批营林造景项目的实施，“森林城市”规划思路及建设经验获得了社会大众的肯定和支持，并得到广泛的关注和积极推广，自然教育也在大众间越来越普及，人和自然的距离又拉近了，我们离理想中的“森林城市”又近了一步。

人类的祖宗从森林中走出那一刻起，与森林之缘就在文明的传承中绵延不断。森林与我们的生态、生活、生产联系得如此紧密①，如果说大地是人类的母亲，森林就是人类最亲密的伙伴。人类曾经尝试着将自身的命运与森林分开，于是人类走出了森林，迁徙到自己建造的城市里，但是人类对森林的渴望和需求却一日也没有停歇。鸟语花香、百兽奔跑、苔藓肥厚，生机勃勃的森林场景是我们精神的寄托和心灵的慰藉，被森林包围的城市和森林融合的城市就是我们对人与自然和谐共生家园的美好愿景。

① 程希平 . 森林城市的梦想与现实 [J]. 绿色中国 ,2021(22):54-55。

十、守护“神奇动物”的城中之城 —— 华侨城总部城区

入夜，华灯初上，欢乐海岸人声鼎沸，各种餐厅、酒吧、商场里都是熙熙攘攘的人群；内湖的灯光秀表演开始了，音乐声、礼花声、欢呼声一浪高过一浪。

往北，微缩版的埃菲尔铁塔下，世界之窗的“盛世纪”大型主题汇演拉开了序幕，大型巡游车队也开始了表演，这里曾经是中国最负盛名的主题公园群，直到今天仍吸引着全国各地的游客前来体验；

往西，深圳湾超级总部的摩天大楼正初见雏形；

往南，深圳湾公园和香港隔海相望；

往东，沿着深南大道一路向前和福田行政中心区接壤。

这里可能是深圳最热闹最繁华的地方之一，也是深圳经济价值最高的区位之一，但是如果你在上空俯视整片地区，你会发现在它的地理中心位置却有一大片漆黑的狭长形空间，和周围的光鲜亮丽格格不入。实际上，这是一片占地面积达到68hm^{2}的纯自然湿地环境，

图 5-75 深圳市世界之窗，“嵌入自然的游乐园”
图片来源：深圳世界之窗

水域面积约50hm^2，拥有近5万m^{2}红树林，这就是华侨城国家湿地公园，全国唯一位于现代化大都市腹地的国家级滨海红树林湿地公园，全园采取预约制，每天限制入园人数，只为最低程度干扰维持近自然的生态环境。

这里的湿地与深圳湾水系相通，是深圳湾滨海湿地生态系统的重要组成部分，也是国际候鸟重要的中转站、栖息地，每年有数万只候鸟南迁北徙在此停留，宽阔的水面、茂盛的芦苇、稀疏的草甸、葱郁的红树林形成了和周围高楼大厦截然不同的景致，吸引着160多种鸟类翩然而至，包括11种国家级保护鸟类、18种广东省重点保护鸟类，使得其成为城市中央难得的滨海湿地生态博物馆，与深圳湾红树林自然保护区形成规模宏大的城市生态圈。

而且在这块难得的城市生态孤岛上还发现了稳定的豹猫群落，这是全国乃至世界首次发现在城市中心地带的豹猫活动，豹猫属于食物链上层物种，是国家二级保护动物，还是广东省重点保护动物，通常栖息于人为干扰较少的郊野森林与滨海红树林，极少在繁华都市出现。据深圳市生态环境局自然生态和海洋生态环境处工作人员介绍，豹猫被世界自然保护联盟列为易危物种，以前深圳的梧桐山、马峦山、七娘山、红树林、塘朗山等山林湿地都曾发现豹猫的存在，但豹猫这一种群现身大城市中心区域实属罕见①，为什么在高速城镇化发展的背景下，在寸土寸金的深圳都市核心区还能够发现这种难得一见的稀有动物，它们是如何在这么高密度的大都市里生存下来的?

这一切要从它所在的华侨城说起，1985年8月国务院批准创立的深圳华侨城由香港中旅集团负责开发，在罗湖商业区和蛇口工业区间沙河选址，面积约2.6km^2，作为一个特别的大社区，其30多年的发展呈现了中国城市现代化具有经典意义的“华侨城现象”②。

经过30多年的规划和建设，现在的华侨城总部城区（以下简称华侨城）总占地面积约5.6km^2，已经发展成为以居住和旅游为主要功能的综合性城市片区，既是中国第一个主题公园、主题文化酒店诞生地，也是国内首个旅游地产项目（波托费诺主题住区）的落成地，先后建成了由锦绣中华、民俗村、世界之窗和欢乐谷等著名旅游景区组成的主题公园群，2004年华侨城被国际公园协会授予国际花园社区的称号，其生态城区的规划建设取得显著

---

① 深圳特区报．豹猫“安家”华侨城湿地公园 [N/OL]. (2022-05-26)[2022-11-09]. https://www.sznews.com/news/content/2022-05/26/content_25150444.htm.

② 朱荣远．规划中国 / 中间思库公开课 3: 深圳湾公园规划始末 [Z/OL]. (2015-12-16)[2022-08-09]. http://www.guihuayun.com/read/16833.

成效①。

华侨城是一个相对独立的城中之城，有其独立的行政中心、文化中心、商业中心，1985年，华侨城请新加坡规划专家孟大强主持开展第一轮总体规划，而这一版规划坚持的基本理念就是“在花园中建城市，先规划后建设”，这个想法其实在当时的时代环境下是非常新鲜少见的。深圳特区大开发前，从大鹏湾到珠江口的狭长地带，布满了山丘、缓坡，除了稻田外几乎没有一处像样的平整开阔地。特区成立后，隆隆的开山炮炸开了这个曾经波浪形的地貌，深南大道每前进1米，都要铲平横亘在前方的山丘。但浩浩荡荡的推土机在华侨城面前，却收起了“尖牙利齿”。华侨城的所有道路、房屋、绿化都依照自然的坡度、曲线进行，没有笔直的道路，没有兵营方阵布局的建筑，华侨城的存在是深圳原生地貌和生态环境的一大遗产，也是一种记忆和怀念②。 这也是为什么豹猫群落所在的那一大片野生湿地景观能够完整地保留下来的原因。

华侨城当初规划设计的第一个原则就是保护原有的山地、丘陵和优美的树林、树丛、湖泊和小溪，使自然环境与人造环境彼此结合起来，深圳属于低山丘陵地貌，但今天，或许只有在华侨城才能深刻地感受到这个地形地貌带来的空间体验。当时的规划建设最大化地保留了场地的山水资源和空间地形，包括4个天然山地，将城区内的燕晗山、杜鹃山、麒麟山和荔枝林规划作为永久绿地，并将其中26万m^2的燕晗山建设成为郊野公园，成为城市中心难得的大型森林绿地空间；针对地势低洼的鱼塘、洼地也不是一填了之，是顺势而为地规划了2个人工湖，分别是7万m^2的燕栖湖和4万m^2的天鹅湖，形成了特有的南亚热带自然休闲风光区，道路也围绕地势来建，这些资源的保留为华侨城整体的山水格局的构建提供了基础，也形成了很典型的场地特色，现在这一片已经成为深圳地产价值最高的区域之一。

同时在良好的生态基底基础上，华侨城重点搞绿化、建公园，引导营造丰富多样的生境类型，形成了山地密林、疏林草地、淡水河塘、红树林及半红树林湿地以及其他人工绿地等多种多样的自然环境，沿着主要的道路大量种植乔木，发挥了通风廊道和吸尘降噪的作用，整体绿地环境特别丰富，生物群落特别多样，为未来生态城区的建设积累了很好的基础。

① 姚辉达 . 深圳华侨城总部城区规划与建设历史研究（1985 – 2020）[D]. 黑龙江：哈尔滨工业大学 ,2021.
② 李咏涛 . 大道 30: 深南大道上的国家记忆 (上) [M], 深圳：深圳报业集团出版社，2009.

世界之窗、欢乐谷等景区并不是一开始在规划中就提出来的，生态广场等现在热门的打卡地也是在后来的发展中慢慢培育出来的，在深南大道两侧也不是建密不透风的建筑，而是建绿带，把空间先预留保护起来。由于在建设中不断地根据实际情况进行科学地编汇，合理适时地调整规划，许多新项目才能慢慢建起来。这样很好地避免了一开始就高强度的开发建设把场地填满，而是为未来赋予了更多的可能性[①]。

华侨城片区的规划并没有按照传统的思路建设与深南大道交叉的南北主干道，甚至区域范围内都没有一条笔直、宽阔的道路，而是以弯弯曲曲的小道灭掉汽车的“威风”，让行人成为街区的真正主人。

整体上采用人车分流、丁字交叉和结合地形自由布置的道路组织形式，不搞宽马路，避免车辆穿越，减少交通干扰，同时辅以完善、舒适的人行系统连接每一个公园、广场、商业中心、学校，还有高大乔木的遮阴，这虽然在某些程度上降低了快速交通的效率，但也成就了一个真正意义上的宜居慢行街区。

近年来，“华侨城凤凰花摄影大赛”火遍深圳朋友圈，华侨城多姿多彩、宜居宜游的人居环境吸引大量市民前往围观，又引发了一次“华侨城现象”，从国内最早的主题公园景区到生态广场，从充满文艺气息的OCT创意园区到依托滨海内湖而建的欢乐海岸，华侨城以宜居、舒适、特色的自然环境为依托打造深入人心的品牌形象，并且取得了极大的成功。

华侨城用30多年的发展实践证明了规划的远见卓识，打造了值得借鉴的造城样板示范，而且历版华侨城总体规划开启了一种“结构规划＋十年行动”的新范式，总体结构长

图 5-76 华侨城的凤凰花盛开引得市民驻足观望

① 王谦宇．深圳创业者口述历史丛书—创建华侨城的故事 [M]. 北京：社会科学文献出版社，2019.

期稳定并适时微调，十年规划与时俱进深化落实，在总体结构的“留白”中结合实际形势添加新的设计要素，实现了刚性和弹性的有机结合。

2015年在华侨城总部基地第四版总体规划①的背景下，着眼未来，在辉煌的光影下，也暗暗隐藏着对华侨城这块土地未来发展的困惑，片区区位从过去的城市边缘变为寸土寸金的城市核心区域，内部空间开发目前已趋于饱和，且部分功能明显老化，缺乏互动和融合，公共服务能力有限，城市地位危机渐显。

在整体的生态环境方面，虽然30多年的合理保护和建设引导已经基本上形成了以华侨城湿地公园、燕晗山公园、生态广场、燕栖湖等大型生态节点为主，多层次、立体化，点、线、面相结合的绿地生态网络。但是生态斑块形式较为单一、树种老化、绿化环境过于郁闭等问题也逐渐凸显，在绿量已经达到一定规模的基础上，未来在提质方面应该如何发力，成为当前的一个主要挑战。

华侨城在规划之初还是一个相对独立的城区地块，环境因素相对单纯，当下处于高密度城区中心区域，生态环境发生了极大的变化，生态挑战也日益严峻，因此不能再在边界范围之内闭门造车，做一个与世无争的“绿色乌托邦”，而应该更多地发挥区域的生态责任和生态价值，融入整体的大生态格局中，即从“大绿量”到“大生态、大公园”的绿色转型。

深圳地势东南高，西北低，土地形态大部分为低山、平缓台地和阶地丘陵，华侨城恰好处于低山丘陵—台地—滨海冲积平原的三级地形间，是南北向承接山、城、海生态链接的重要一环，是区域生态格局中不可或缺的一部分，考虑到深圳湾是东半球100多种候鸟从澳大利亚至西伯利亚南迁北徙的歇脚点和“加油站”，华侨城作为重要的生态斑块，是鸟类飞行廊道（深圳湾—红树林湿地—燕晗山—塘朗山）连贯的重要一环。因此，其生态价值应该大大强化和完善，突破其边界的局限，从大生态的格局出发，加强城市界面的生态功能连接，联合周边的超级城市总部、安托山公园、深圳湾公园、园博园、塘朗山共同组成完善的区域生态格局网络，比如跨快速路的生态廊桥、沿街的线性绿色廊道、生境斑块、屋顶绿化、垂直绿化等，为鸟类提供连续性的落脚空间。

同时在大绿量的生态基础上，进一步加强生物多样性的构建，细化丰富的生境类型，

① 项目信息来源于《华侨城总部地区总体规划修编（2016—2025)》，由深圳市蕾奥规划设计咨询股份有限公司编制。

比如依托燕晗山的山地常绿阔叶林地，山地密林内多分布食虫的鸟类较畏惧人类，因此需要规划一定宽度的隔离林带；依托华侨城湿地公园的半红树湿地生境构建从湖岸陆地乔木林到湖边半红树林群落、红树林群落，以及湿地草本群落、芦苇等挺水植物群落[①]，形成和深圳湾湿地一体化的湿地网络，为迁徙的鸟儿提供更好的栖息空间。

从独立的公园、景区向“大公园”的转型升级，也是未来发展的方向。1998年，华侨城集团提出“华侨城·旅游城”的概念，希望将整个华侨城片区建设成为一个大型综合旅游度假区，使其旅游功能不仅局限于深南大道南侧的大型主题公园内，而是包含整个华侨城片区，即“一步一景”的现代旅游风景区。

1998年，雕塑走廊的建成将两大主题公园联系在一起，1999年，位于华侨城核心区的生态广场建成，成为片区公共空间的核心组成部分，生态广场里包括了人工净化湿地、雨水花园、游憩的草坪和广场，向北连接燕晗山郊野公园，向南连接华侨城中部的商业组团，发挥了非常重要的生态和景观连接作用，公共空间网络体系初步形成。

下一步以绿道为切入点，将各类分散的绿地和开放空间进行深度整合，并依据人群的使用需求，加强绿道沿线小型社区公园、口袋公园的规划建设，补充完善沿街带状公园，加强绿地的可达性，华侨城片区早在深圳全面开展绿道建设之前便已经形成布局完善、配套齐全的绿道体系，依托绿道体系，结合丘陵山地环境，依山就势打造丰富多变的公园体系和小尺度步行网络，未来甚至可以将封闭管理的主题公园逐步打开，大量增加城市公共空间的同时也盘活了低效土地，整个片区就是一个大公园。

作为改革开放初期成立较早的经济开发区之一，华侨城是一个独特的存在，是深圳经济特区的城中之城，是最早提出“花园城区”称号的地区，提出了许多直到现在仍具有指导意义的理念和设计手法，而几版总体规划和修编也一直延续着最初的理念，包括提出塑造华侨城“上山下海”的城市空间格局，尝试在华侨城内部形成功能和空间上连续的空间形态等，在如何构建理想的花园城区、协调城市与自然的关系等方面，给出了极具示范意义的实践和参考。在几十年的发展历程中，华侨城始终保持对自然的尊重，构建人与自然和谐共处的环境是一直未曾改变的理念，这也许就是“神奇动物”以及其他原住动物们能一直安全、幸福地生活在这里的最大原因吧。

① 昝启杰，许会敏，谭凤仪，等. 深圳华侨城湿地物种多样性及其保护研究 [J]. 湿地科学与管理，2013 (3): 56-60.

6

第六章

城市中的自然

在美国纽约曼哈顿这个高楼大厦林立、寸土寸金的都市中心，有一个占地面积达到843英亩（约341hm^2，相当于472个足球场）、如风景油画般优美的公共绿地，和周边的城市景观形成了鲜明的对比，这里有繁茂的森林、曾经真的用来放羊的绵羊草原、可以泛舟的巨大湖泊、热闹的露天剧场甚至还有一个动物园，一年四季风景变换不断，它就是声名远扬的纽约中央公园，它是美国第一个完全以风景园林学为设计准则建立的现代公园，是在城市中用人工的手法再造一个自然的最生动的案例。

当你走在纽约中央公园的林荫大道，徜徉在一片浓绿和静谧中时，你既可以看到各种各样的植物在不同的角落肆意生长，野生动物在这儿愉快地生活和繁衍，你也能强烈地感受到周围城市的存在，公园外围高高耸立的摩天大楼和城市天际线在不断地提醒你此时此刻你正处于城市最繁华的中心地段。

它的存在被许多人看成是一个奇迹。1853年，纽约州议会征用了从59街到106街的700英亩（约283hm^2）土地，耗资500万美元用于在曼哈顿市中心区域建造公园。1858年，中央公园设计竞赛公开举行，奥姆斯特德和沃克斯合作的方案“绿草坪”计划被选中[①]。奥姆斯特德是当时美国最有声望的园林大师，纽约中央公园是他最著名也是最成功的项目，中央公园的落成标志着美国现代景观设计的开始，景观不再是少数人所赏玩的奢侈品，而逐渐成为普通公众放松身心、追求愉悦的场所。奥姆斯特德说“中央公园是上帝提供给成百上千的疲惫产业工人的一件精美手工艺品，他们没有经济条件在夏天去乡村度假，在怀特山消遣上一两个月时间，但是在中央公园里却可以达到同样的效果，而且容易做得到”[②]。

纽约中央公园已建成150年左右，在这段漫长的岁月里，纽约曼哈顿围绕公园逐渐蔓延和拓展，从过去一片杂乱无章的荒地摇身一变成为纽约最富有的一个区，公园周围也逐渐形成了由高层建筑物组成的围墙，而这片都市繁华中心的人造自然，仍持续地发挥着100多年前设计者预想的功能，在时光的沉淀下，愈发显现它的活力和魅力。

纽约的中央公园向我们完美地诠释了如何在城市内部再造一个和城市功能紧密融合的大尺度自然场所，位于城市内部的自然，属于自然但又不是纯自然，或许它们不能如远方的大山大水那样波澜壮阔、美轮美奂，它们也不如那些惊艳的自然奇观让我们铭记一生，但却是和我们日常生活最息息相关的风景，是印记在我们成长时光里温暖时刻的集合，亚

① 靳晓雨．浅谈美国纽约中央公园历史发展变化的启示 [J]. 黑龙江史志，2014 (17): 142-144.

② RYBCZYNSKI W. 纽约中央公园 150 年演进历程 [J]. 陈伟新，GALLAGHER M，译．国外城市规划，2004 (2): 65-70.

图 6-1 中央公园的绿草坪成为周边市民娱乐休憩的重要场所
图片来源：Wikimedia Commons, CELIACO Geliaco 摄 .https://commons.wikimedia.org/w/index.php?title=File:CENTRAL_PARK_IN_2019.jpg&oldid=723017845.

图 6-2 中央公园承载了丰富多彩的市民活动
图片来源：Wikimedia Commons, DELGADO Carlos 摄 .https://commons.wikimedia.org/w/index.php?title=File:Central_Park_-_03.jpg&oldid=590532964.

里士多德曾经说过“人们为了生活而来到城市，为了生活得更好而留在城市”，而这些场所正是我们美好城市生活的重要载体，在公园草坪举办的露天音乐会、小树林里的蛙鸣鸟叫、在树丛间跳来跳去的松鼠和在河岸边嬉戏的孩子们…… 因为有了城市人文气息的浸润和市民生活的雕琢，城市中的自然更显可爱和亲近。

这一章我们要讲的“城市中的自然”不仅仅包括城市内部由人工再造出来的自然空间，更包括了大量随着城市持续演变被包围的大尺度自然空间，伴随着40多年的快速城镇化发展，中国的城市迅速扩张，甚至产生了许多超级城市，曾经位于山前或山间盆地中的城市，由于城市的围山发展，一些原本远离市区的山脉成为城市的生态绿心；由于城市跨河向对岸发展，一些原本在城郊流淌的河流成为城市的内河，承载了更多的城市发展动力和市民生活；曾经远离城市的湖泊也成了城市的内湖，许多原来分布在城市外围的湖荡、山丘和阡陌农田都变成了城市的一部分，城市的扩张和连片发展，使得那些以往位于城市外围具有相当规模的山山水水逐渐被包裹在城市之中，成为位于城市中心的大尺度绿色空间①。

这些绿色空间支撑起了城市的生态安全和市民的公共生活，是城市结构的重要组成部分，更是塑造城市高品质环境的重要基

① 王向荣 . 城市自然的十点倡导 [J]. 中国园林 ,2021,37(12):2-3.

础，河流、湖泊、海湾、山谷、山丘、湿地等都可以成为城市形态特色的重要构成要素，这些空间作为生态基础设施既需要在保护环境、维系生物多样性、承载生物栖息方面发挥生态价值，更需要满足在城市区位环境下的公共复合功能属性，符合人们游憩、交流、运动、观光、教育等户外生活需求。

除了这些大尺度的绿色空间，在寸土寸金的城市内部环境里，即使道路拥挤狭窄，楼宇密不透风，哪怕只有巴掌大的活动场所，也阻挡不了人们对自然的渴求和向往，一如我国古典园林在壶中天地间开拓出广大的精神世界，在有限的物境中创造无限的意境。智慧的人们在城市中的小自然里也学会了打造美好的宜居天地，在方寸之间追求生活的情调和精神的寄托，无数个这样的小微空间相互依托，和城市融合互动，共同构成了我们城市最具活力的公共空间体系，是城市文化最生动的体现。

本章我们选取了6类最典型的城市中的自然空间场所进行分析。第一类是河流，河流是最为常见的城市内部的大型生态廊道，其涉及的流域范围广阔，常常贯穿城市，和城市的产业构成、经济发展、用地布局密切相关，是市民最重要的公共空间载体，但同时也是受人类活动影响最为敏感脆弱的自然线性空间。自20世纪90年代以来，河流的健康可持续发展越来越受到社会的关注，水质治理、河道改造、河岸修复、滨水空间重塑等在全球范围内广泛开展。

第二类是城市道路景观，如果说河流是城市里最重要的生态线性空间，那么道路就是城市里最重要的人工线性空间了，从城市的高、快速路，到主、次干道，到如同毛细血管一样广泛地分布在社区的街道，这些空间是联系城市空间和功能的纽带，也是城市设计的主要工作对象，承载了市民的交通出行功能。进入21世纪以来，世界各地城市的道路交通发展趋势整体上都是朝着以人为本、步行/自行车友好的方向发展，附属于道路的公共空间包括人行道和慢行道、慢行街区、绿化空间、沿街带状公园以及各类街角空间，它们是大家平日里出行和生活的公共生活载体，是城市故事的发生地，也是城市风貌的重要组成部分。

第三类是大家最熟悉的城市公园和广场，这里所指的公园和广场用地是对应于我国《城市用地分类与规划建设用地标准》GB 50137—2011里的G1公园绿地和G3广场用地，其中G1公园绿地依据不同的规模和功能又可以细分为综合公园、社区公园、专类公园和游园等，它们是城市中人工干扰程度最高的绿地形态，根据《公园设计规范》GB 51192—2016里面的定义，公园是指向公众开放，以游憩为主要功能，有较完善的设施，兼具生态、美化等作用的绿地。由此可见，长期以来公园的公共性和服务游憩功能是排在第一的，但是从城市规划的角度来看，它们也是城市里最重要的生态斑块，无数个公园所组成的系统具有保护城市生态系统、诱导城市开发向良性发展、增强城市舒适性的作用。近些年来，关于公园的生态功能和价值也越来越受到社会的重视，甚至上升到城市可持续发展的层面，这些遍布于钢筋混凝土森林中的绿色空间对于城市，对于我们来说意味着什么，观光、游憩、生态、艺术、文化、经济、审美等多重价值孰轻孰重，这是影响公园未来发展的首要价值观。

第四类是绿道，绿道在当下的城市发展中发挥了巨大的作用，依托于河流、海岸等各类风景廊道的绿道可以为市民提供更好的游憩和休闲体验；绿道可以将大大小小的景区和公园串联起来，强化城市生态的系统性和网络化；绿道可以通过步行和骑行的方式将市民引入风景优美的场所，促进城市绿色低碳出行。作为一类独特的人工化线性自然空间，绿道构成了城市最美的风景之一。

第五类是位于城市和海洋交界面的海岸线，陆地生态系统与海洋生态系统在这里不断地交错碰撞，创造出丰富的资源和风景，海岸线也是人类活动最为集中的空间，优越的区位和富饶的物产吸引着人们在此开发滨海旅游、海上运输、渔业养殖业以及各类城市化扩张，持续的经济发展和资源开发也在不断地改造着海岸带，越来越多的自然岸线被围垦和码头等人工岸线所替代，带来了一系列海岸生态环境和社会治理问题。如何让海岸线更好地回归公共属性，成为城市里兼具开放性、生态性和游憩性的大尺度公共空间，是我们需要重点探讨的问题。

第六类场所是“公园城区”，随着城市内部各类公园和绿地逐步去边界化、土地功能高度混合发展，未来城市的发展越来越趋向于公园、河流、绿道和城市的融合，公园即城市，城市即公园。城市中的自然消隐于城市中成为城市的一部分，许多城市片区已经率先作出了这样具有创新意义的示范。

以上不同的自然空间各自拥有不同的自然属性、空间要素和功能特征，从整个城市的层面来看，公园是点状空间，河流、道路、绿道和海岸线是大型线性空间，“公园城区”是片状空间，他们在空间上相互交叠，在功能上相互影响，这些点线面空间共同构成了城市开放体系的主体，在大尺度景观的整体思维统筹下可以更好地形成合力，构建出完整的蓝绿生态网络和城市游憩系统，服务城市、服务市民，更好地连接人与自然。

一、被城市挤压的河流

在探索人类文明的起源时，谁也不能无视河流的作用，河流为人类的生活和生产提供必需的水源和物资，为人类迁移提供主要通道，河流携带的泥沙在中下游地区沉积形成冲积平原，平坦的地形和肥沃的土壤便于人类进行聚落建设和农业生产，并促成了城市的诞生、发展与延续。当我们翻开城市的地图，可以发现几乎所有世界上知名的城市都依傍着一条著名的河流，如伦敦的泰晤士河、巴黎的塞纳河等，在居民与自然水系的长期磨合中形成了城市与自然交融的空间形态、生活模式与文化品格，并构成了这座城市独特的魅力[①]。事实上，在我们生活的这个星球上，有未曾流经城市的河流，但却几乎没有河流未曾到达的城市[②]，河流几乎成为每座城市里最重要的一道风景廊道。

如果一定要给这种风景廊道定义一个词语的话，那么“活力”一定是再合适不过了。河流是活的，它的无限生命力体现在川流不息的流水中、融入依傍着河流生存繁衍的动植物生命周期里、投影到一年四季阴晴变化的变幻风光里，更化作依水而居、傍水而游的人们的日常生活场景，这些时时变化的风景让河流成为城市里最具生命力的存在，就像我们

图 6-3 （北宋）张择端《清明上河图》节选

① 陈泳，吴昊．让河流融于城市生活——圣安东尼奥滨河步道的发展历程及启示 [J]. 国际城市规划，2020,35(5):124-132.
② 华高莱斯．世界著名城市河岸 [M]. 北京：中国大地出版社，2020.

通过《清明上河图》中汴河两岸繁华的汴京街市和怡然自得的各色百姓得以一窥北宋文化和商业的活力，河流持续不断地为城市贡献着其生态功能、旅游资源、美学价值，沿着河流的城市空间往往成为城市里地价最高、人气最足、景观最美的场所。

但是随着城市化的发展，河流似乎越来越远离我们印象中的样子了。一方面河流被越来越多的高楼大厦和道路所包围，空间日渐拥挤；另一方面市政工程导向的建设理念与条块分割的管理体制又将城市与水隔离，很多城市的河道沦落为毫无生命力的泄洪渠。曾经一条条孕育生命的“母亲河”日益憔悴，成为城市污染中最让人头疼的问题之一。人们在为曾经的错误买单之后也在不断向前探索，自二战结束到进入21世纪，受到全球产业的发展革新、国际社会对生态环境的逐步重视等影响，国际河流保护与修复的发展主要经历了污染治理与水质恢复、以单个物种恢复为目标的河流生态修复、流域综合治理这3个阶段，并愈加重视水域生物多样性的完整保护[①]。

目前国内滨水区建设日益普及，但主要集中在大江大河等大尺度的城市开放空间，如上海黄浦江两岸地区更新、天津海河沿岸开发、杭州钱塘江两岸新城建设和广州珠江沿线规划等。与其相比，城市内部的河道往往位于用地紧张的老城区，与生活街区交织在一起，不受重视甚至被遗弃，很多成为衰败的“失落空间”，亟待生态修复与城市修补。相比较大尺度的大江大河，中小尺度的河道空间更加强调空间的多样性、有序性及和谐性，需要不同要素更加宜人和紧凑地组合，对于整体设计的要求很高，还必须依靠具有一定约束力的城市设计导控机制来保障[②]，这些都对新时代下河流的综合整治和活力复兴提出了新的挑战。

2020年，广东省启动了全省范围内的“万里碧道”建设工作，由省水利厅牵头，以江河湖库及河口岸边带为载体，统筹生态、安全、文化、景观和休闲功能建立复合型廊道[③]，在此背景下我们结合国内外的河流整治经典案例以及深圳市若干条河道的碧道实践，共同探讨河流如何在城市中发挥其生态、文化、活力等复合功能，将原本解决城市防洪问题的普通河道转化为繁荣而又绿意盎然的公共活动场所和城市中的美妙自然。

① 周语夏，刘海龙．国际自然流淌河流保护的政策工具与成效比较 [J]. 风景园林，2020,27(8):42-48.
② 陈泳，吴昊．让河流融于城市生活——圣安东尼奥滨河步道的发展历程及启示 [J]. 国际城市规划，2020,35(5):124-132.
③ 项目信息来源于广东省水利厅发布的《广东万里碧道总体规划（2020—2035 年）》，由广东省河长办牵头组织编制。

（1）河流的近自然化设计

如果坐飞机的时候从高空俯瞰大地上的河流，就会发现几乎所有自然的河流都是弯弯曲曲的，这和地转偏向力有关，河流中的水流速是不均匀的，位于河流正中的水流速度是最快的，当河流出现了一个弯曲，流速最快的那部分水会冲击正前方的河岸，这种水流会让凹岸的局部水压变大，在河流内部形成螺旋状的环流，进而进一步侵蚀凹岸，并把冲刷出的砂石堆积到凸岸，长此以往，弯曲度就会越变越大，而从曲部出来的水流带着一定的横向冲击力冲击着原本呈直线的下游水岸，慢慢地第二个弯曲也就形成了，之后第三个、第四个……河流就成了我们所看到的九曲回环的模样，同时河流的蜿蜒性使得河岸根据河水的相对位置高度含有不同的水分和湿度，从而形成不同的河床形态和丰富多样的生境条件。在这样的生境条件下，滨河驳岸得以形成丰富的水生植物群落，从沉水植物到浮水植物，从挺水植物、湿生植物一直过渡到陆地的植物带，水生和陆生生态系统完美地融合在一起，再加上曲折多变的驳岸形态，水鸟、两栖类动物、昆虫等纷纷在此定居、繁衍，陪伴着河流一代又一代地生活下去……河流成为地球上生物多样性最丰富的景观类型之一。

图 6-4 受地球自转偏向力影响，河流呈现曲折蜿蜒的自然形态
图片来源：Andrey Kukharenko 摄

但是城市里的河流似乎早已远离了这个延续了亿万年的自然规律，我们看到的许多河流早已不是原本弯弯曲曲的样子，为了更好地满足行洪、泄洪的功能，也为了最高效地开展河流两侧的用地开发建设，河流被截弯取直，修筑起高高的堤坝，块石或混凝土护砌的垂直硬质驳岸隔绝了河流水环境和外部生态流通的可能性，随着时间的推移，河道硬质化和渠化暴露出越来越多的问题，如底泥返臭、景观质量差、生物多样性单一等问题，河道看上去整洁、高效，也死气沉沉，没有了动物的足迹。《人民日报》曾从批判的角度指出，“一些地方出现了很多貌似正确、实际上却埋下隐患的‘伪生态’行为。比如，全面‘硬化’‘渠化’河道，让水土分离、水与生物分离，粗暴地阻断了河道与岸线的生态功能”[①]。有些地方甚至为了增加用地或者提高交通效能对河流肆意进行改道、填平、盖板，让河流在城市里彻底消失，变成地下的幽灵河道。过去那种“小桥、流水、人家”“荷塘、蛙鸣、垂钓”的温馨画面，让城里人尽享生活之美、文明之乐的河流风光，越来越远离人们的生活。

图 6-5 深圳沙福河成为被工业区包围的“排洪渠”

① 孔方斌. 绿色发展的地，莫种“伪生态”苗 [N]. 人民日报，2015.12.17.

因此近些年来，大家都在呼吁“近自然化”的河流修复，让城市里的河流能够重现自然活力。“近自然”理念起源于欧洲，它主要是指遵循自然规律、接近自然、模仿自然的一种森林经营模式，现如今被广泛提及的“近自然”的概念除了指近自然林业外，还包括河流近自然化，该理念最早来源于19世纪欧洲阿尔卑斯山区山地溪流的生态修复治理，以此反思工程化对自然生境的影响，并逐步推进城市区域河流向自然回归的研究与实践。德国风景园林师阿尔维·塞弗特（Alwin Seifert）最先在他的著作《近自然水利工法》（*Naturnäherer Wasserbau*）中提出这一概念：“运用低成本的治理方法，将城市河流塑造为接近自然河流景观的一种整治方案，这种模式代表了人类向文明转化、工程结合艺术、美学与实用价值兼顾的道路。”①

图 6-6 芝加哥河滨水步道融入城市生活
图片来源：Sasaki 事务所

在北美，作为芝加哥城市瑰宝的芝加哥河蜿蜒穿过整个城市，途经多个社区，但是它却为芝加哥市的工业与经济发展付出了高额的代价。在过去的100多年里，人们不断地开挖、污染，甚至颠倒河流的流向，大量外来物种入侵，生物多样性降低，河岸被侵蚀，河流生态系统遭受严重破坏。1988年，芝加哥市规划与发展局发布了芝加哥河走廊发展规划以及相应的规划设计导则和建设标准。其中包括规划建设了恢复自然风貌的滨河游览路径、建立滨水步道和城市公园等，这些措施的确让河流空间更加具有活力，但是可供鱼类及水生动物的小生境依然欠缺。因此，芝加哥规划与发展局继续为之努力，在河畔采用更加自然、生态且柔性的设计。

图 6-7 通过浮岛技术营造湿地栖息环境
图片来源：Fondriest Environmental

① 吴丹子. 河段尺度下的城市渠化河道近自然化策略研究 [J]. 风景园林, 2018, 25(12): 99-104.

城市河流自然化的设计手法被大量采用，比如矮墙式河岸以及植物强化的板桩的方法处理河岸，也运用了植物扦插、植物纤维卷、植物垫层等生物工程技术，在稳定护坡的同时也能强化河岸的自然特征，为水中的生物提供更好的生境。除此之外，芝加哥政府还尝试了浮岛技术，通过用塑料管道彼此相连的植草纤维格作为植物生长的媒介，形成了庞大且复杂的湿地生物栖息环境。通过以上一系列的生态恢复方法，越来越多的鱼类、鸟类、水生生物再次回到芝加哥河，继续繁衍生息。1979～2004年，河流中的鱼类已经从10种上升到了68种。水上的浮岛花园种满了种类繁多的原生和耐淹植物，包括莎草科和鸢尾科植物，还有红花山梗菜和沼泽乳草等，令人想起芝加哥河从前的沼泽面貌。浮岛花园的植物在第一年就已蓬勃生长，吸引了帝王斑蝶和苍鹭等原生动物居民的再次回归[①]。

清溪川的改善历程同样见证了韩国首尔发展的轨迹，清溪川全长近11km，自西向东流入浪川，然后汇入汉江。在1950年朝鲜战争爆发之后，清溪川周围难民聚集、环境恶化、病毒肆虐等问题不断加剧，因此自1958年起，首尔政府决定逐步对清溪川进行填埋，并在1967～1984年于清溪川位置陆续修建高架路和进行下水管道的铺设，自此清溪川失去了河流的容颜，成为交通主干道之下的暗渠。直到2003年，政府决定拆除高架路，重新挖掘河道，恢复河流的原本面貌。在整个河道修复的过程中，政府也一直把提高生态效益作为重要目标，以历史、文化和自然为3条主线、将部分笔直的河道恢复为自然蜿蜒的河道，将重点景观和群落以一定间距分布，并以近自然的方式搭配植物品种。河道湿地及鱼类和鸟

① 万帆，熊花．城市河流的自然化和生态恢复设计方法——以芝加哥河为例 [C]// 中国城市规划学会．生态文明视角下的城乡规划——2008 中国城市规划年会论文集．大连：大连出版社，2008.

类的栖息地在都市中逐渐呈现。在清溪川修复开放4年后，空气微粒污染程度每立方米下降26微克，鱼和鸟类数量增长了6倍，对城市微气候也起到了有效的调节①。

我们将视线再拉回年轻又充满活力的城市——深圳，自20世纪80～90年代开始，深圳启动了飞速发展的按钮，位于深圳西北部的茅洲河发源于深圳羊台山北麓，在东莞长安镇汇入珠江口，是深圳市流域面积最大、流域人口最多、干流长度最长的河流，但随着深圳特区40年的发展，流域内的工业化、城镇化的进程也在不断地加快，河畔的企业、居民数量急剧增长，工业、生活、第三产业的污染使茅洲河变成了“墨汁河”“臭河”，成为珠江三角洲污染最严重的河流之一。2015年底，深圳和东莞两城共同打响了这场水污染防治之战，在对茅洲河的水质进行综合整治，河水变得清澈之后，恢复良好的生态环境和公共空间也很快提上了日程，2020年由深圳市水务局、光明区人民政府主持建设的茅洲河碧道光明段工程以“微改造、低干扰、轻投入，让自然做功”的手法重塑河流的自然之美，开启了深圳河流治理的新篇章。

图6-8 清溪川经历了3个阶段的发展，最后重焕活力，成为首尔最热门的滨水公共空间

图片来源：Homer Williams 摄（左）；林义斌.韩国首尔文创园区考察报告[R].（右）；Wikimedia Commons（下）.https://commons.wikimedia.org/w/index.php?title=File:Korea-Seoul-Cheonggyecheon-2008-01.jpg&oldid=521621819.

① 程方.韩国清溪川生态修复研究及启示[J].水利规划与设计,2022(3):67-70.

图 6–9 曾经的茅洲河污染严重，被称为“墨汁河”

图 6–10 改造完成后的茅洲河重现河流的“自然之美”
图片来源：中华人民共和国生态环境部官网 .https://www.mee.gov.cn/home/ztbd/2021/mlhhyxalzjhd/tmal/202201/t20220127_968343.shtml.

图 6–11 改造完成后的茅洲河重现了许多鸟类——黑翅长腿鹬
图片来源：深圳市人民政府官网 . http://www.sz.gov.cn/cn/xxgk/zfxxgj/tpxw/content/post_1389824.html.

同在深圳的沙福河也是深圳建设“千里碧道”的重要章节。其上游的屋山水库和七沥水库位于宝安第一高峰凤凰山一侧，主要由周边山体汇流形成，水深较深，为了确保市民的安全，水库常年处于封闭状态。由于远离人类活动，加上水里有不少鱼类作为食源，水库有很多的鸟类在此觅食栖息，是沙福河河流生态系统的重要组成部分，然而未来随着碧道的建设以及人类活动的介入，势必会对鸟类的生存空间产生一定的影响。为了更好地开展河流的保护和治理工作，2020年，由深圳市宝安区水务局组织开展沙福河—屋山水库—七沥水库碧道建设工程设计。 这次的工作①包含上游的郊野湖库型碧道与下游的城镇河流型碧道两个区域，它们分别面临不同的问题，水库段着力营造人类低介入的鸟类栖息地，河流段关注周边大量务工人群需求与滨水生态空间。其中在水库和沙福河上游段着重考虑采用近自然手法的生态修复方式，希望碧道的建设要人鸟兼顾，甚至“以鸟为本”，通过“近自然”的设计手法营造一个鸟类友好型的环境。

在长达一年多的现场观测中，我们在场地中发现了近50种鸟类，水中有游禽，林中也有攀禽、鸣禽，而数量最多的是以鹭鸟为主的涉禽，另外在冬季也会有很多鸬鹚，但场地

图 6-12 屋山水库和七沥水库的场地现状示意

① 项目信息来源于《深圳市宝安区沙福河—屋山水库—七沥水库碧道建设工程设计》，由深圳市蕾奥规划设计咨询股份有限公司、MLA+ B.V. 亩加建筑规划（深圳）有限公司、中国市政工程西北设计研究院有限公司规划设计。

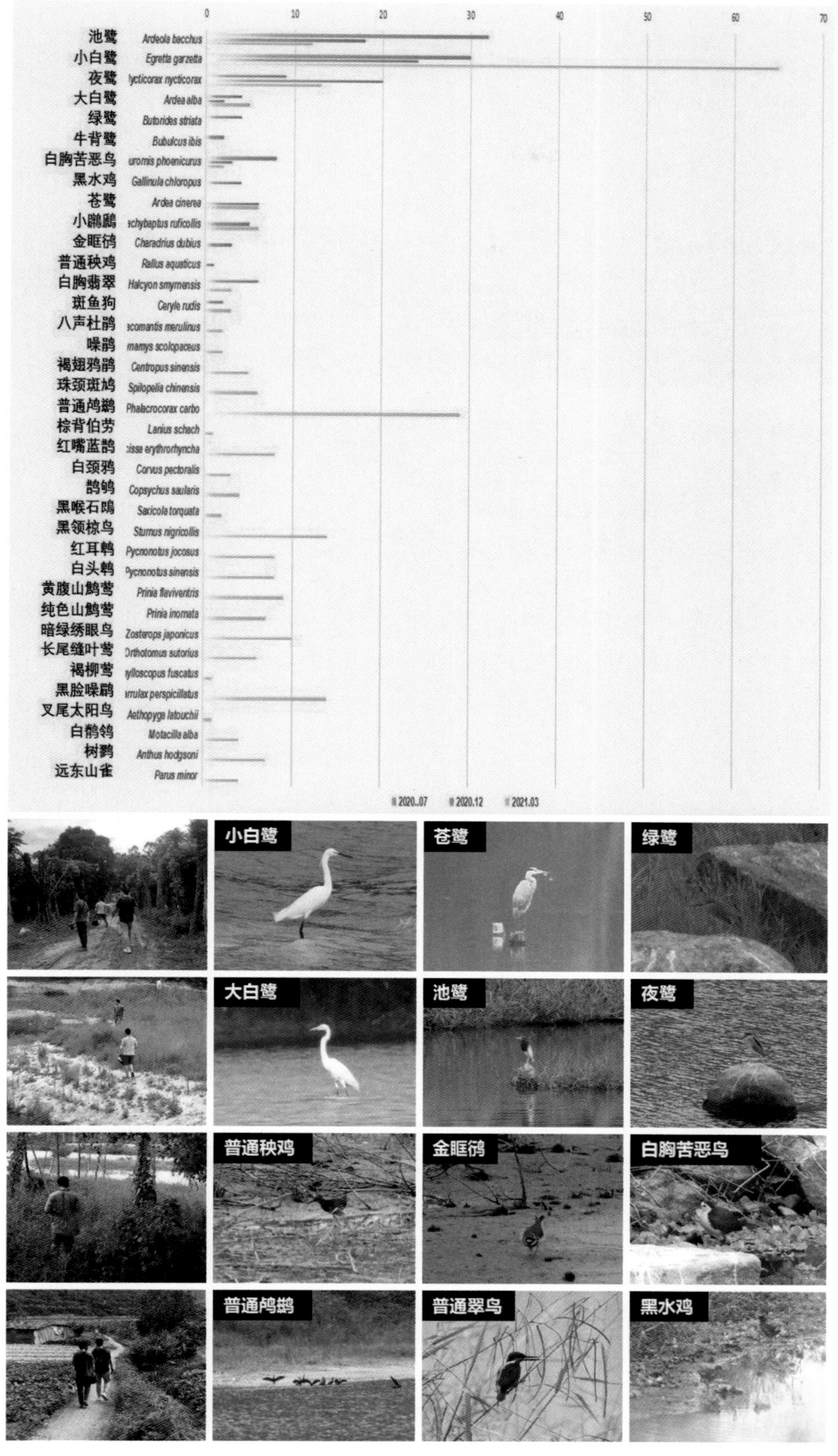

图 6–13 开展详细的鸟类调查

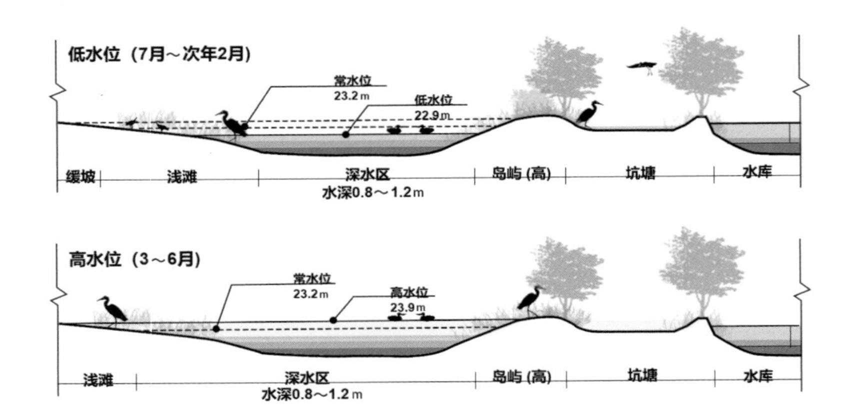

图 6-14 针对鹭鸟营造的滨水觅食地示意图

内退化的生境、单一林相的植被、被污染的水质以及人类活动的干扰都影响着它们的栖息。经过多次调研观察，我们发现鸟类仅集中在10%的水岸空间活动，这意味着针对水岸还有很大的改善空间。我们选择鹭鸟作为目标指示性鸟种来验证鸟类友好型环境的效果，因为它们喜集群生活，只要环境达到一定标准它们会召集族群过来。它们体型也较大，在生态位上又是较为明显的优势种，通过觅食地、停歇地、营巢地3类环境的适宜性改造设计，为鹭鸟提供全生命流程的栖息地。

首先是提供觅食的环境。由于鹭类多以鱼虾、软体动物为食物，需要能够站立的浅水环境，这样捕食的时候水深不会淹没鹭鸟的脚。我们重点关注水深这个环境因子，配合水库低水位运行的方式，对原本不适合鸟类活动且有条件改造的区域进行适度的水下地形塑造，多营造浅滩缓坡，为鹭鸟营造觅食及活动空间。

其次是提供丰富的食物。从生产者到消费者到分解者，动植物系统构成了完整的食物链，我们通过种植丰富多样的优良食源性乡土植物为昆虫、两栖、爬行、鱼类、鸟类提供食物，生境的多样性为低等级的消费者提供了更多的栖息环境，从而又为高等级的消费者 —— 鸟类提供丰富的食物。针对周边的农田灌溉用水排入水库这种潜在的面源污染，我们采用4个生态化而非工程化的水净化流程，即潜流湿地+氧化塘+表流湿地+芦苇床，通过过滤、吸收、曝气等方法将COD、NH_3-N、TP、TN污染大幅消减。

再次，在设计中非常注重为鸟类提供营巢及停歇空间。现状的植被类型以密林和果林为主，林相较为单一，而现场的调研除了以鹭类为代表的水鸟之外，也发现了大量的攀禽与鸣禽。种植采用保留现状、移除、替换、补种4种方式，替换与补种有利于优化群落结构，创造植被的多样性，吸引更多的林鸟。同时在水边选择分枝较多的且利于鹭类停歇的

图 6-15 鹭鸟水中落脚点的设计效果图

品种如竹子，吸引鹭类筑巢及停歇。鹭鸟对人类的活动非常敏感，因此我们始终遵循低干扰设计，采用尽端式道路、遮蔽式构筑物以及可被植物覆盖的软质材料等消减人类活动带来的干扰，平衡游客活动与鹭类栖息的矛盾。

项目虽然还未建成，但良好的理念与技术手段获得了国内外专业奖项的认可①。通过低影响工程的手段来改善鸟类的生存环境，从而引来更多鸟类，同时人类活动的轻度介入，将观鸟作为特色来激发市民对鸟类、对自然的喜爱，这是鸟类友好型环境营造的一次努力尝试。

深圳的另一条重要河流——观澜河发源于深圳市龙华区境内的大脑壳山，向北流经龙华区的油松、清湖和观澜后进入东莞市。它南北贯穿整个龙华区，能够为水鸟南北方向上的迁徙提供重要支撑。据统计，有50种以上的鸟类在观澜河流域繁衍生息，其中有15种是国家重点保护的鸟类。根据日常目测可以看到观澜河上有大量的鹭鸟觅食，周边亦有不少鹭鸟繁殖。近些年来，观澜河采用了分级修复干流生态廊道的方式，依据不同河段的基础条件与生态价值，采用不同力度进行生态修复。例如梅观高速至龙华河口段和企坪至观澜蓄池段采用轻介入、微改造、少人工的方式，多样化优化河道断面，营造河漫滩、深潭、浅滩、壅水等流态各异的微生境，为鸟类和两栖类生物提供栖息空间；其他基础较差的河

① 该项目获得2021年国际风景园林师联合会亚太地区风景园林专业奖（IFLA AISA-PAC LA Awards）——公园与环境专项卓越奖（Award of Excellence）以及2021年度中国风景园林学会科学技术奖（规划设计奖）三等奖。

段适当加大修复力度，在保障水安全的条件下，增加河岸粗糙度，提升水质，保证鱼类生存环境。

整条观澜河自南向北依据城区的不同地貌及用地营造城河共生、共享复合、水岸森林3种保护模式，以及水库、城市、山林、湿地、农田五大沿河特色生境，同时我们还引入了“微型保护区”的概念，希望能够在高密度的城市环境下打造更多适合动物栖息的微空间，除了鹭鸟外，禾花雀、小白腰雨燕、彩鹬、翠鸟、青蛙、萤火虫等物种也被重点考虑，通过减少对它们的干扰，改善它们的生存环境①。

对河流的近自然修复让即使被城市挤压的河流也能自由呼吸，让漫长迁徙的候鸟可以有一个可以短暂歇脚的地方，让原住动物们可以有一个长久住下来的理由，也让生于此、居于此的人们在城市中能重返自然，感受自然的美好。

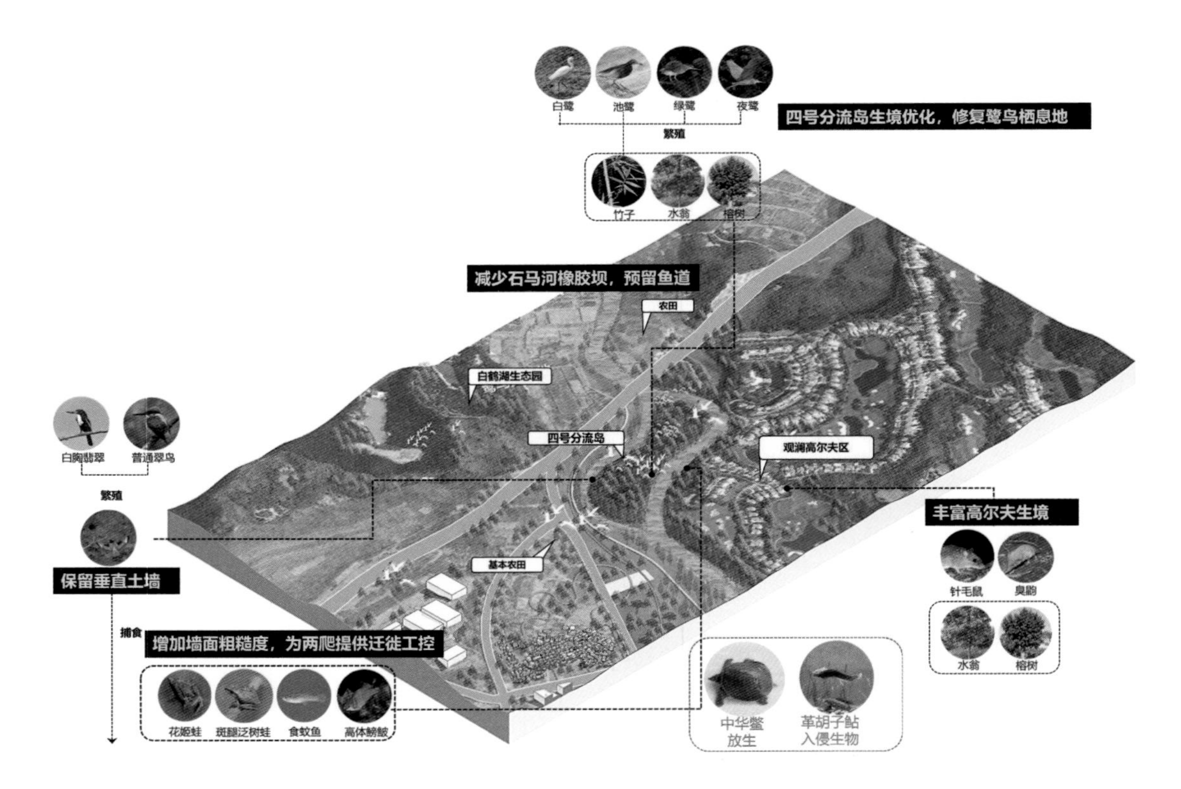

图 6-16 水岸山林生境的营造

① 项目信息来源于《观澜河生态走廊专项规划》，由深圳市蕾奥规划设计咨询股份有限公司规划编制。

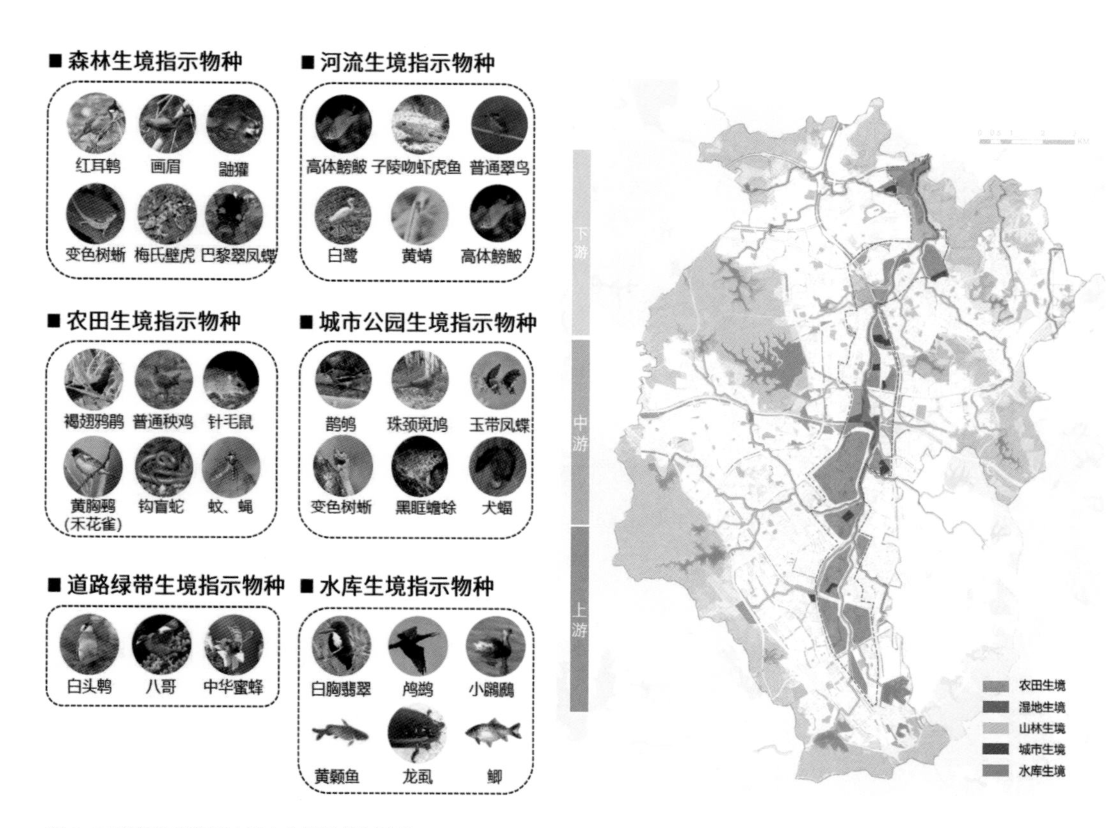

图 6-17 观澜河干流五大滨水生境的规划示意

(2) 真正为人民服务的河流

城市中的河流不及海水般波澜壮阔，不及大江般滔滔不绝，它们很低调很平和，在都市里静静流淌，涓涓不息，永不停歇地记录着城市的点滴变化和一代又一代人们的生活。“城市越大，人就越感到孤独”是一句拉丁谚语，我们的城市发展越来越快，高楼大厦越建越密，但人与人的心理距离却在变得遥远，好的公共空间可以促进人与人之间的互动，让人们在城市现代化快节奏的生活中得到精神的缓解和压力的释放。作为城市里最重要的大尺度景观廊道，河流在城市的文化生活中发挥着重要的作用，天然的亲水性会让人们自觉地聚集到一个好的滨河空间去开展社交活动和情感交流，同时由于河流流经范围较大，两侧的滨水环境由不同的城市要素组成，自然特征、人文空间、建筑形态、交通组织等交织在一起，其多样性构成了河流滨水空间的最大特色。

新加坡河正是基于新加坡打造特色全球城市目标下的河流活力再塑经典案例。它位于新加坡城市中心，紧邻莱弗士商业区，20世纪60～70年代新加坡河是一条发黑的恶臭的水道，被沿岸的工厂、农场、没有下水道的房屋等严重污染，新加坡河和它的支流几乎成了开放的下水道和垃圾场。1977年，新加坡总理李光耀向国民提出将已经污浊不堪的新加坡河转变为历史文化商业区域的愿景，成为改变新加坡河命运的历史时刻。

新加坡市区重建局（Urban Redevelopment Authority，简称URA）在1985年制定和颁布了《新加坡河概念规划》，明确了对新加坡河滨河的 96 hm^2 区域进行改造①。政府强调“滨水空间是属于公众的”，滨河区域改造的首要目的是将20世纪70 年代后随着河运行业日益衰落的滨河码头区域改造成为受民众欢迎的场所，供人们工作、生活和娱乐并充满活力。改造区域内的117 所店屋被 URA 划定为受保护建筑。按照政府预算，投入 2 亿新元的河水变洁工程完成后，再投入4300 万新元对河堤以及河岸两侧的基础设施进行综合改造。

1991 年颁布的《新加坡概念规划》进一步强调了新加坡河滨河区域商业价值，以及连接已经建成的乌节路商圈的重要作用。1992 年 URA 颁布了一份新加坡滨河区域开发的指导性规划草案，明确了河岸两侧 6km 长的步行道作为区域聚焦点的开放空间、交通连接等方面的开发细节。1994年URA针对新加坡河滨河区域综合改造颁布了更加详细的实施性规划，旨在通过综合的整治、保护、再利用，让历史与现代融合，最终打造成功理想的滨水景观。

通过分区规划，人们可以在河边用餐、慢行且互不干扰，随后新加坡政府鼓励周边历史建筑通过新旧改造、再利用为艺术、文化、商业用途的载体。同时，新加坡政府也注资打造了鱼尾狮、克拉码头等具有新加坡文化特色的大型文化商业景点，通过对场景、灯光、活动氛围渲染及营造，使传统与现代的气息在这发生碰撞与交融，巧用缤纷的建筑色彩，并添加了艺术雕塑作品，营造了热情、活力的场景印象。将新加坡滨河区域从衰落的码头和商铺区转变为昼夜都充满活力的“24小时滨水生活方式”空间载体，成为新加坡最重要的旅游目的地和城市休闲中心之一②。

---

① 张祚，李江风，陈昆仑，等．“特色全球城市”目标下的新加坡河滨水空间再生与启示 [J]. 世界地理研究,2013,22(4):63-73.
② 同①。

图 6-18 活力缤纷的新加坡河克拉码头夜景

图片来源：甘单摄 . https://openverse.org/image/f06c40e2-ae2c-435c-88bf-98c38c232ac2?q=clarke-quay-60.

英国摄政运河的发展命运与新加坡河相似，同样是随着现代城市产业的转型，运河传统的漕运生产功能不断衰退，滨河区域需要谋求新的发展，但与新加坡河不同的是，它的尺度更为婉约，周边布局紧凑，因此摄政运河寻求了一个更易于融入周边社区的日常生活、具有生活气息的发展模式①。

摄政运河结合自身周边丰富的历史文化底蕴及城市特色，探索出属于它的一个小而精的河道激活密码 —— 城河一体的跨河市集开发模式。运河沿线设有卡姆顿集市、礼拜堂集市等传统集市，集市内容多样，时尚、手工、食品、园艺等，每周都会举办各种各样的展览和活动，吸引了大量的城市居民及外来游客。集市的引入让滨河空间更具活力，集市提供人群吸引力，河道及两侧提供公共空间，并且串联沿线的一众集市，让区域功能更完整多元。与其他滨河业态不同的是，集市更具"生活化"，人们下班或者周末闲暇时间沿着摄政运河逛着集市，就像逛超市一样，既可以有所收获，又可以放松休闲，让人们出行变得常态化。

不同的城市、不同的河流可能会面对不同的人群需求，前一章所提到的深圳沙福河不仅仅需要服务于鸟类朋友们，在设计方案中我们还同时需要周全地考虑人性化的需求，传承凤凰山－沙福河的悠久的福文化，将生态福祉与民生福祉相融合，在沙福河沿线为周边

① 熊伟婷，李迎成，朱凯 . 伦敦摄政运河沿岸游憩空间发展模式及启示 [J]. 中国园林，2018, 34(2): 94-99.

图 6-19 一家曾经位于 20 世纪 70 年代荷兰驳船上的书店，现在位于摄政运河上
图片来源：Jim Linwood 摄 . https://www.flickr.com/photos/54238124@N00/19775869349.

图 6-20 运河河道两侧的公共空间受到了当地居民的喜爱
图片来源：Clem Rutter Rochester Kent 摄 .https://commons.wikimedia.org/w/index.php?title=File:Regent%27s_Canal_Steps_0540.JPG&oldid=507482663.

的居住和务工人员带来生活质量的改善，提高他们的幸福感和获得感。

都说深圳是一个最包容的城市，满大街“来了就是深圳人”的口号和标语让人心生温暖，可是当我们走近宝安沙福片区这个深圳典型的工业区，接触到这里一线产业工人时却沉默了，他们有的年纪轻轻高中刚毕业、有的辗转多城四处奔波、有的举家带口艰难谋生，这个群体在这灯红酒绿的城市里始终找不到归属感，他们没有太高的收入，没有太多的地方可去消遣，但是他们却同样有理想、有憧憬、有追求美好生活的权利。通过大数据对河流沿线每一区段的人口进行分析，通过常住人口数量、工作及居住人口、职住比等数据确定场地规模及性质，通过性别分布、年龄分布、教育水平、收入水平等分析确定主要的使用人群，通过工作日及周末不同时段的热力图确定空间的分布，我们得出了更为精准的人物画像，如沙福河下游区域的工业园区里18～44岁的人群占比约95%，约72%为高中及以下学历，以中低收入的年轻务工人员为主，消费水平也比较低，他们平时多半时间在工厂重复地工作，休闲方式非常单一，他们希望在空闲时间可以跟工友们打打牌、聊聊天，希望有一些诸如乒乓球、羽毛球场地的小型运动空间。

和我们经常做案例分析的那些经典河流不同，沙福河不是凝聚城市最美风景的地标河流，也不是人声鼎沸的滨水中心活力带，这是一条流经乏味、枯燥工业园区的河流，它需要承载什么功能？呈现什么风貌？提供什么服务？这些需要更加理性和有温度的思考。针对周边务工人员及居民的需求，我们在规划设计中提出打造沙福河八大主题空间，包括运动场、适合车间十几个人集体活动的场地、遮阳避雨的廊架、恋爱交往空间、自然教育科普、免费的学习培训沙龙、河边的饮食场地等，设计了文体交往、亲子游乐、文化体验、休闲放松四大主题活动圈，配置相应活动功能，分别适应15分钟、30分钟、60分钟及120分钟的不同游赏需求。此外，沿河的公共空间也为不同的人群引入了多种多样的活动，例

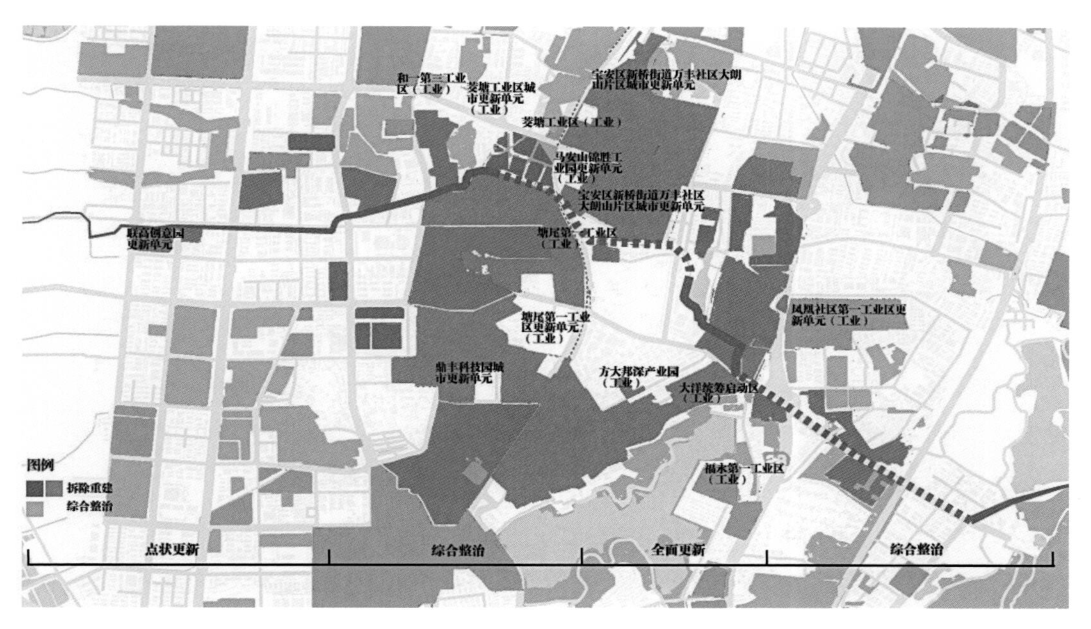

图 6-21 被工业区包围的沙福河

如啤酒节、周末影院、职工球赛等，满足人们娱乐、运动、交往的需要。

沙，平凡而普通，然而每一粒沙都不相同，放大300倍都是一颗宝石；福，生态福祉，幸福生活，良好人居环境就是最大的民生福祉，沙福河碧道的每一位使用者都被视为宝石，都值得被重视、被尊重，通过设计河道沿线的活力不断地被激发，周边务工人员的幸福感也会大大地提高。只有当城市里的河流真正地实现全民共享，才是真正意义上的城市的河流、人民的河流。

服务空间

运动空间

（3）和城市共生共发展的河流

人们向来逐丰美水草而居，逐渐形成群落，蔚然成为城市。人工的城市也会反过来改造河流，如果你背着相机去拍摄这个世界上的不同城市，那你很快就会发现“沿着河走”“跟着河拍”是欣赏一座城市之美最好的办法。这个规律对于世界上绝大部分的城市都适用，过去那些“因河而生”的城市，今天也大多是“因河而兴”的[①]。因此在河流振兴的过程中，不仅需要思考河流本身空间的提升，更要谋划河流与城市发展的关系。在国际上，几乎每一个滨水空间复兴的案例也都是依托河流带动区域经济复兴的案例。

文化空间

社交空间

图 6-22 沙福河八类主题活动空间

位于深圳龙华区的观澜河贯穿龙华区南北，是比较少见的生态轴和发展轴合二为一的城市复合轴线，“观澜”一词源于《孟子·尽心上》中的“观水有术，必观其澜”。相传明朝万历年间，一位名士云游至此，看盈盈河水，从此留恋此地，每天清早坐在河边“观望波澜”，并在这里建观澜寺，河流取名“观澜”；在清末民初，观澜河内河航运兴盛，国内外商品汇集，观澜河沿岸，一度有“小香港”的美誉，成为当时宝安、惠阳地区商贸集散地；至民国战乱时期，本地富人、归国华侨以及逃难的香港人为了保护自身安全，沿河两岸修建了大量的碉楼与炮楼，留下了大量的历史遗迹。

① 华高莱斯．世界著名城市河岸 [M]. 北京：中国大地出版社，2020.

休闲空间

图 6-23 沙福河工友长廊的效果示意

邻里空间

专属空间

图 6-24 沙福河两侧规划设计了丰富的活动场地

综合空间

改革开放后，龙华最初发展“三来一补”的村镇企业，随后港资、台资企业逐渐被吸引到龙华设厂投资，城镇化在工业化的主导下快速发展，以工业区为主的城镇化沿布龙路、龙观路快速扩张，观澜河的航运功能下降，粗放的工业化和城镇化进程打破了原本的人水关系，两岸的工业排污使得观澜河水质恶化，城市建设挤占河道，河漫滩逐年缩减，厂房围墙和道路基础设施取代依水而行的巷道，龙舟赛等传统活动也停止举办，重点片区经济重点和文化消费热点远离河岸，人水关系逐渐割裂疏离。

2011年底龙华新区成立，2012年观澜河被确定为新区中轴，观澜河的价值被重新重视，近些年来全市大力推动河流水质治理，观澜河的生态环境逐步改善。由于历史发展原因，不同的空间要素自南向北在龙华层积交叠，观澜河作为区域内最重要的纵向景观廊道，具有衔南接北、连通全区的潜在价值。如何促进城水互动，通过观澜河统筹区域发展使观澜河成为城市的结构性活力脉络，仍是亟待解决的问题。

纵观国内外高密度建成区滨水休闲走廊的经典案例，它们都有一些共同的特点。首先许多知名的河流大多经历过工业化污染到生态治理修复的过程；其次它们无一不是通过滨水慢行、公共空间及多样化亲水体验打造特色鲜明、共享开放的滨水公共空间；再次到了后期，联动两岸资源，大事件触媒，打造差异化滨水主题段落也是非常重要的举措，具备一定长度的带型滨水空间会出现较为核心的分段，呈簇群组团、中心集聚成片，集中公共资源与人群，并通过3～5km主题段落支撑。结合相关学者对于滨水空间的因子研究，针对观澜河的特性，我们整理出了自然感、贯通度、达水率、公共率、开放率和吸引力六大因子，有的放矢地开展观澜河生态走廊的整体空间复兴[①]。

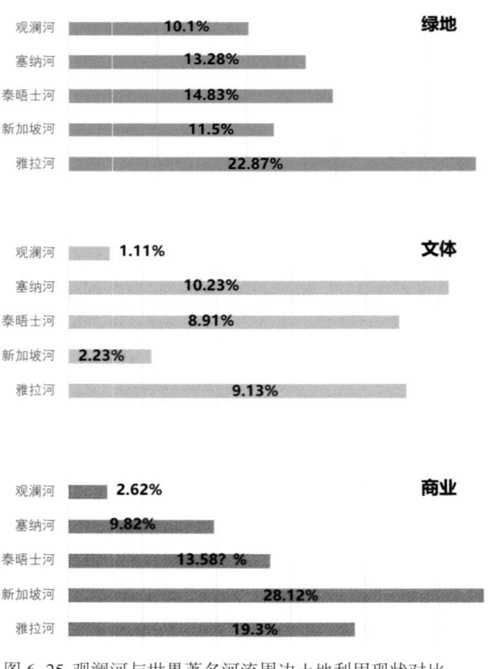

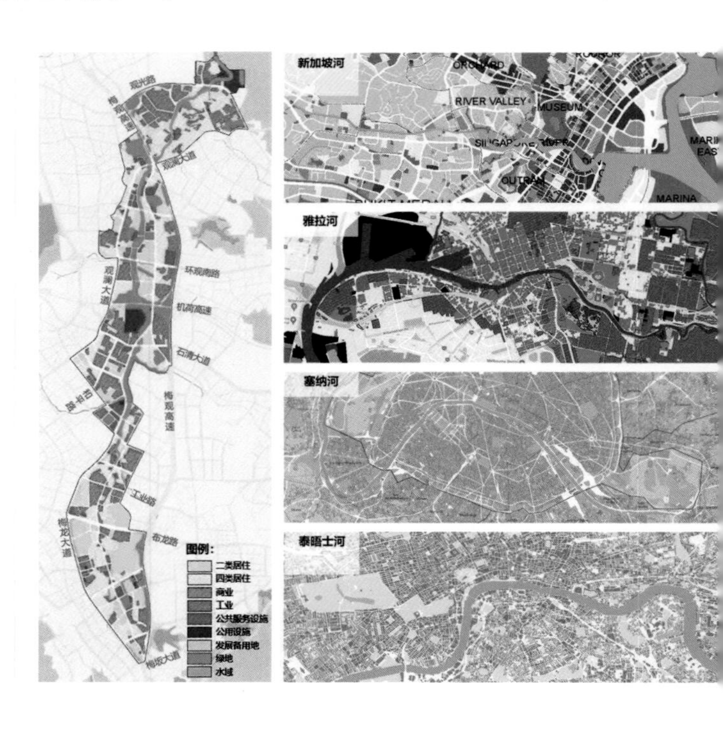

图 6-25 观澜河与世界著名河流周边土地利用现状对比

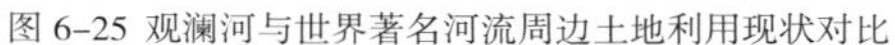

① 项目信息来源于《观澜河生态走廊专项规划》，由深圳市蕾奥规划设计咨询股份有限公司规划编制。

对河流的研究一定要跳出河流本身来思索河、城关系，对于一个高密度城市来说，其中河流两岸的用地条件是重塑公共空间的基础。我们对沿河两侧的用地进行了系统地梳理，除了现状保留的城中村，建成、在建、已批的城市更新单元和土地整备项目，观澜河沿线具备潜力的存量用地达到近17.5km^2，我们综合现状开发强度、计划前期、已列计划更新整备项目、连片改造、土地整备区、容积率小于2.5区域、优先拆除重建范围等多重因素找出具有再开发潜力的区域，通过统筹整合，谋划重点项目，识别特色河段，为未来提供发展空间。

面对生态廊道公共空间和基础宽度严重不足、慢行不贯通的情况，除了发掘潜力空间，还需要加大整治力度，逐步清退河道蓝线及生态控制线内违建，让滨水空间真正回归市民公众。我们在规划里构建了骑行道、慢行步道、滨水步道三级滨水慢行体系，增设景观桥和汀步，连通河道两岸的慢行体系；此外，规划也对滨水的市政道路提出慢行化改造建议，例如观澜古墟沿河路和万众水街，由于它们有较好的景观文化资源和商业潜力，我们建议道路使用弹性管控的方式，在周末严格限制社会车辆，用公共交通串联各个景观资源和交通节点；河岸附近林荫街道、生活街道、商业街道等特色街道的打造也可以让沿河的慢行空间变得更加有趣，不仅仅在岸上，在水上也可以有丰富多样的体验，古墟水上游船线路以及龙舟赛事可以让市民和游客零距离接触观澜河，以多元视角畅游观澜河，重塑曾经的水上生活。

从河城一体化的角度来看，观澜河不仅仅是一条河，更是一个公园廊道和游憩体系，我们通过统筹更新补绿、土地整备利益统筹等各种方式增加沿线大型滨水公园与公园群，整合释放公共空间，化零为整地打造十大滨水精品公园、8个周边山地公园、33处具有公园属性的类公园以及3处跨河桥下活力空间。不仅仅如此，沿线所有的公共资源都应该实现公共价值的最大化，我们还将污水处理厂、调蓄池、大和水闸、生态净化湿地等空间和滨水场所作为一个整体统筹考虑，适当增加科普、参观等公众可以参与的功能，进一步丰富观澜河的可观可游性。13处沿河的学校运动场地也可以开放预约，这对于运动场地极度稀缺的老城区市民来说可是利好消息，河岸的活力也进一步被带动起来。同时滨水空间底层界面通过裙房—建筑贴线率和主体建筑—滨水开敞面这两方面进行导控，进一步加强开放水岸的可落地性。

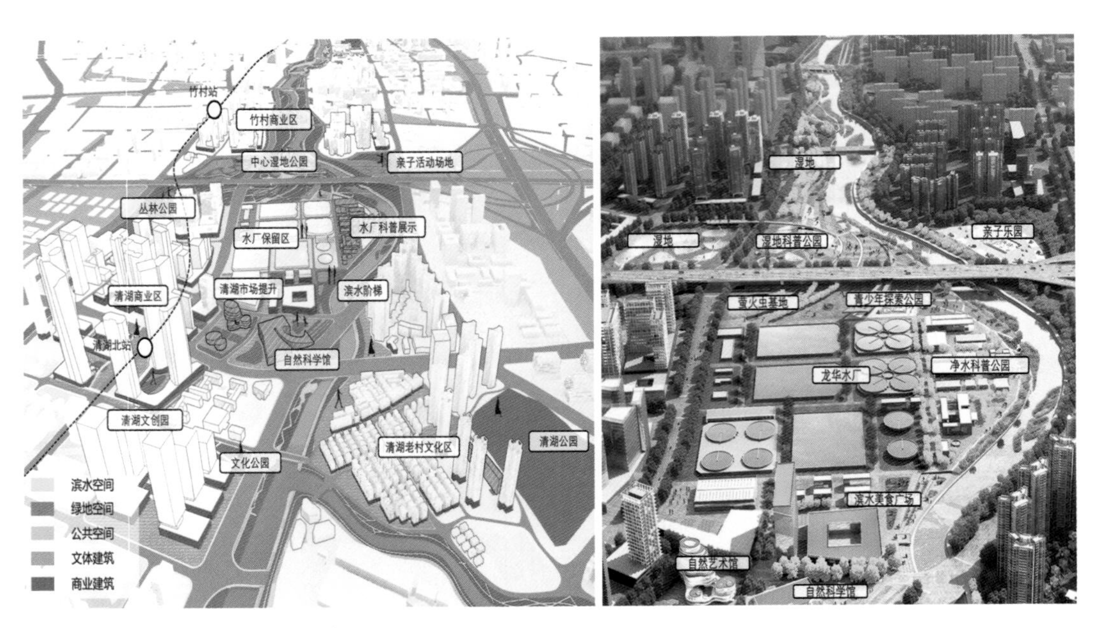

图 6–26 观澜河的滨河基础设施活化利用

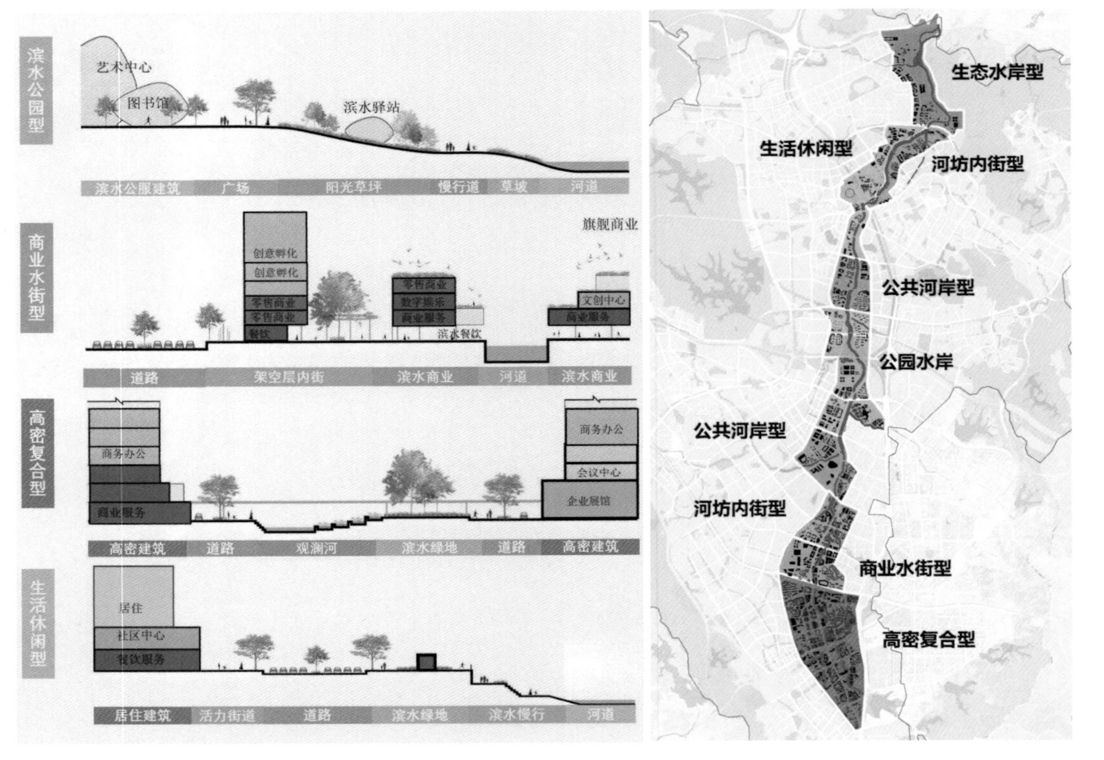

图 6–27 观澜河不同类型的特色开放水岸

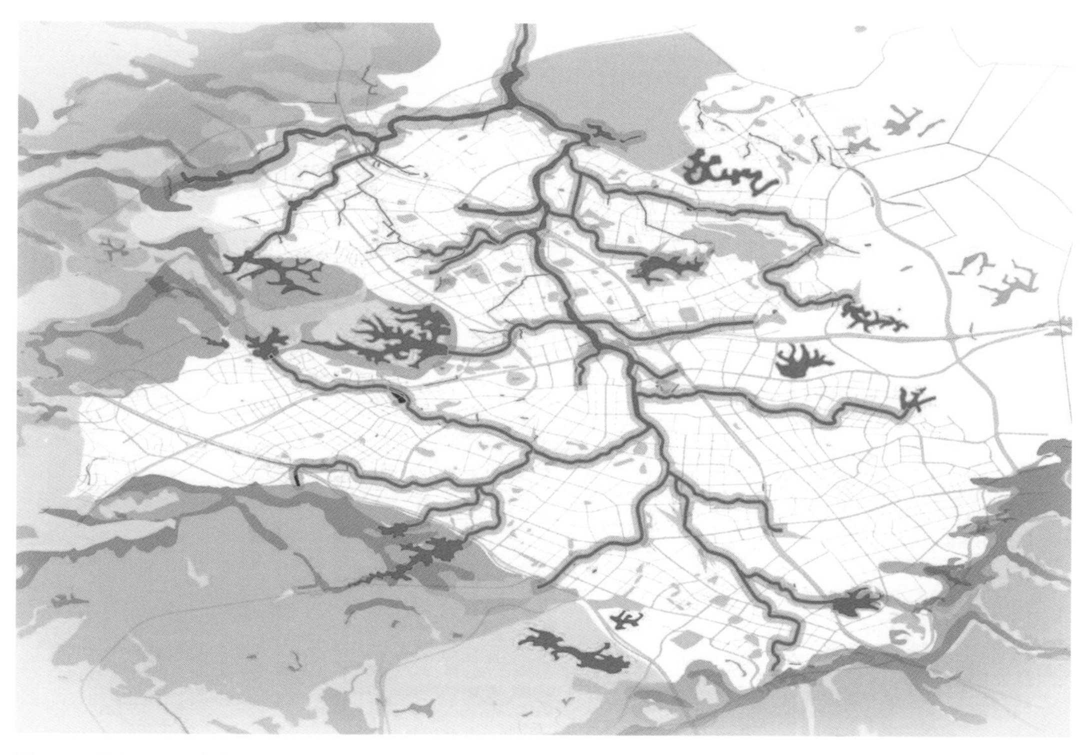

图 6-28 观澜河“一河润城”的蓝图示意

观澜河不仅仅是一条带状的河，其叶脉状的支流水系更是塑造了龙华区独一无二全景式的“叶脉水厅”，在2020年的《龙华区城市设计》中提出以观澜河为中轴、串联支脉，联系外围山体，形成规模化的自然系统，在2021年的《龙华区景观风貌规划》中把“一河润城，十八叶脉皆通水”作为重要的城市特征，在此结构上进一步丰富和完善城市的公共体系，形成“一水通百园、临水即公园”的美好城市愿景。

转角遇见河，溯水达青山，河流让城市更美好，这是一条河的故事，更是一座城的故事，城与河的相遇，是城市繁华和自然秘境的融合，那些围绕着河所经历的岁月、所发生的故事，也随着时光的流淌，融入城市的血脉，直至多年后，还会让人们津津乐道、代代相传。

二、城市道路的别样魅力

如果从飞机上俯瞰整个城市，我们会发现城市跳脱了我们平日所见的形象，密密麻麻的摩天大楼都如蚁巢一样无比渺小，大山大水都变成模糊的背景，而真正彰显这座城市存在感的是那纵横交错、四通八达的道路路网，即使相距极远，我们也能感受到那种仿佛渗透到城市骨子里的肌理和视觉冲击力。当城市的规模与复杂性不断提高，它内部的联系就愈发重要，而道路是城市内部和内外部之间最重要的连接网络，是城市最重要的基础设施之一，城市道路交通的发展几乎就是城市发展最直观的标尺。以深圳为例，40年前深圳仅有公路721km，路面多以碎石和沙土为主，而截至2019年底，深圳管养道路总里程8066km，路网密度达到8.4km/km^2[①]，现代化、国际化、一体化的综合交通运输体系为经济社会发展提供了支撑和引领，推动了深圳经济特区的蓬勃发展。

同时道路网也是城市形态的重要组成要素和骨架，塑造了不同城市的风貌和特色。早在3000多年前的《周礼·考工记》中记载“匠人营国，方九里，旁三门。国中九经九纬”，便是对城市路网尺寸和形态的描述；唐长安城“里坊制”所展现出的整齐划一、纵横相交的长安街巷是我们对这座恢宏大气的古城最直观印象；巴黎放射状的路网非常具有辨识度，巴黎人倾向于按照等级化的方式组织权力关系，在长达几个世纪的岁月里，围绕着各种权力中心（宫殿、教堂与市场等），以通过兴建环状城墙的方式向外进行圈层式扩张[②]，而今这种标志性路网成了许多游人对巴黎的第一印象。我国当前许多城市的交通线路在地图上呈现出令人惊叹的“蜘蛛网”，围绕城市的环线不断地向外扩展，道路越建越密，马路越修越宽，这些都成了当下城市道路空间的典型意象[③]。

当道路成为城市里越来越重要的构成要素的时候，它也在重塑我们的城市生活，凯文·林奇在《城市意向》中提及，通道（path）是可以产生印象的主导元素，人们通过穿越通道观察城市，如果主要道路缺乏个性，或容易互相混淆，那么就很难形成城市的整体意象。 而伴随着道路衍生出来的道路景观就是道路个性化最直接的体现。道路的行道树在

---

① 光明网 . 国际性综合交通枢纽城市初步形成 [N/OL]. (2020-07-23)[2022-08-09]. https://m.gmw.cn/baijia/2020-07/23/1301390562.html.

② 凯文 · 林奇 . 城市意象 [M].2 版 . 方益萍 , 何晓军 , 译 . 北京 : 华夏出版社 , 2001.

③ 菲利普 · 帕内拉伊 , 迪特 · 福里克 , 易鑫 , 曾秋韵 . 大巴黎地区——漫长历史中的四个时刻 [J]. 国际城市规划 ,2016,31(2):44-50.

图 6-29 欧洲理想城市平面示意图

图片来源：金广君 . 图解城市设计 . 北京：中国建筑工业出版社 ,2010.

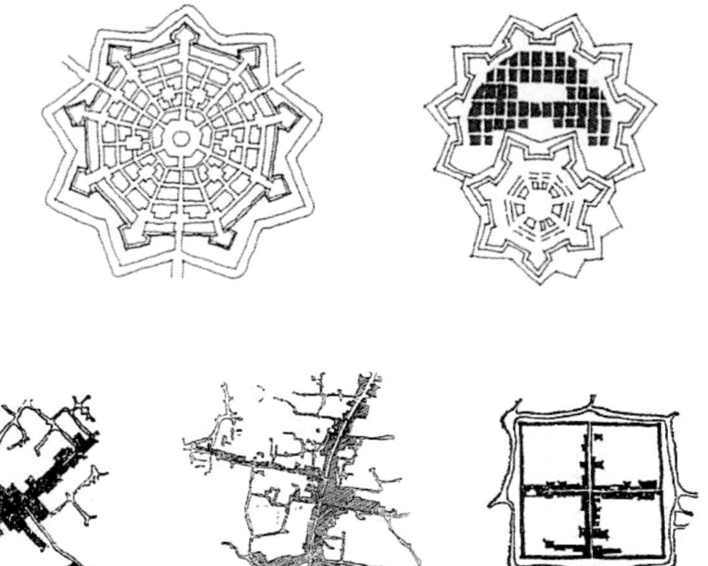

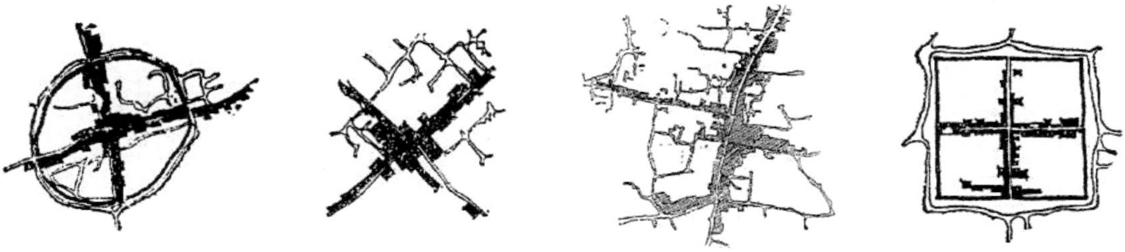

上海的嘉定　　沿河形成十字形的南翔镇　　乌镇　　上海的奉贤

图 6-30 城市与道路的发展关系

图片来源：董鉴泓 . 中国城市建设史 [M]. 北京：中国建筑工业出版社 ,2004.

吸收尾气、实现碳氧平衡的同时还让冷冰冰的道路变得鲜活和温情，道路两侧鳞次栉比的建筑和街景彰显的是城市的性格，沿着道路分布的带状公园和慢行系统承载的是市民丰富多彩的生活场景，道路的建设是为了让城市更高效和快捷，但它不能仅仅成为城市的运输通道，变成阻隔城市生活和生态连通的灰色空间，更不能以牺牲自然环境和城市公共空间体系为代价，而是应兼容车和人的需求，为城市公共生活方式的塑造贡献其价值。

（1）不折腾——城市巨构尺度道路的渐进改善

法国首都巴黎标志性的林荫大道，也被誉为“全球最美街道”的香榭丽舍大街，是很多人向往的旅游胜地，它是主要交通动脉中最负盛名的一段，从卢浮宫一直延伸到拉 · 德方斯大拱门，长度超过 8km。这条世界知名的大道总可以让人们追溯起往日的历史，那些闻名遐迩的纪念碑和富有标志性的城市布局铸造起法国城市规划声名鹊起的350年。3个多世纪以来，作为“现代主义”的起点里程碑，香榭丽舍大街一直是一个全球性的展示窗口，成为巴黎和法国的骄傲。

但巴黎人与香榭丽舍大街之间存在很大的隔阂，通过对步行交通的数据分析证实了这种不愉快关系：漫步在香榭丽舍大街上的所有行人中有2/3是游客，其中绝大多数来自国外，巴黎市民只占这些行人的5%，巴黎市民并不那么喜欢香榭丽舍大街，他们排斥这条林荫大道的原因包括过度旅游化、交通拥堵、污染、过度消费、不透水路面等。2018年，香榭丽舍大街委员会（大道主要的公共和私人利益有关方）邀请PCA-STREAM进行初步研究，以寻求将场地现状与我们当代全球城市更广泛的普遍问题联系起来。研究团队认为不能一味地沉浸在壮丽景色和辉煌历史中，需要重新审视城市发展与人们生活方式的改变以及街道与人们期望错位的现实。香榭丽舍大道迎来一次大刀阔斧的更新，研究团队对香榭丽舍大街的改造设计一共包括5个城市层次，分别是自然、基础设施、出行、功能和建筑环境，整个项目预计在2030年完工，以完美崭新的面貌迎接公众①。

法国有关香榭丽舍大道的故事有很多，在中国，关于大道的故事也在每天上演。随着城市交通的发展，城市居民机动车保有量的不断增长，道路数量不断增加，道路宽度不断加宽，从四车道、六车道，到八车道、十车道，甚至更宽，巨构尺度的超级大道成为我们城市中再平常不过的景观，成为城市发展结构中的重要组成部分，沿着道路两侧汇聚了城市最高的大楼、最繁华的商场、最具活力的空间。曾经，迫切期待发展壮大的我们对大道风景的恢宏壮观仰慕不止，而当城市发展越来越走向精细化管理的时候，巨构尺度下的大道对于我们的城市到底意味着什么?

过去40年，深圳发展的焦点离不开一条载入史册的道路——深南大道。深南大道是见证我国改革开放步伐、浓缩时代精华、与深圳共成长的大道。1979年深圳市成立后，为了不让飞扬的尘土把港商“呛回去”，市政府决定对深圳通往广州的107国道进行改造，从蔡屋围到上步工业区2.1km的碎石路面上铺上沥青，深南大道由此诞生②。40年间深南大道与深圳共同成长，成为一条百米宽，25.6km的大道，它几乎见证了深圳所有的关键历史时刻，也成为这座城市的重要景观之一。

---

① 项目信息来源于《RE-ENCHANTING THE CHAMPS-ÉLYSÉES》，是PCA-Stream建筑事务所应香榭丽舍大道委员会的要求与历史学家、科学家、工程师、研究员以及经济和文化参与者等约50人合作开展的跨学科研究活动。

② 韩长江．见证历史[M].北京：中华书局，2019.

图 6-31 2030 年的香榭丽舍大道和协和广场效果示意
图片来源：PCA-Stream 建筑事务所

图 6-32 1982 年的深南中路，左边为上步村
图片来源：深圳新闻网

图 6-33 2021 年的深南中路
图片来源：Wikimedia Commons，Charlie fong 摄 .https://commons.wikimedia.org/w/index.php?title=File:Shennan_Boulevard_(middle_road)_Hon_Kwok_City_Center_(2).jpg&oldid=687849815.

随着城市的高速发展，深南大道沿线成为城市最中心最繁华的地段，这里有深圳最密集的高楼大厦、数以百万计的工作岗位，是名副其实的深圳财富大道。每天近100万人在深南大道的地面、地下、空中各维度上高效工作和生活。在空中俯瞰深南大道，极宽的路幅和开阔的中央隔离带如同绵延画卷，超尺度地展现城市的动态发展图景，深南大道也因此成为中国改革开放第一路，是众多城市竞相模仿学习的中国景观大道风向标。

在光鲜亮丽的城市名片背后其实还有很多具体的问题和诉求。在过去1个世纪里，道路设计以机动车为主导，深南大道建设之初也同样遵循“汽车至上”的理念，巨构尺度与车行导向的大道思维导致深南大道人性化考虑的缺失，中央极其宽阔的绿带服务了车行的观景需求，但是却很难服务于广大市民；众多立交桥、匝道的桥下空间昏暗局促，慢行系统配套不足，过街设施分布不均，人们想要从深南大道南部步行到达北部难上加难，路幅极宽、车流量极大的深南大道变成了城市的分割带，甚至阻断了城市山—海自然环境通廊的连续性。而且道路两侧许多封闭闲置的防护绿地屏蔽了两侧建筑、公园与街道的交流，生活在两侧人们的公共生活无处承载。

2018年深圳市城市管理和综合执法局主办了《深南大道景观设计暨空间规划概念设计》国际竞赛，希望将深南大道的定位从巨大的交通性干道转变为真正以人为本的生活性城市干道，7家来自国内外的设计机构/联合体一起贡献了集体智慧，为深南大道的功能激活出谋划策。

我们对深南大道整体的概念设计源于理性的坚持和判断，通过对深南大道系统的分析、历史的研究以及对未来发展的预期，认为作为城市巨构尺度的重要空间，其影响力是巨大的，是牵一发而动全身的，在当下政府财政条件有限的情况下不应该花费太多的金钱大动干戈，深圳还没有达到可以奢侈地在20多千米的尺度下去营造城市形象的阶段，还有一点更为重要的是我们认为相比较形象问题，功能问题才是深南大道最迫切需要解决的。

也许没有酷炫的效果图和大手笔的设计，会让整个方案看上去逊色很多，但我们思虑再三，还是明确地提出了“大道至简”的整体设计理念，提出以“不折腾”为工作核心，通过慢行系统的完善、街区边界的缝合、封闭绿地的重塑、生活空间的激活使深南大道回归人本、回归生活。从2018年举办该竞赛至今，又4年多过去了，世界局势风云变幻、新冠病毒感染疫情反反复复、政府财力大幅下滑，国务院办公厅还发布了《关于科学绿化的指导意见》（国办发〔2021〕19号），文件要求“倡导节俭务实绿化风气，树立正确的绿

图 6-34 深南大道横跨深圳市罗湖、福田和南山区，全场 25.6km
图片来源: Wikimedia Commons, Charlie fong 摄 . https://commons.wikimedia.org/w/index.php?title=File:Shennan_Boulevard(West)2020.jpg&oldid=671442438.

化发展观政绩观”。我们更加坚定了所谓“不折腾”的设计理念和渐进改善的工作原则，这其实是内心的一种价值观，是一种坚定，也是为了这座城市更美好的初衷。

从客观上来讲，深南大道的条件是非常优越的，深南大道的超长尺度空间恰似一副展开的恢宏画卷，画卷上有深圳特区 40 多年的发展轨迹，有郁郁葱葱的亚热带植物风光，有不同发展时期留下的特色建筑群，还有大大小小的景区和公园，它是多元的生活画卷、多维的风景画卷和多感的精神画卷。画卷意象让深南大道跳脱“车行道”的狭义概念，变得鲜活起来，而且市民对深南大道是非常有感情的，甚至还有不少人第一次来到深圳，马上为深南大道的繁华和美丽所惊叹，从而决定留在深圳发展。深南大道已经深深地烙印在每个深圳人的生活和记忆中，因此，改造提升不是颠覆重来，而是充分尊重它，尊重历史在它身上留下的每一个印记。我们在改造方案中所提出“大道至简”含有两重含义，这个“大道”既是指超大尺度的城市道路，更是指针对这类大尺度空间的尊重、谨慎、务实之道。对待深圳最重要的一条大尺度道路如何做？大道至简，最深刻的道理往往是最简单直白的。

首先是有限目标，少即是多，深南大道作为超长超宽尺度的道路，其改造提升必然涉及多类问题、多个部门、多个系统，应更加强调有限资源的集中投放，多部门、多系统、多问题的整合协调，审慎地制定改善提升目标和针对性的解决对策，从而使这次改善工作起到四两拨千斤、立竿见影的效果。

图 6-35 深南大道承载了深圳的历史发展和市民回忆

其次是考虑到当前工作的阶段性，既要对现状问题调校修正，又要尽可能地为未来的趋势需求留足空间、预留弹性。因此，工作将从全局最优着眼，从系统完善着手，进行空间资源的盘点和修整。不大拆大建，充分考虑大道的近期实施与未来发展，充分考虑市民的意愿，避免资金浪费，也是给未来无人驾驶等交通变革后的再次提升留有余地。

再次就是巨长、巨宽尺度如何把握。一方面，化繁为简，建立完整街道的概念，进行典型街道断面的一体化设计，通过城市设计的手段系统化解决项目面临的庞杂问题；另一方面，在注重整体协调的前提下，结合深南大道沿线城市组团、功能板块的特征进行段落细分和系统完善，通过景观层次梳理和场所体系完善构建高标准、精细化的街道空间，使之成为耦合两侧功能的链接体。

面对这样一条承载了历史和记忆的道路，首要工作是挖掘、梳理城市文化发展脉络，保护、纪念、再现文化记忆点。比如沿着深南大道，我们可以感受深圳商业金三角的热闹，这里曾经是深圳最繁华的商业中心，也是深圳商业的起点，曾被誉为全国第一高楼的国贸大厦在20世纪80年代创造了“三天一层楼”的建设速度；我们还可以看到“中国第一街”的华强北，鲜活的场地记录了当年“一米柜台”的吸金神话；一路向西，我们还可以游历曾经火爆全国的主题公园群，世界之窗、锦绣中华、欢乐谷等承载了一代人的回忆；我们还可以在高新园感受现代深圳高新科技的脉动……从过去到现在，经典的年代和事件在深南大道两侧留下了数不清的场地印记，我们可以做的是让深南大道成为一条带状的城市博物馆，拥有更强的可达性、更多的公共互动场地、更有趣的主题小游园，以及各类小广场、小标识、场地科普标牌，通过景观的语言去记录城市时代更迭历程，留存场地记忆。

最后，面对破碎化的公共空间，应该做好缝合和修补。深南大道现状的道路红线两

与 商务办公

目前办公楼区域围合景观较多，应考虑办公楼前广场与人行道加强联系，绿带应丰富停留空间，让人们工作之余拥有休闲空间，带动人气提升。

与 公共服务

逐步取消沿街大型停车场，改善环境，集中设置大型公共地下停车场，或利用建筑之间设置立体停车场、临时停车。

与 社区

绿带应与社区空间联系，完善社区配套，尤其是缺乏社区配套的城中村，打造社区公园特性，保持社区活力。

与 公园绿地

通过打开公园，使公园与道路绿地融合，将公园的活力延续至道路绿地。增设出入口，打造开放式公园，让人们更便捷地进入公园。

与 商业

人行道与商业广场之间应尽量增加高大树木、精致地被。在保持绿带的连续性同时，保证商业广场的通透性。让绿带与广场相互渗透。

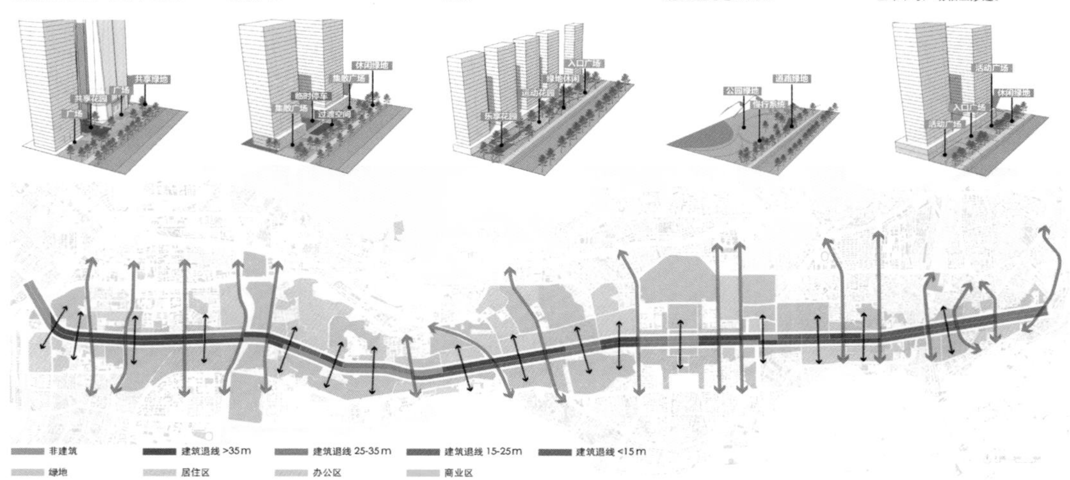

图 6–36 深南大道沿线公共空间改造示意

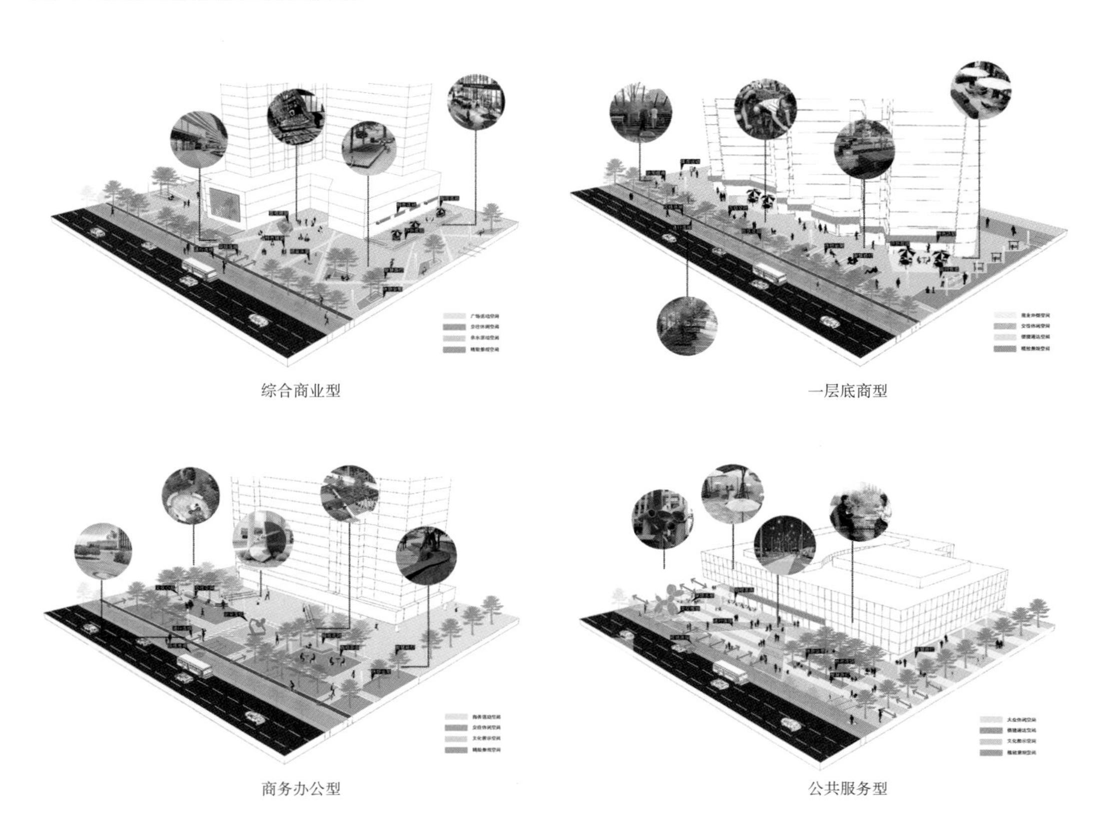

图 6–37 深南大道不同类型公共空间改造示意

侧，街区空间与建筑退线空间由于权属问题各自为政，如果可以将城市道路作为公共空间的载体，模糊不同空间的边界，增强内外连接，延伸建筑功能，引入街道生活，可以更好地挖掘街道个性，精准解决需求，实现人性关怀。比如可以考虑将历史文化街区的围墙打开，将公园的围墙拆掉，让风景渗入大道，将办公楼前的停车空间下地，释放更多的公共活动场地，对商业空间的不同标高场地进行渐变处理，塑造高品质、开放灵活的公共空间。通过精进改善各类空间的手段，实现从“背道而立”到“与道共融”。

比起“慢游”，可能大家更喜欢车游深南大道。道路够宽、视野够广、风景够美、但慢行的体验让人诟病。过去的深南大道更多发挥的是车行功能，而对非机动车和步行需求考虑不足，慢行路权不明确、品质参差不齐，管理及引导系统的缺失导致交通秩序混乱，甚至容易引发安全事故。因此在深南大道的功能完善中，关键工作之一就是以人的需求为出发点完善慢行功能，通过构建双向立体复合慢行网，打造轨道/公交+慢行的一体化出行系统，并通过连接社区绿道与城市绿道，串联城市内公共空间，使绿道成网，构建5分钟生活网、15分钟通勤网与30分钟休闲网。

激活场地内封闭闲置的绿地可以为深南大道释放更大的潜力。道路绿化带是丰富道路

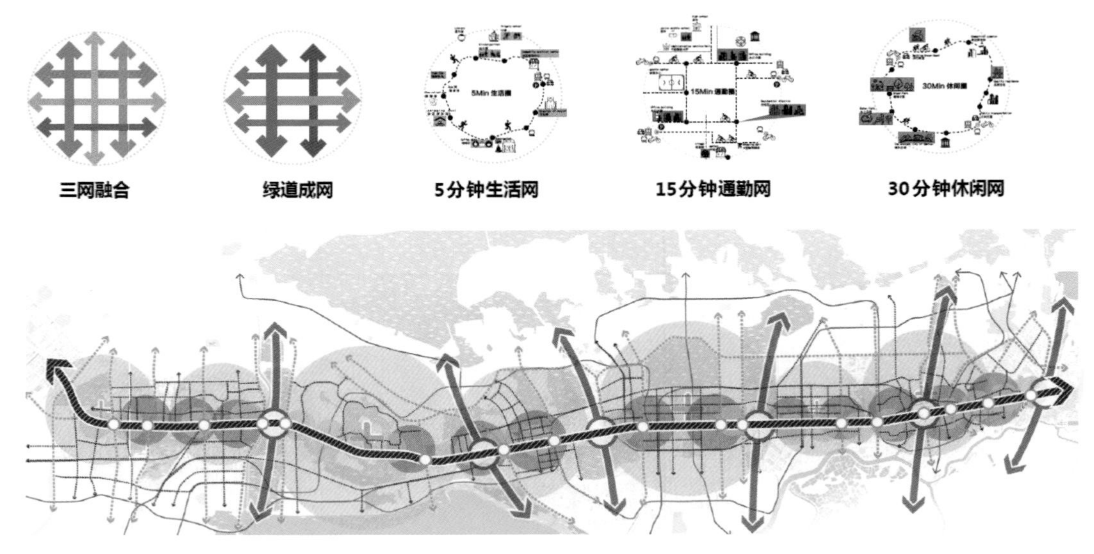

图 6-38 塑造深南大道 56.8 km 立体复合慢行网

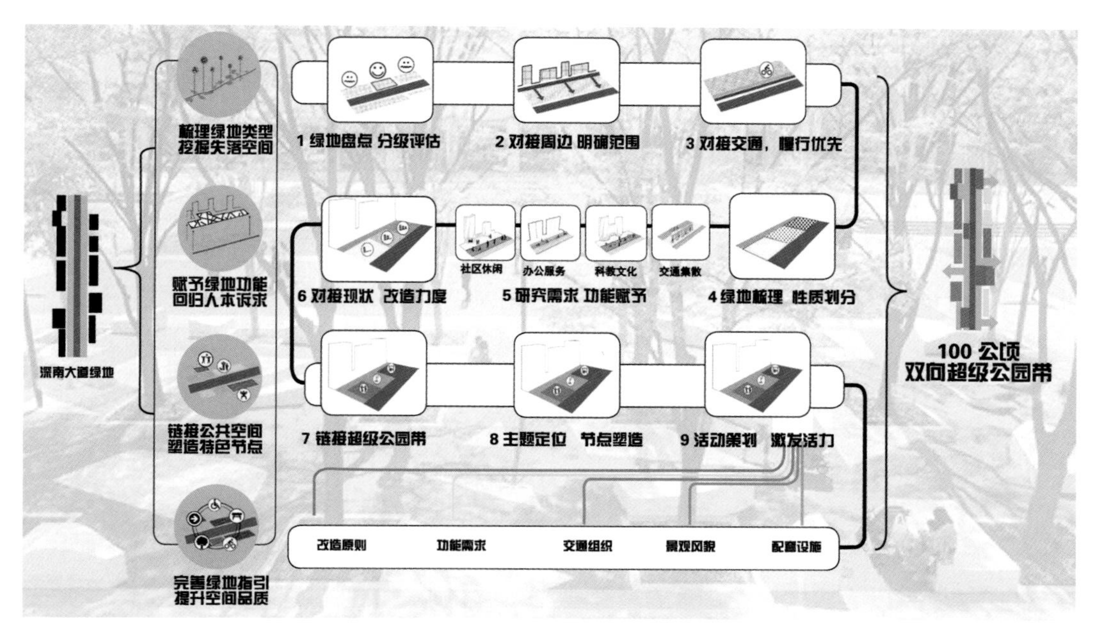

图 6-39 从多维角度打造 $100hm^2$ 双向超级公园带

景观、提升空气质量、完善城市绿地系统的重要载体，尤其是城市干道两侧的绿化带，一般都比较宽，发挥着重要的生态效应和防护功能。但在车水马龙的干道旁边，绿地的游憩价值并不高，一方面市民不方便到达，另一方面就是许多绿地在建设之初并没有考虑到游憩和使用的需求，深南大道两侧的绿化带面积总量大、但树木生长很郁闭，林下不太适合进入，而且很多立交桥下、街角和建筑前的绿地地块小，形态各样，不好利用，还存在很多消极灰色的空间。在对绿地进行盘点、分级评估的基础上，我们充分对接周边用地，挖掘“失落”空间，以 $100hm^2$ 的超级公园带的概念串联十八大城市公园，策划了二十大主题节点公园，还可以实现用地复合利用，例如将现状的地面停车场上方处理成上盖的台地花园，将科学馆附近的密闭林下空间打造成儿童喜爱的科学花园，将办公用地前的封闭绿带改造成为具有企业文化的休闲空间，将防护绿地梳理成具有活力的主题商业空间。封闭的绿地可以因此重新焕发生机，再结合多元文化展示、活动策划、城市庆典等一系列活动的开展，让昔日的“失落”空间转变成为活力之地。

大数据为智慧街道的建设提供了技术上的支持，通过人群分布热力图、人口画像等数据的分析，了解深南大道每一段人口的构成及行为，结合周边用地功能，将街道转变为承载城市生活的公共空间。这些公共空间强调人性化的改善，关注城市里的弱势群体。电子市场前设置了为快递员和送货工人的休闲座凳；地铁站旁的绿地为密集的人流提供了舒适的通勤空间；居住区前为老人与小孩提供了健身娱乐的活动场地；肃穆的邓小平画像广场前增加了充满活力的市民互动喷泉，氛围更为欢快。城市生活在这里发生，深南大道成为深圳现代版的"清明上河图"。

曾经几何，恢宏壮观的景观大道成为现代化的代名词，让不少城市竞相效仿和建设，这类完全由人工建设形成的、动辄十几公里长的超级城市廊道不可避免强势地影响了原本的山水自然格局和城市肌理，大量城市道路造成城市土地硬化面积不断扩大，地表水体污染、地下水枯竭、温室效应加剧，加上机动车噪声和尾气，几乎可以说城市环境质量恶化与城市道路的发展速度成正比。

同时大建筑、大马路和大公园让人们失去在城市街道穿行的乐趣。城市大量空间被宽阔的城市干道和高架路分割破碎，即使建成游园，也要面临嘈杂的噪声和汽车的尾气、粉、尘。人的行动被限制在狭窄的人行道上，稍不注意就要面临汽车呼啸而过的危险，近在咫尺的地方往往要绕行很远才能到达。这都是"大"带来人的行动不便，"大"让城市道路景观的人性缺失①。

但"大"同样给我们带来了一次契机，那就是如何在城市二次存量更新的背景下基于大尺度廊道空间去整合更多的城市功能和公共空间，为空间资源极度紧缺的城市提供更多空间提质的契机。深南大道从过去的车行、观光型功能转变为承担慢行、生态、休闲、景观、智慧、文化等多重复合功能，使道路成为最有活力的城市公共空间，在全国来说都是个创举，未来也将是城市道路的重要发展趋势，深南大道的功能完善也是探究城市巨构尺度下道路景观升级途径的一次有益尝试。

（2）公园连道——用道路将公园串联起来

1933年，由国际现代建筑协会发布的《雅典宪章》首先提出了城市功能分区的概念，在漫长的城市化发展历程中，道路发挥着联系不同功能分区的作用：连接居住区和办公区、

---

① 李磊．城市发展背景下的城市道路景观研究 [D]. 北京：北京林业大学 ,2014.

图 6-40 新加坡基于车行路两侧设立的公园连道
图片来源：Kylle Pangan 摄

商业区，居民可以通过道路进入日常通勤圈，参与到社会活动中；连接生产区和交通枢纽，让生产的货物最高效快捷地到达物流端；连接港口、码头和机场，拉近人们和世界的距离……近些年来，城市道路总体上朝着以人为本、步行/自行车友好的方向发展，人们在规划中越来越重视道路的慢行系统连接、绿化带的建设和沿街公共空间的塑造，道路可以承载更多人们的日常。因此，道路另一个连接功能也慢慢进入我们的视线，那就是连接公园、连接绿地、连接风景。

城市公园的规划布局常常讲究公平性和均衡性，比如《国家园林城市评选标准》里规定了每10万人拥有的综合公园个数，公园绿化活动服务半径覆盖的居住用地面积占比等，但是对公园和其他城市组团之间、公园和公园之间的联系却少有硬性要求，但这往往是公园使用的硬伤。如果市民得穿过暴晒的大马路、治安糟糕的街区、慢行不友好的街道，历经重重“险阻”才能到达附近的公园，相信对公园的体验会大打折扣；如果公园本身生态环境很好，生物多样性也很高，发挥着重要的生态功能，但却和其他的绿地隔绝开来，如同城市中的孤岛，也同样不利于城市整体生态价值的体现。因此平面图上公园的高覆盖率并不等同于实际的高效使用率和生态效应，将公园连接起来非常重要，市民们可以一边走一边逛，轻轻松松地来到公园，公园内外都是风景，小松鼠和青蛙也可以去其他公园“串门”和“交友”，使城市公共空间体系更具系统性和连通性。

但现实情况是高密度建设的城区并不一定有足够的空间去建独立的绿道或生态廊道，因此，从大尺度开放空间的角度，充分地利用道路的慢行系统和绿化带，发挥连接的作用，成为许多城市的尝试。例如新加坡的公园连接道系统并不全都是独立的绿道体系，也包括一部分基于车行道保留区的绿道，它一般由车行道及其两侧的路侧带组成。路侧带宽度各异，但通常包括排水暗沟上的步行道、行道树栽植带、服务性边沿，新加坡公园局计划利用已有的步行道作为慢跑径，而服务性边沿兼作自行车径。为保证连续性，绿道在道路交叉口设置交通信号灯、地下通道或人行天桥等[①]。

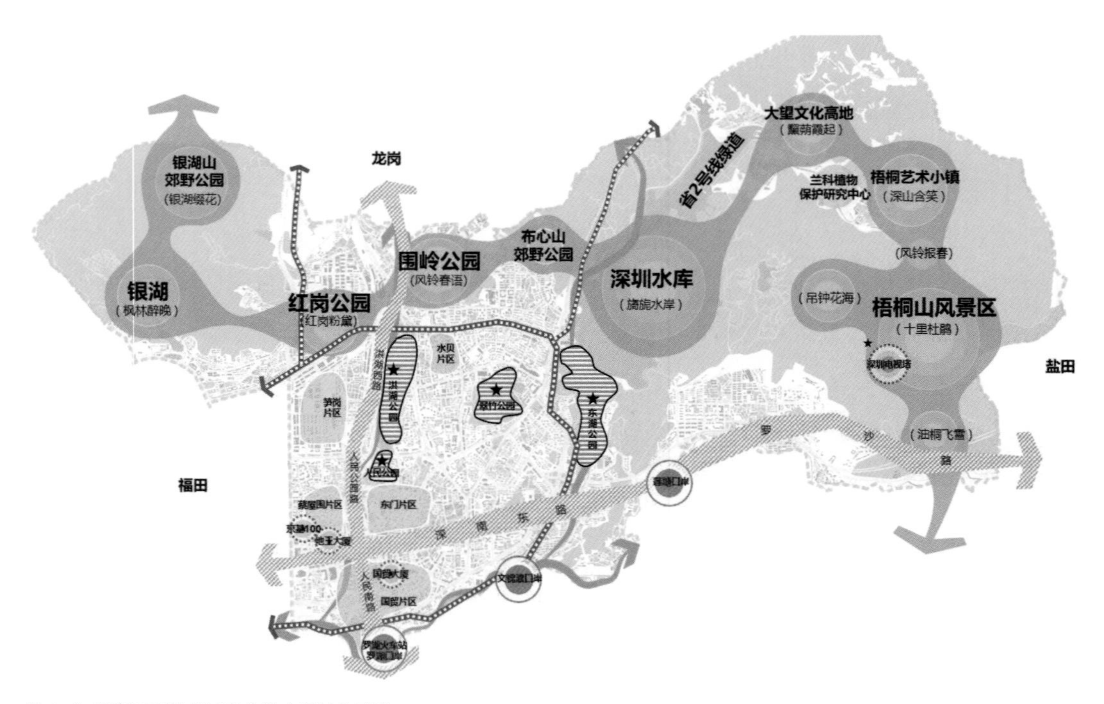

图 6-41 罗湖区打造花城意象的空间结构示意

① 张天洁，李泽．高密度城市的多目标绿道网络——新加坡公园连接道系统 [J]. 城市规划，2013,37(5):67-73.

深圳市罗湖区是典型的用地紧缺的高密度老城区，在2017年的《罗湖区花城建设专项规划》里便提出了依托城市道路联系最具特色的城市公园和城市片区塑造城市典型意象。人民南路 — 人民公园路 — 洪湖西路的南北轴连接起金三角商圈、人民公园和洪湖公园，这两个公园都是特区成立之初最早建成的一批城市公园，人民公园的月季展和洪湖公园的荷花展是每年的公园盛会，由此衍生的花卉主题文化成为罗湖区的地域特色之一，因此公园道不仅在空间上联系公园和外部的开放空间，更是把公园文化渗透到城市里。在每年的月季展和荷花展期间，可以依托人民公园路开展丰富多彩的花卉主题空间展示，还可以将花卉文化常态化，结合道路一侧的河流和铁路风景构建一条景色优美、步移景换的特色步道。深南东路 — 罗沙路形成的东西轴线则是依托深南大道两侧丰富的公共空间和罗沙路的绿化带打造以植物景观为特色的公园道，并将老城区和东部的生态组团串联到一起，骑着单车，既可以去老城区感受老罗湖的风情，还可以一路向东奔赴大山大水[①] 。

图 6-42 罗湖区的林荫路景观

① 项目信息来源于《深圳市罗湖区花城专项规划》，由深圳市蕾奥规划设计咨询股份有限公司规划编制。

在2019年的《罗湖区市政道路绿地和社区公园品质提升专项规划（2019—2030年）》中①，罗湖区对公园道进行了更为深入的研究，针对“四横四纵”的城市主干道进行优化，对于现状路侧有绿带有步行空间的道路给予“特别关照”，整体打造公园道系统；对于步行空间不成熟的道路进一步梳理林下空间，创造步行的可能性，保证公园道连续性，同时提升街旁绿化带景观环境，避免杂和乱，融合景观小品巧妙设计座椅、健身等设施。在我们的规划中，28条公园道串联6个综合公园和67个社区公园的出入口，构成连续成环、舒适优美、活力丰富的公园道体系。

同时我们还把目标聚焦到了分布更广的次干道和支路。罗湖区许多道路建设年代比较久远，虽然风貌略显陈旧，但浓荫蔽日的行道树成为其最大特色，为南方炎炎夏日里人们的出行保驾护航。这种林荫路景观成了天然的公园带，人们在此乘凉纳暑、交流互动、逛街漫步，因为临近居住区和商业区，反而成为使用率更高的公共场所。根据调研显示，罗湖区是全市社区公园密度最高的城区，这其中又有69%的社区公园是沿着这些道路分布的。通过对117条林荫路进行更为人性化的小微改善，包括加强遮阴树种的养护和管理、慢行空间的完善、和公园的无障碍衔接、配套设施的补齐等，公园建设和道路绿化提升一体化统筹考虑，使罗湖区的公园内涵又得到了进一步的拓展。

再结合道路绿化带和一些其他绿地空间的挖潜增绿。在现状社区公园的基础上还可以新建很多沿街的小微口袋公园，我们又将这些公园细分为沿街型、街角型、游园型和台地型等不同类型，为它们赋予多样的场地和丰富的功能。通过不同层级公园道的建设，“逛着公园去公园”应该是很快就可以实现的蓝图。

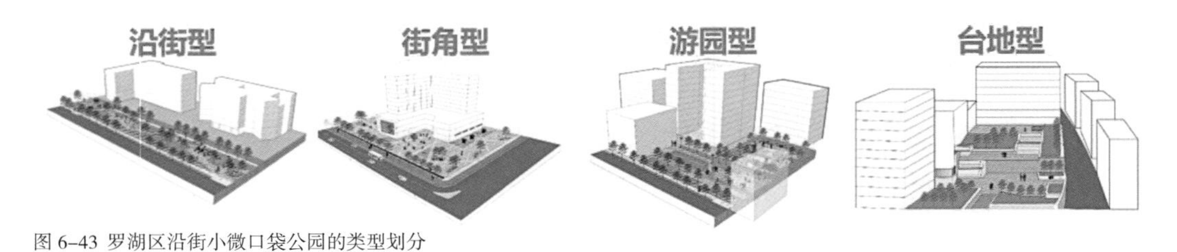

图6-43 罗湖区沿街小微口袋公园的类型划分

① 项目信息来源于《罗湖区市政道路绿地和社区公园品质提升专项规划》，由深圳市蕾奥规划设计咨询股份有限公司规划编制。

三、从“+公园”到“公园+”

随着城市的发展，居住在城市里的人们拥有更为多样的休闲方式，而许多休闲方式都会在公园里发生，比如下班后去体育公园打打球，去家附近的社区公园遛遛狗，傍晚去滨海公园跑跑步、吹吹海风，周末到了还可以去城市近郊的森林公园爬爬山，一家人去公园露营野餐等。公园功能多种多样，规模大小不一，人们可以按需求选择适合自己出游的公园，公园是城市的居民难得的可以亲近自然的空间。

但是这种看似理所当然的生活方式对于数百年前的普通民众来说却遥不可及，在城市化初期，许多最早步入工业化的城市里空气浑浊、环境压抑、街道嘈杂，市民们能够消遣娱乐的空间都极为有限，并不能享受城市的自然风光。到19世纪中叶，城市环境问题愈加严重，生活在城市的人们苦不堪言，政府为提升居住环境品质，才出现私家园林，并逐渐向大众开放，从而出现向公共公园的转变[①]。该时期公园建设的初衷是为了给市民提供新鲜空气，隔离居住区与其他区域，从而减少疾病的发生[②]。 在这个背景下，1847年英国利物浦建成被公认为世界园林史上的第一个城市公园——伯肯海德公园(Birkenhead Park)，标志着“公园”正式进入城市建设的舞台。随后1858年，奥姆斯特德和沃里斯设计的美国纽约中央公园“绿箭”方案也掀起了美国全国性的城市公园设计与建设运动。这场城市公园运动使得普通市民拥有可以免费使用的公园场所，勾起人们对城市公园以及自然景观的憧憬与无限向往。相较于西方，我国的公园发展进程要晚许多，1886年，距离纽约中央公园规划设计已经过去28年，处于清朝末期的中国，慈禧太后以“筹措海军”的名义挪用海军军费来重建被英法联军焚毁的颐和园，虽然颐和园是世界园林史上的瑰宝，但在西方的公园建设已经如火如荼的时候，清朝政府仍在倾举国之力建造一座服务于皇室贵族的私家园林，这样的对比不免让人唏嘘。

第一次鸦片战争后，西方列强开始在中国设立租界。他们把各自国家当时的城市建设手法引入中国的同时，也把在西方发展日益成熟的“公园”概念带进了中国。我国近代第一座城市公园为上海租界的外滩公园，英文名称为“Public Garden”。1866年，它由上海

① 刘竹柯君．试论 19 世纪英国城市公园的兴起成因 [J]. 国际城市规划 ,2017,32(1):105-109.

② 赵晓龙，王敏聪，赵巍，等．公共健康和福祉视角下英国城市公园发展研究 [J]. 国际城市规划 ,2021(1):47-57.

图 6-44 位于英国伦敦的海德公园是伦敦市中心最大的皇家公园，于 1637 年开始向公众开放
图片来源：Unsplash，Simon Hurry 摄

公共租界工部局利用洋泾浜中挖起的泥土填平沙滩建造而成。1887年6月，维多利亚花园（又称“英国花园”）在天津英租界正式开放，是天津的第一座公园。此后，在清末和民国的数十年间，仅在上海、天津和青岛等城市，就有30余座租界公园开辟。租界公园都是给外国殖民者运动休闲用的，并不能为当时的中国大众使用，但向国人展示了西方的公共生活形态[①]。那时的中国人看见在公园里打羽毛球和网球、开露天音乐会和看电影的洋人，眼中满是新鲜与羡慕。

图 6-45 上海租界的外滩公园，英文名称为“Public Garden”
图片来源：Virtual Shanghai 虚拟上海

这种公园面向公众的理念冲击了当时人们对园林的理解，引发了国人对拥有公共空间的向往。也是这个时期，国人开始倡导并争取中国人应该有自己的公园，例如1922年广州市市政厅发布《广州市政概要》，其中《工务局报告书》中详细描述了1921年工务局制定的第一份《公园实施计划》：“本局规划广州市公园，暂定五处，除西关东山两

① 中国青年报．中国城市公园演化史[N/OL]. (2019-11-1)[2022-08-09]. https://baijiahao.baidu.com/s?id=1648938246909782751&wfr=spider&for=pc.

处所该居民自行组织外，由全市公共建设为第一公园、第二公园、第三公园。”①

如今的公园像绿色宝石般镶嵌在城市大大小小的空间里，它们不再是某小部分人的专属，而是真正以“公”为核心特征的园。“公”表现为“公共”，公园是属于全社会共同所有的公共资源，也是城市的公共资产，每个人都有权利去使用它、守护它，同时每个动物也拥有同样的权利；“公”表现为“公平”，无论性别、年龄、收入、国籍，当人们在生活中需要休闲喘息时，都可以随时来到公园里享受自然，感受愉悦；“公”还表现为“公开”，现代的公园是开放的，而且越来越趋向于打破围墙、模糊边界，以更包容的姿态融入城市，融入人们的生活。

过去几十年的城市园林建设强调公园增量，强调公园内部的景观好不好看，绿地率达不达标，公园的数量和城市的发展成正比飞速提高，人们的生活水平也在飞速提高，但是我们的公园是否足够的公共、公平和公开？“公”意味着公园需要更具包容力，更具接纳力，“+公园”不难，“公园+”却还有很漫长的路要走，公园本身不一定是大尺度景观，但是当公园“+人群”“+城市”“+自然”“+万物”，大尺度景观的奥妙便又体现出来了。

（1）当山丘被城市包围

当我们第一次来到贵阳市开展项目调研时，被当地奇特的地貌所吸引，印象最深刻的是在典型的喀斯特地貌环境下形成的一个个山丘，当地人俗称为“坝子”或“平坝”，星罗棋布，广泛地镶嵌在城市内外，如同天女散花般在大地上撒下了一颗颗绿色的宝石，形成了一道独特的风景线。据统计贵州符合喀斯特地貌的面积是10.91万km^2，约占贵州国土面积的62%，居全国之首，是全球喀斯特地貌发育最典型、最复杂、景观类型最丰富的地区之一。一方面，喀斯特地貌在一定程度上制约了当地社会经济发展和城市建设；另一方面，喀斯特地貌的地区也蕴含着独特的山水资源和地表风貌，山奇、水灵、谷美、石秀，处处成景，成了当地极具旅游发展潜力的空间②。

以贵阳市的观山湖区为例，随着城市的发展，建成区规模不断扩大，原来位于城市郊区的峰丛、丘陵逐步被围合在城市内，形成“山中有城、城中有山、群山环抱”的空间格

① 周柳琳. 广州公园规划历史档案探究 [J]. 城建档案 ,2016(11):80-82.

② 新华社. 生态治理点“石”成金——中国为喀斯特治理难题提供解决方案 [N/OL]. (2021-07-21)[2022-08-09]. https://baijiahao.baidu.com/s?id=1705264080804535053&wfr=spider&for=pc.

图 6–46 贵阳典型的喀斯特地貌，一个个起伏的小山丘嵌入城市
图片来源：Pixabay，lin 2015 摄 . https://pixabay.com/en/city-skyline-cityscape-3106590/archive copy.

局，当这些山丘被城市的建筑群逐渐包围，慢慢成了显著区别于高楼大厦的独特景观存在，它们许多被改造成了城市公园，为市民提供休闲运动的天然场地。这并不是城市发展历程中的个例，事实上在城市持续的发展演变过程中，城市与自然的关系也在改变，以自然山体为代表的这些大尺度绿色空间的角色和身份也发生了翻天覆地的变化。当它们位于城市内部甚至城市中心的时候，城市的生态环境是否变得越来越好了？市民是否和自然越来越接近了？抑或它们只是成了这座城市里孤零零的生态孤岛，杂乱蛮荒的无人区，甚至成了制约城市发展的障碍？这一切都要看我们怎么去对待它们——独具特色的城市山地公园。

在观山湖区的发展战略研究中，我们将保护这种城区内部典型喀斯特风貌的山丘景观作为重要策略，并适当地将其公园化、景观化，为避免对山体内部产生过多的生态干扰，还增加山丘与周边用地的生态缓冲区，尤其关注在这种高度城市化的环境下如何维持内部的生态系统的稳定性。我们选取了3个本地典型的指示物种中白鹭（Ardea intermedia）、猕猴（Macaca mulatta）和棘胸蛙（Quasipaa spinosa），结合它们各自不同的栖息地和觅食方式进行场地的栖息地格局分析，以及基于阻力面分析其生物迁徙廊道，在此基础上划定山丘和山丘之间的生态廊道，寄希望于我们能够找到一种折中的方式，既满足于市民对公园的需求，又能确保这些生态孤岛上的生物可以相对自由地流动。这些生态廊道包括独立划定的带状公园绿地和城市绿廊，也包括道路附属绿地、各类防护绿地、街头绿地以及绿道，在满足适度游览观光的功能基础上，维护城市整体生态格局的完整性和特色性①。

同样的故事也发生在深圳，低山丘陵的地形地貌塑造了形式多样的山地公园，2005年

图 6-47 我们在观山湖选择的 3 种山地常见的指示物种

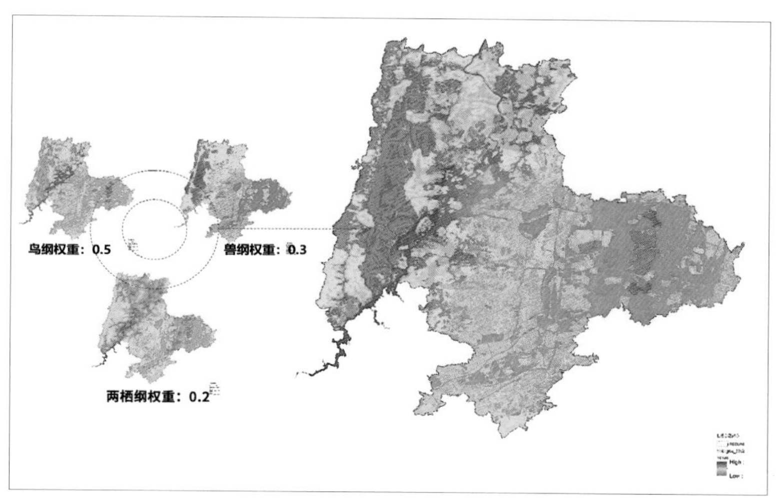

图 6-48 3 种指示物种权重叠加基础上的生物迁徙安全格局分析

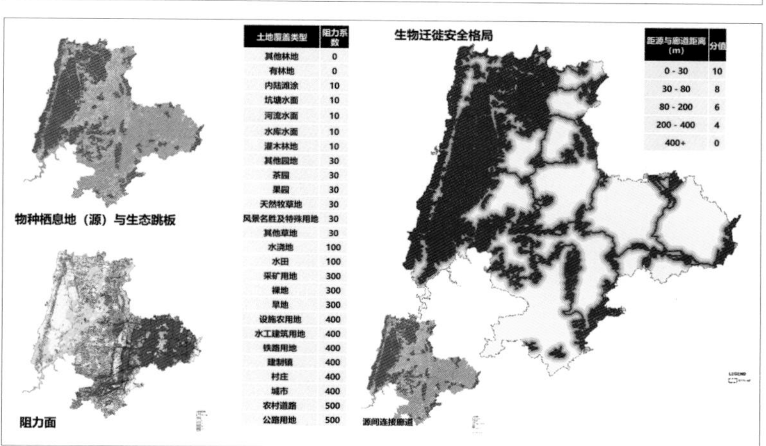

土地覆盖类型	阻力系数
其他林地	0
有林地	0
内陆滩涂	10
坑塘水面	10
河流水面	10
水库水面	10
灌木林地	10
其他园地	30
茶园	30
果园	30
天然牧草地	30
风景名胜及特殊用地	30
其他草地	30
水浇地	100
水田	100
采矿用地	300
裸地	300
旱地	300
设施农用地	400
水工建筑用地	400
铁路用地	400
建制镇	400
村庄	400
城市	400
农村道路	500
公路用地	500

距源与廊道距离（m）	分值
0 - 30	10
30 - 80	8
80 - 200	6
200 - 400	4
400+	0

① 项目信息来源于《贵阳市观山湖区总体发展战略规划》，由深圳市蕾奥规划设计咨询股份有限公司规划编制。

深圳市划定基本生态控制线的时候将坡度大于25%的山地以及原特区内海拔超过50m、原特区外海拔超过80m的高地均划入保护范围内，为城市的生态保护预留了宝贵的空间，但随着周边城市开发强度越来越高，作为城市中越来越稀缺的自然，这些公园也面临着极大的挑战。

深圳大南山公园是坐落在南山区蛇口半岛正中心的一片山体，总面积352hm²，主峰高336m，三面环海，山势陡峭，山上树木茂密，景色宜人，作为整片区域的制高点，登顶大南山，大湾区风景一览无遗。其所处的南山区经济总量连续9年位居广东省区（县）之首，在这样一块寸土寸金、高度建成的城区里能保留如此大面积的一块自然原始山林，实在是非常难得的自然财富，而且其所处的蛇口半岛，历经多次填海建设的空间演变，从小渔村打响改革开放第一炮，到不断见证深圳改革开放的发展历程，孕育了“时间就是金钱，效率就是生命”的改革创新、艰苦奋斗精神，因此大南山既是深圳西部的生态绿心，更是人们的精神高地，具有重要的象征意义①。

但是对于居住在此的居民来说，大南山却是一个可远观难靠近的公园。过去几十年里不同的开发商占地为王，将沿山脚风景资源优越的地块开发建设为各类高档小区、别墅群，成为极少数人独享的空间，也隔断了城市和大南山的联系，现状仅有4个出入口，而且还需要步行通过长长的公路才能正式进入大南山的游览区域。在大南山景区内部也同样面临很多问题，如林相单一，设施老化，活力不足等，这的确是一座风景优美、视野开阔

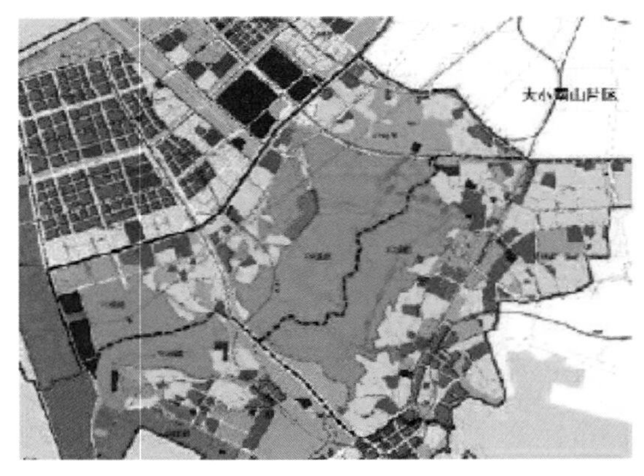

图 6-49 大南山外围以居住用地为主

图 6-50 大南山地形整体鸟瞰示意

① 项目信息来源于《大南山提升改造工程设计》，由深圳市蕾奥规划设计咨询股份有限公司、McGregor Coxall 规划设计。

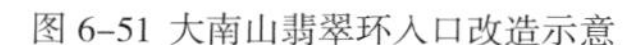
图 6–51 大南山翡翠环入口改造示意

图 6–52 大南山翡翠环创意街区改造示意

的山，但又似乎和其他任何山没有太大的区别。我们在思考南山需要一座怎样的大南山，如何在外围用地封闭、入口少而不便的情况下让大南山更好地融入城市。

大南山的“孤岛”状态需要被打破，如果不能通过点状的方式进入的话，能否“以链破局”？我们沿着大南山山脚规划了一条14km长的翡翠环，一方面以绿道、慢行道为载体，衔接轨道/公交系统，联系各类零散的公共空间，并通过极具标识性的导视系统将游人引导进入入口区，让大家能够更加方便快捷地进入大南山；另一方面通过这个环去打造一个泛大南山游憩网络。在这个环上我们策划了三大主题段、串联五大城市公园、集合四大观光景点、关联两大文化展馆、并新增19个趣味街头计划。你可以选择上山纵览湾区美景，也可以逛逛山脚的博物馆，沿着街边的口袋公园闲聊，在老厂房改造的OCT咖啡店里点杯咖啡，慢慢享受午后阳光，还可以在极具工业风的面粉厂大筒仓前打卡，感受先锋艺术……

大南山所处的蛇口是深圳最大的国际化社区，100多个国家的1.5万余外国友人在此工作和生活，其文化的多样性赋予这条翡翠环更加复合多维的空间解读，不同的艺术表现形式、不同的语言文字、不同的游览方式都可以集中地在这里体现，真正实现“不上山也能玩转大南山”。

登上大南山之巅，仿佛就是阅读一部时代的巨著，前海一湾碧海尽收眼底，鳞次栉比的楼宇沿着海岸线拔地而起，大片工地正在繁忙施工，妈湾港内，货轮缓缓驶向泊位，沿江高速蜿蜒入海，车流滚滚，深圳湾大桥秀美如玉带，“湾区之光”摩天轮傲立天际。再往南远眺，香港机场清晰可见，甚至在天气好的时候，连广州的“小蛮腰”电视塔都肉眼可

图 6–53 大南山翡翠环上的创意节点改造示意

图 6–54 沿着大南山的“森活环”体验丰富多彩的观景方式示意

见，大南山的确是名副其实的“无敌城市看台”。因此在大南山内部我们紧扣“观景”这条线把特色做足，包括名为“森活环”的半山环道和名为“南山脊”的观景步道成为工作的重点。“森活环”的位置位于海拔 90 ～130m。通过对现状地形地貌、已建登山道、景观视线等资源的整合，形成丛林休闲、山林溪涧、荔林野趣、丛林探索、海港眺望等特色主题段，以及森林花台、丛林看台、丛林眺望、芬芳木亭、森林廊桥、荔林秘境、余晖剧场、树屋探险、南山相望、港湾风采等特色主题点，同时栈道沿线每隔约 300m 设置一个休憩小节点、每隔约 500m 设置一个中型节点，每隔约 1000m 设置一个大节点，打造多体验、视线佳的特色森林步道和全景视野看台。“南山脊”沿着大南山的山脊线展开，这里有最壮观的视野，总长 4450m，是一条 360° 纵览湾区之脊、起伏错落的生态健康之脊、汇集多样活动的体验之脊。

大南山精彩的故事不仅仅在于内部的风景，更在于其与外部的联系。与小南山联动讲好南山故事，与蛇口城区联动构建生活场景，与大湾区联动打造“最美城市看台”，从而迸发出城市山地公园的无限可能性。

与位于城市中心区的大南山相比，位于深圳市盐田区的烟墩山公园是一个仅6hm^2、非常袖珍的小型山地公园，但同样具有极度稀缺的区位价值，它是深圳海岸线上少有的临海山地公园，半岛状山体和周围的港、城、湾形成了丰富的场地关系，其西侧紧邻盐田港，东侧和盐田古墟及闻名的海鲜街一水之隔，是夹杂在工业岸线与城市岸线间的生态绿岛，盐田河与海岸在此交汇，大量水鸟在这里的红树林聚集和觅食。它也是明朝烟墩的遗址地和20世纪80年代南海水产研究所旧址所在地，2016年，盐田区同西班牙拉科鲁尼亚市结为国际友好交流城市，烟墩山被赋予国际友好主题，作为两个城市友好交流的见证①。

有山有海有港口、礁石泥滩红树林、白鹭虫鱼蝴蝶舞，烟墩山是生物的乐园，但因为其位于城区边缘，年久失修，知道它的人并不多，有600多年历史的烟墩遗址还有许多具有年代感的建筑几乎都被杂草覆盖，逐渐被人们遗忘。因此公园的复兴成了重要的工作，作为时代赋予的“国际友好公园”这个名号，我们认为“友好”应该体现在多个方面，国际的友好、和平的友好以及生态的友好。

西班牙拉科鲁尼亚和盐田一样，也是重要的港口城市，城市里有一座著名的灯塔叫海格力斯灯塔，它是世界上现存唯一一座仍在使用的古罗马灯塔，也是拉科鲁尼亚的地标。我们在公园的设计中对其进行了等比例缩小复制建设，以此来作为国际友好的见证。由西班牙友人鲁道夫·纳瓦罗设计的名为“Seven People”的雕塑由7个高低不一、形状各异

图6-55 依托明朝烟墩遗址改造为和平广场，用现代的设计手法体现和平友好的主题

① 项目信息来源于《烟墩山国际友好公园景观提升工程》，由深圳市蕾奥规划设计咨询股份有限公司、深圳市朗程师地域规划设计有限公司规划设计。

的抽象人体构成，以其浑厚与静默阐释："人，只有相互适应，才能和平共处，共同感受大海之美，共同抵御大海的风浪。"体现了国际友好的主题。以烟墩遗址为中心的和平广场其创意来源于国际和平符号，周围种植无忧花寓意和平，同时在广场周围放置的现代艺术烟墩，重现点燃烟火传递信息的场景，用现代的设计手法体现和平友好的主题。

同时我们也希望这是一座对生物友好的公园，经深圳观鸟协会调查，烟墩山小小面积内的鸟类多达36种，高大的乔木、稠密的竹林、广布的红树林，公园集森林生态、湿地生态和海洋生态于一体，为生物多样性提供了强大的支撑。一方面我们建立避风塘的截污系统，避免对临海水质的污染，进一步完善红树林湿地板块，降低海水富营养化；同时重新审视所有人工工程，包括渔港、坝、堤、桥以及刚硬的栈道工程，对其整体进行近自然化的改造，并基于鸟类的活动觅食特征，建立鸟类生存隔离区，减少人为干扰。

图 6-56 等比例复制建设的海格力斯灯塔是中西两国国际友好的见证

图 6-57 "Seven People"雕塑由 7 个高低不一、形状各异的抽象人体构成

图 6-58 烟墩山是一座以国际友好为主题的城市山地公园
图 6-59 近自然化的山地边坡改造
图 6-60 利用废旧木头打造的原生态边坡格挡

“山海自然博物馆”的主题也为许多场地活化、废旧建筑再利用提供了灵感，废旧场地根据现状改造成台地花园、海洋科普乐园、航海主题文化园、蝴蝶花园等，耦合生态断点，重塑活力海岸带。

烟墩山公园在深圳是一个非常小众的山地公园，但却在海岸带上发挥了巨大的生态价值和社会效应，它创造了一个新的滨海公共场所，并为更多的鸟类提供了生存的空间。建成后的烟墩山公园成为深圳市“千园之城”盐田区2019年公园文化季开幕式举办地，也是国外友人到访盐田的必去之地，成了深圳众多山地公园里非常独特的风景。

位于深圳市龙华区的背夫山公园面临着让人头疼的场地环境问题。小小的山包被城市建成区包围，早期城市自由粗放的发展对山体造成了难以修复的创面，常规的护坡会带来非常大的护坡建设投入和后期维护成本，而且这种方式简单粗暴地把公园和城市隔离，让山地变成绿色孤岛，存在地质安全隐患，可达性也很差，是对空间资源的极大浪费。陡峭的山坡地也难以作为活动场地来使用，大家只能“望山兴叹”。

图 6-61 背夫山被城市建成区团团包围

背夫山公园所在的观城更新单元提出了全新的“全域立体公园”概念①，希望通过工程技术的手法化解背夫山的“山地之痛”。背夫山公园原始地形与规划道路高差较大，因此对边缘山体进行适当的开挖和填方调整，开挖部分形成退台衔接外围的商业空间，设置阶梯和步道消除高差，保证上山动线的连贯性；填方部分形成平坦开阔的活动场地。用一个“云环”动线串接组团各个板块，提供35000㎡的共享平台，打造体验丰富独特的山水活力社交聚会场，涵盖空中花园、天空运动场、垂帘瀑布、氧气隧道、城市梯田、穹顶植物园等。同时合理利用高差，以TOD站点为核心，地上地下站城一体开发，围绕背夫山构建不同空间体验的节点，打造耦合商贸、文化、公园等功能的云环综合体②。

背夫山山地公园的改造是城市更新融合公园建设的主动创新尝试，弱化边界、扩展和延伸公园的做法释放了更多、更丰富的公共活动空间，通过立体复合的空间组织，绿地面积和公共空间面积都得到了极大提升，也化解了地形的影响，有条件组织更为多样的活动，既方便市民游人便捷进入，更是把公园消融在城市中，对于促进城市品质建设、提升城市公园形象发挥了山地公园积极的作用。

山地公园是自然馈赠城市的绿色珍宝，给了我们一个看城市的新视角，同时山地公园也是我们家门口的森林和荒野，给了我们近距离亲近自然的机会，给了小动物们栖息的空间，是我们在繁华都市里还能保持山水诗意栖居的心灵寄托和空间载体，所以好好地爱护它们，让它们和城市共生共荣也是我们每个人的责任。

---

① 项目信息来源于《观城项目城市更新单元景观体系规划及重要节点概念设计》，由深圳市蕾奥规划设计咨询股份有限公司规划设计。
② 项目信息来源于《生态云谷公园建设工程》，由深圳市蕾奥规划设计咨询股份有限公司、Lab D+H. 事务所、中誉设计有限公司规划设计。

图 6-62 依托背夫山打造生态云谷公园

图 6-63 围绕背夫山打造耦合商贸、文化、公园等功能的云环综合体

(2) 小公园的大力量

拥挤的城市、高速的工作和生活节奏让城市居民都渴望在公园中放松心情、享受和自然亲近的愉悦，但是城市里往往用地紧张，能够建设大公园的场地少之又少，每到周末节假日，城市公园里接踵摩肩、人满为患，还有老大难的停车问题、洗手间问题让大家对公园望而却步，口袋公园、小微公园等以更加灵活的布局方式、更加广泛的分布，成为高密度城市中居民休憩需求的解决之道。

口袋公园，也称袖珍公园(Minipark 或 Vest-Pocket Park)，是指规模很小的城市开放空间，它们常呈斑块状散落或隐藏在城市结构中，直接为当地居民服务。这个概念最早是风景园林师罗伯特·宰恩（Robert Zion, 1921～2000）的公司宰恩布润联合公司（Zion & Breen Associates）于 1963 年 5 月在纽约公园协会(Park Association of New York) 组织的展览会上提出的“为纽约服务的新公园”的提议，它的原型是建立散布在高密度城市中心区的呈斑块状分布的小公园 (Midtown park)①。

近些年来，“口袋公园”的概念引入中国，得到了很好的实践，比如在深圳现行的2012年公园分类体系里，社区公园又按照不同的规模被细分为街心公园、口袋公园和社区公园等②，在实际的使用中，这些小微公园往往突破城市“绿地标准”的限制，突出社区公园的公共物品属性与公共领域空间所具有的社会学属性。社区公园不仅是市民的公共资产，同时也是一种承载日常交流、娱乐休憩、文化活动、锻炼健身等公共生活的重要空间载体，其用地构成复杂，不仅仅由公园绿地，还包括利用许多防护绿地、广场绿地、道路附属绿地，甚至商业用地和居住用地的附属绿地建设而成。

在龙华区，我们一方面努力通过更新补绿、依法增绿等方式增加新建公园数量，确保居住用地公园服务半径的全覆盖，提高公园服务水平；但另一方面我们也意识到深圳用地稀缺、土地价值昂贵，法定绿地的建设在错综复杂的利益博弈中举步维艰，公园从用地审批、立项、设计到最后建成是一个漫长的过程，我们需要有更多灵活多元的建设方式。因此依托“公园城市”理念，我们大力发掘公园化的场地，在非法定的口袋公园、小微公园上做文章，搭建起一套法定体系和非法定体系相结合的更广义的公园体系③。

图 6-64 佩雷公园作为全世界第一个口袋公园，成为各国竞相学习借鉴的典范
图片来源：Jim.henderson 摄 . https://commons.wikimedia.org/w/index.php?title=File:Paley_Park_jeh.jpg&oldid=729331005.

① 张文英 . 口袋公园——躲避城市喧嚣的绿洲 [J]. 中国园林，2007（4）.
② 信息来源于《深圳市公园建设发展专项规划（2012 — 2020）》。
③ 项目信息来源于《龙华区景观风貌规划》，由深圳市蕾奥规划设计咨询股份有限公司规划编制。

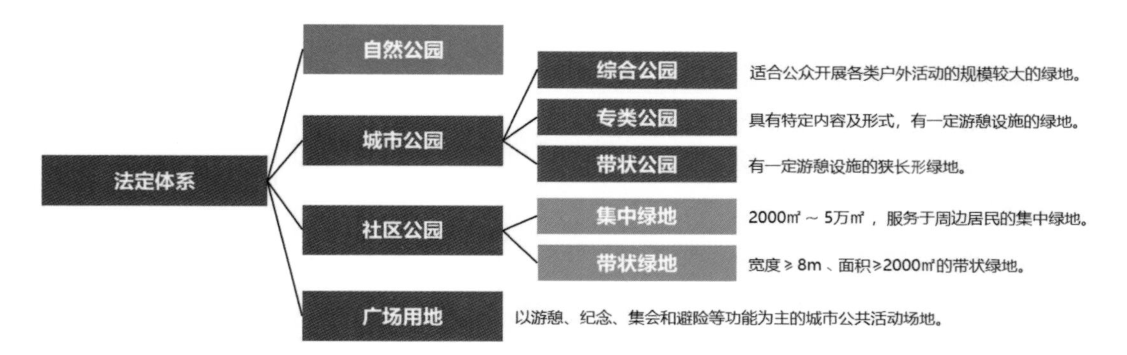

图 6–65 公园体系

图 6–66 在城市更新中可采用的 6 种增绿手段

比如结合城中村整治，将路旁、街边、房边等微小闲置的空间利用起来，辅以简易配套设施和绿化活动空间，可以充分发挥社区的能动性，鼓励社区居民、村集体和社会能人充分参与，努力将其改造为具有社区特色的口袋公园、小微公园，让市民在家门口就能拥有配套完善的公共空间。道路的街角空间也可以充分地利用起来，这些灰色空间多位于路旁、交叉口，现状缺乏管理，绿化杂乱，只需要略加梳理，补充配套设施，就可将其改造

大东门街街角公园

4	300	新澜	位于观澜大道与食品路的交叉口

编号11
面积：142m²
位置：位于观澜大道与食品路的交叉口
现状：街角空地

规划性质：街心公园
规划定位：形象佳、良好的等待空间及穿行体验
规划功能：庇荫、休憩、穿行

- 场地周边交通混杂
- 交通岛面积较大，场地空旷
- 有一棵较大的凤凰木，但周边场地铺装破旧

图 6–67 龙华区大东门街角公园的地块定位

桂花路街头公园

编号5	面积500㎡	新澜	位于桂花路、沿河东路的交叉口

现状分析

1. 场地周边风貌及交通混杂；
2. 广场与商业缺乏便捷的联系；
3. 种植池规模有限，植物长势不佳；
4. 步行空间不够连续；
5. 广场设计较为简单，空间利用不足。

设计面积：约500㎡
场地位置：桂花路与沿河东路交叉口东南面
用地性质：道路用地
设计内容：街心公园
形象定位：形象佳、私密性良好、庇荫效果明显的街心公园
功能定位：咖啡吧、棋牌、庇荫、休憩、桌凳

图 6–68 龙华区桂花路街头公园的地块定位

为聚集人气的口袋公园。还可以将城市闲置用地利用起来，由开发商出资或与政府共同出资建设临时性的运动场地对公众开放，由于闲置地块往往是循环出现的，城市建设过程中不断有地块被开发，因而也不断会有新的闲置土地产生，所以这个政策具备长久的可持续性。结合种种灵活的改造方式，龙华区的公园数量大大得到提高，公园服务范围的覆盖率翻倍，市民绿色福利得到明显提升。

紧接着我们在龙华区的观澜街道又针对口袋公园的发展结合文化复兴进行了新的创新①。观澜街道历史资源丰富、大量客家古村落聚集于此，根据调研统计，观澜街道33km^{2}的土地上拥有1300多座客家民居，其中包括94处不可移动文物、66处碉楼、18处清代古建筑和14处学校私塾遗址。由于缺乏有效的保护机制，许多未被纳入文保单位及历史建筑范畴，但具有一定文化价值的传统建筑及建筑群遭到严重破坏，它们孤独地矗立在密密麻麻的城中村里，成了少有人靠近、逐渐被人遗忘的灰色空间，考虑到这些老村里人口密集、公共服务设施场地严重不足，我们提出了采用政府和社区协作的方式，通过对宗祠、风水池等空间的改造和功能更新，在不动产权、不动用地属性的基础上强化公共功能，以非法定、临时性的小微公园方式提升社区品质。

祠堂是传统客家村落的中心，不亚于教堂之于欧洲村镇的意义，平时一般是承办节庆祭祀活动的场所，也是村民日常活动的中心，为村民提供休闲娱乐的场地，是村落人气聚集之地。在不改变现有产权的基础上，街道办事处协助修复古祠堂建筑，梳理风水塘周边空间，完善配套设施，建设宗祠前广场公园，重塑古村精神核心和特色场地。例如在企坪村建成的企坪公园作为观澜街道2019年的重要民生项目，把宗祠+风水塘+古树+广场作为一个整体进行系统打造，并完善了健身路径、停车场、公厕、垃圾转运站等基础设施，形成面积达2万m^{2}的小型公共服务设施系统，辐射周边近4万居民，弥补了该片区长期以来公共服务设施不足的问题，深受村民的好评。同样的方式也可以用在碉楼的活化利用上，我们重点针对24处碉楼进行保护性开发，打造文化微地标，由企业或业主开发运营，发展私人博物馆或美术馆等文化旅游景点，政府则负责外部环境品质和基础配套设施的完善，“碉楼公园”这样文艺清新的新公园形式便诞生了。

---

① 项目信息来源于《深圳市龙华区观澜街道“城市双修”规划》，由深圳市蕾奥规划设计咨询股份有限公司规划编制。

图 6–69 村口风水塘被改造为受社区居民喜爱的口袋公园

图 6–70 盐田深盐路街头小微花园效果图

图 6–71 盐田深盐路桥下灰空间的利用效果图

甚至我们可以仅仅针对一棵树就建设一个公园。大榕树是岭南地区最具有象征意义的树木景观，观澜街道的城中村里有大量的以榕树为代表的古树名木，是当地特色风貌的重要体现，也是村民日常休憩聊天的重要场地。我们对古树周边场地进行梳理，结合古树名木的保护建设了若干处村民树下休憩场地，以树下微公园的方式为古村赋予新的生机。

在盐田区的深盐路景观提升国际竞赛① 中，我们也采用了同样的手法。深盐路是典型的“小城大道”，它一路向东，贯穿盐田区西部城市组团和中部港区，从都市繁华走向自然山海，正式拉开了大湾区世界级滨海生态旅游带的序幕，自有其大道气势，但同时这里又山环海抱，空间宜人，生活氛围浓郁，具有小街区、小生活、秀而美的滨海城区气质。如

① 项目信息来源于《深盐路景观提升工程方案设计国际竞赛》，由深圳市蕾奥规划设计咨询股份有限公司，法国邑法建筑设计事务所（IFADUR）、法国 Interscene 事务所规划设计。

何营造小街区的生活氛围和盐田趣味是我们重点关注的方向，我们以“5个特色街区+6个趣味花园”的形式营造移步换景的步行友好街道。这里包括以盐田文化为灵感来源、展示盐田自然肌理的古盐花园；以芳香为主题，展示花漾街区的芳香花园；结合高陡台阶幻化为海浪语言的海洋花园；结合珠宝产业园的特性，利用景观材料展示珠宝形态和光泽的宝石花园；在盐田港听潮的音乐花园和挖掘当地民俗文化的疍家花园等。同时借助于滨海特色植物的运用、海洋元素在城市家具、景观小品等的融入，体现盐田的山海浪漫城市氛围。

这些小微公园虽然面积都不大，但是在同一个线性空间里依次展开，空间变化纷呈，给人以变幻多样的空间游憩体验，人们在城市中能不经意地邂逅自然。大尺度景观并不意味着只关注大的空间范畴，大的空间也是由无数小的空间组成的，千千万万个口袋公园、小微公园在大尺度景观的规划设计中蕴含着巨大的力量。

（3）公园化的广场

曾几何时，广场成为豪华气派的代名词，在许多城市，广场越建越大，仿佛在大家心目中，大就是好，大就是不落后，广场几乎都是一个模子复制出来的。有人这样概括当今的广场：“低头是铺装（加草坪），平视见喷泉，仰脸看雕塑，台阶加旗杆，中轴对称式，终点是机关。”可谓描述得惟妙惟肖。龙华区的世纪广场就是这样一个在典型的城市发展时期诞生的典型广场，4.7hm^{2}的广场面积里硬质铺装达到72%，使得场地大而空旷，又缺乏足够的遮阴乔木，这对于居住在南亚热带气候环境里的人们是极度不友好的，各种为了凸显对称和轴线而设置的连廊、雕塑、棚架形式老旧又缺乏实用的功能，也造成了对场地的

图 6-72 世纪广场改造前是个典型的大广场形象

割裂，同时广场四周被道路隔离，密密麻麻的车流让这个广场成了难以靠近的“摆设”。

广场对于城市意味着什么？当我们去欧洲许多城市的广场，阳光照在广场上暖洋洋的，广场周边摆着咖啡座和鲜花，人们三三两两自由悠闲地互相交谈着，民间艺人弹着吉他在吟唱，整个广场充满了无限的生机与惬意，尽管面积不大，却让人感到这小小的空间已成为生活的必需，这才是真正的广场意义所在。相反，有些广场面积不小，但除了让人感到空旷、渺小、无所依靠外，并不能够引发交往和留下深刻的印象，芒福德称之为“广场恐怖”。干干净净、漂漂亮亮，那不一定就是好的广场，充满着市井图画和生活气息才是我们的追求。因此，广场建设的基本出发点应该是简洁实用，为市民服务①。

2017年《城市绿地分类标准》CJJ/T 85 — 2017对广场的分类作了微调，标准中提出当绿地占地比例大于或等于65%的广场用地计入公园绿地。我们城市中这些为市民服务的广场用地属性是公园绿地，这意味着我们更需要用公园的人性化需求和生态需求去看待我们的广场。世纪广场②西侧是龙华区政府，北侧是美术馆，南侧是格兰郡小区和天虹商场，

图 6-73 英国约克的河畔，有散步的情侣，有趣味的市集，生活百态近在眼前

图 6-74 爱丁堡的皇家一英里，艺术节时期的街头艺人表演

① 束晨阳 . 城市广场规划设计随感 [J]. 中国园林 ,2001(1):54-57.
② 项目信息来源于《深圳龙华世纪广场景观提升设计》，由深圳市蕾奥规划设计咨询股份有限公司、深圳翰博设计股份有限公司、深圳市清华苑建筑与规划设计研究有限公司、深圳市市政设计研究院有限公司规划设计。

图 6–75 世纪广场改造完成后的疏林草地和雨水花园

应该成为一个人群聚集功能多元的活力空间，同时其紧邻观澜河，应以多样柔美的河流之水形作为基础，强调人与自然的融合。因此摒弃广场的固化概念，打造公园化的广场是我们的核心设计理念，如何让广场既有形象展示、人群集散的功能，又像公园一样得到有效的利用，是我们设计的重点考量。

世纪广场的原铺装面积大且集中，很难留得住人，因此我们把它重新划分成不同的区域，以适应不同年龄、不同兴趣、不同文化层的人们开展多种活动的需要。北区连接城市东西生态轴线且靠近观澜美术馆，偏生态、艺术，设计内容以疏林草地和雨水花园为主，林下有大片的使用空间，市民可以享受相对静谧的活动，感知自然；中轴偏开敞，设有多功能喷泉，可以喷雾，可以是镜面水景，也可以是音乐喷泉，水聚人气，孩子们喜欢在这里玩水，阳光草坪为丰富的活动开展提供场地；南区更具热闹活力，考虑南方炎热的气候，这一片采用林荫式广场的手法，围合出大小不同的场地，人的逗留和活动行为总是选择那些有所依靠的地方，人们宁愿挤坐在台阶和水池壁上，也不愿意坐在没有依靠的空地上，这里丰富的小空间和边界空间可以供不同年龄的人群在此活动。

广场的建筑应使用分散型的设计手法，目的是削弱它的体量，和景观更好地融合，同时它的构图结合客家建筑的文化传统元素，并重新进行现代化的演绎。建筑整体是圆润的，融合了咖啡厅、书吧、茶室等功能，为广场活动赋予了更多的可能性。同时世纪广场还引入了“微花园”的概念，将广场面向四周的界面全部打开，形成开放包容的城市广场形象，并通过花园空间的植入柔化广场两侧和街道生硬的边界，一些沿街小尺度的花池、座凳、

图 6-76 建筑+树的空间组合

图 6-77 龙华世纪广场改造完成后实景

树荫都可以让大家更方便友好地进入广场，让街道也被广场的生机所影响，成为活力空间的组成。

世纪广场开园后，热闹的人气超乎大家的想象，特别是儿童游乐场地每天都挤满了欢乐的小孩，这也在一定程度上说明了市民们对于公园、对于开放空间的需求有多么强烈。公园化的广场也好，公园化的道路也好，公园化的小区也好，公园可以有无数可能，其本质上也是以“公园城市”为理念，用“公园+”的设计手法更好地为城市提质，为人民服务。

四、绿道定义新的生活方式

“绿道”（Greenway）这一概念在《美国户外报告》（1987年）中被正式提出，此后，“绿道”概念开始被广为接受[①]。 20世纪末查理斯·莱托（Charles E. Little）的《美国的绿道》出版，成为绿道规划的经典读物，查理斯·莱托对绿道进行了较为全面的定义：“绿道通常是沿着诸如滨河、溪谷、山脊线等自然走廊，或是沿着诸如用作游憩活动的废弃铁路线、沟渠、风景道等人工走廊所建立的线性开放空间，包括所有可供行人和骑车者进入的自然景观线路和人工景观线路。”他的研究成果为绿道理论的发展奠定了基础，推动了全球范围内绿道研究的风潮。绿道在不同区域有不同的内涵和做法，例如在欧洲，由于地形条件特殊，许多河流山脉穿越几个城市或国家，欧洲绿道的规划与建设往往以流域、山脉为单位，更注重区域发展战略和生态稳定性的构建；很多西欧研究者认为绿道的实施研究在于保护和恢复那些广布的廊道和“生态垫脚石”（生境孤岛），其功能是构建联系不同核心生态区域之间的生境结构框架，并为景观中的生物迁徙提供便利。同时，在20世纪初欧洲的城市规划领域里，基于绿道理念的绿色网络思想也得到了发展[②]，绿带系统的建设把城市与外围的自然区域连接起来，市民可以更加便捷地亲近自然，开展游憩和休闲活动。

近些年来，绿道在中国得到了较快的发展，尤其是在经济高速发展的广东。2009年开始，珠三角区域率先在国内开展系统的绿道网建设，我国第一部指导绿道规划设计的文件《珠三角区域绿道（省立）规划设计技术指引》正式发布。彼时的珠三角经过改革开放30多年的发展，逐渐成为全国最具发展活力、最具空间潜质的地区之一，城镇化率超过80%，但快速城镇化和持续扩张的建设对自然生态环境造成了巨大的影响，城市发展已经进入更加注重城镇化水平、注重生活质量的后工业化时代，绿道网的规划建设可以对这种大都市绵延带的自然生态本底做一些结构性的链接和修复，将被城市建设用地分割的、孤立的生态斑块进行有效的链接，并且为久居城市中的人们提供释放压力、轻松休闲的场所。广东绿道之所以能够产生巨大的影响，首先在于它的多目标、多功能和多样性。广东绿道网以“保育区域生态，改善城市宜居水平，促进经济增长和发挥社会功能”为绿道的发展目标。多目标的确定，使得绿道的功能和形式都多姿多彩，从而受到社会各界的欢迎[③]。

---

① 张云彬，吴人韦．欧洲绿道建设的理论与实践 [J]. 中国园林，2007,(8):33-38.
② 同①。
③ 马向明．绿道在广东的兴起和创新 [J]. 风景园林，2012(3):6.

在广东省、珠三角以及深圳市的各级绿道规划设计工作中。城市与城市之间的区域绿地的保护和利用涉及许多行政主体和部门，协调困难且实施有较大的难度，相比较而言，穿越区域绿地的生态型和郊野型绿道因为涉及空间较小，利益纠葛较少，建设一般不改变土地权属和管理范围，反而能够快速实施。绿道良好的社会效应给政府带来了口碑，自行车、旅游休闲等相关产业得到了益处，郊野地区的废弃场地、受损的生态斑块有了修复契机，市民则有了可以游玩的广阔绿色空间，多方面的社会团体都从中受益。

经过十几年的发展，如今绿道的概念在中国已经深入人心，并且在许多城市都得到了推广，绿道成为提升城市环境品质、完善城市绿地系统功能、搭建游憩休闲走廊的重要手段。以深圳为例，截至2022年7月，深圳绿道总长已经达到2843km，再结合公园内的园道、山林的远足径、郊野径以及滨水的碧道，不同层级的慢行道搭建起一个多层级、功能齐全的生态游憩网络，如同毛细血管一般遍布全城。在今天的深圳，绿道已经成为市民周末节假日的理想出游地，人们通过绿道亲近自然、感知自然，探索自然的无限可能。

（1）青山绿水——畅游绿道

近十几年来深圳市的绿道规划建设积极探索了对生态控制线用地的活化利用，对于这座人口高度密集的超大城市来说，在不破坏自然环境的基础上充分利用城市近郊良好的风景资源和生态空间为市民提供更多、更均等的游憩机会，具有非常重要的意义。

深圳是一座多山的城市，连绵不绝的山体成了许多城区的环城生态带，这些绿地不仅是城市的生态基底，也是城市重要的公共开放空间，体现着城市风景的自然价值和市民休闲游憩的公共价值。龙华区充分地利用环山资源，提出建设一条将山水林田湖与城市融合，全长135km的环城绿道①，将位于城市边缘地区的57km^{2}生态郊野绿地联系起来，它犹如一条翡翠项链，打通龙华的山水翠脉，串联起沿线7个郊野公园、14个水库湖泊、15个景区、40处城市公园。对于城市外围，绿道能够盘活城区边缘地带，整治修复消极区域，提高城市的公平性；对于城市内部，环城绿道能够通过丰富的支线将市民活动引入到自然之中，让市民更好地享受自然。其中率先建成的阳台山段和大水坑段就是非常典型的利用绿道将大山大水的游憩资源进行串联整合，服务于市民的案例。

---

① 项目信息来源于《龙华区环城绿道建设项目（方案设计、初步设计）》，由深圳市蕾奥规划设计咨询股份有限公司、深圳翰博设计股份有限公司、中国瑞林工程技术股份有限公司规划设计。

图 6-78 龙华区对城市近郊的生态控制线区域进行适度的游憩功能植入

图 6-79 龙华环城绿道沿线途经的水库被纳入环城游憩体系中

图 6-80 龙华环城绿道阳台山段导览图示意

龙华环城绿道阳台山段北起阳台山森林公园主入口，接绿谷公园段，环绕赖屋山、冷水坑、高峰三大水库，全长约15km，依托丰富的水库、溪谷、山石、泉水等自然资源，是一条以“大山大水、登高览胜”为主题，体验登山望水、观石赏泉、探谷寻溪的野趣绿道。过去这里有许多风景优美的资源，但是市民却很难接近，我们希望能够通过近自然低干扰的方式把这些美景尽可能地展示出来，让更多人了解自然、爱护自然、亲近自然。

绿道工程秉承“尊重自然”的原则，选取坡度较缓、植被较疏的路径开展场地调研，在调查研究山地的坡度、坡向、植被、视野等因素后初步确定选线，结合图纸进行人工试线，验证沿线的坡度舒适度、视野良好性、植物疏密度、拟设计场地的条件等，通过校核和现场优化选线最终确定线路。在实施过程中未对自然地貌进行大的改造，同时弱化绿道的存在感，最大限度减少对山林的破坏。绿道修建后，使用糖蜜草（*Melinis minutiflora*）对施工边坡进行韧性修复。由于选线的科学性，边坡面积控制在较小范围，因此在种植后2个月内可以基本达到覆绿效果。

图 6-81 隐于自然环境的服务驿站

山地高差地形多变，设计充分结合自然，跟随山形特点布局了简洁的栈道和眺望平台。如蝴蝶谷就充分地利用了原有地形保留原生的禾雀花（*Mucuna birdwoodiana*），种植姜花（*Hedychium coronarium*）等蜜源植物，引来无数蝴蝶和小鸟，营造出引人入胜的山谷景观，在避开生态敏感地带的前提下，巧妙布局的栈道蜿蜒而过，可以充分满足人们进入山谷的需求；结合遗存的山石及溪流设置了一处包含厕所、茶室以及管理服务功能的驿站，设计以自然围合的谷地草坪为中心，建筑偏于一侧，外立面用天然的竹材建造，在形式上尽量保证各类人工设施可以消隐于环境之中。

揽胜台是结合地形高差在绿道转弯处设置的观景空间，玻璃平台倒映蓝天，青山、绿水、碧空连为一体，风景绝佳，成为大家竞相拍照打卡的热门景点；森林栈道在充分保护场地郁郁葱葱的基础上，结合谷地在树林中设计了一条架空栈道，走入栈道，人们可以在空中体验自然、亲近树冠。透空的格栅让下层的植被也可以享受阳光，不影响植物的生长。

图 6-82 揽胜台成为人们登阳台山必打卡的热门景点

图 6-83 森林栈道为市民提供了一个近距离观察自然的机会

图 6-84 龙华环城绿道沿线的平台是俯瞰大山大水的绝佳空间

我们还在阳台山打造了蝴蝶谷与云溪谷两个自然教育中心，并与公益组织“公园之友”合作，多次组织自然课堂、夜间动植物认知、共建花园等多样的自然教育活动。该公益组织也在调查了区域的动植物资源后，出版了自然教育读本，成为大众了解、认知自然的科普材料。

设计充分考虑了场地特征，采用低维护、生态环保材料，注重成本节约。在“山竹”台风后，我们加大了枯枝的循环利用力度，对经过防腐处理的大型树干进行再利用，作为沿线坐凳、护栏等，利用小型树干实现立面挡墙生物廊道，采用截断的树干作为自然铺装及立面饰面材料，打造具有示范意义的生态绿道。

科普教育的蝴蝶谷，登高览胜的揽胜台，盘旋山间的架空栈道，感受潺潺流水的龙溪桥，一览城市与山水景观的眺望台，体验云雾丛林、溪水叮咚的云溪谷，远眺高峰水库的玉林湾……环城绿道为市民提供了更多户外游赏的机会，阳台山段建成后成为全市网红绿道，市民慕名而至，蝴蝶谷、山水连城等景点成为深受市民欢迎的打卡地，自行车赛、马拉松、健步跑、团建等多样活动在绿道上展开，这里已成为龙华又一张闪亮的“城市名片”，自2019年元旦对外开放后，不到两年就累计接待市民游客近100万人次。

龙华环城绿道阳台山段往北的大水坑段地势相对平坦，以低山果林和水库为主要地形地貌特色，可以发挥的余地就更大了。我们在建设之初对破碎化的生态斑块进行空间缝补，对不同绿地进行分级分类修复，同时以政府部门为实施主体，对基本生态控制线范围内的棕地进行系统整治，清理排查生态控制线范围内的违法占地，并充分利用场地资源变废为宝。比如将垃圾堆场转变为环保花园，将废弃的采石场提升为露营基地，将裸露的渣土场及臭水塘改造为可游览的生态湿地，利用场地遗留的拖拉机及轮胎做成儿童趣味花园，巧妙地采用生态修复和功能修补相结合的措施，改造利用以往被遗弃或被侵占的生态空间，并使其成为大众尤其是儿童、青年最喜欢的游憩目的地。

人才绿道是龙华环城绿道里另外一个精彩的段落，它同样利用丰富多变的山体地形地貌，将人才元素融入绿道景观，打造“串园景连山城，敬人才享自然”的环城绿道典范，这条绿道全长8km，讲述了深圳从改革开放后的人才政策，开始如何吸引五湖四海的人才，通过成长、拼搏，奉献自己的青春，最后成就了今天的深圳而得到升华的故事。

绿道沿线有不少结合山地环境打造的特色亮点，比如求知花园以枝繁叶茂的“智慧树”为中心，将树木的成材延伸到人才的培育，紧紧围绕着求知花园的是深圳人才亲手种植的

图 6-85 龙华环城绿道成为受欢迎的自然教育基地

图 6-86 龙华环城绿道建成以来成为许多重大社会活动的举办场地

人才之树，每棵树以人才命名，意义深远的“人才林”郁郁葱葱。求知花园里设置“自然教育中心”，通过开展“小小园艺家”“自然的奥秘”等相关科普课程和主题活动，以自然导览、自然游戏、自然观察、自然笔记等方式引导青少年深入人才绿道全方位体验自然之美，启发他们的好奇心和求知欲。

“拼搏岩岭”的设计保留了昔日东荣采石场遗址的崖壁景观。在深圳快速发展的几十年中，采石场承担着城市建设基石的角色，从小渔村到国际大都市，深圳的建设者们创造了震惊世界的“深圳速度”，而这正体现了拼搏的信念。具有顽强生命力的岩生植物结合拼搏主题雕塑，象征着深圳各行各业建设人才拼搏进取的“拓荒牛”精神。沿着蜿蜒于山林

图 6-87 “串园景连山城，敬人才享自然”的人才绿道

图 6-88 求知花园的"智慧树"，每棵树以人才命名，寓意深远

图 6-89 "拼搏岩岭"象征着深圳各行各业建设人才拼搏进取的"拓荒牛"精神

溪谷间的绿道方向行进，平台上设置的职业剪影象征着不同行业上默默奉献的每一个人，绿道上镶嵌的脚印是无数人才为深圳发展砥砺前行的印记。这些剪影与印记寓意着每一个在平凡岗位上奉献的人都应该被铭记。

龙华区环城绿道位于高密度城市的边缘山地，规划建设在考虑自然生态修复的同时，适当引入人的活动，这样既能保护和恢复生物多样性，又能兼顾人类利益，也给城市发展带来了益处，驱动了周边土地的增值，具有良好的综合效益。

与龙华区紧邻的光明区同样也利用大山大水打造了风景秀美的绿道游线，大顶岭绿道是大顶岭森林公园内的重要游径和观光目的地，其前身——省立绿道5号线一路依山傍水、田园风光、瓜果飘香，曾被誉为深圳十大最美绿道之一，但当下老旧的节点配套设施、阻碍视线及通达性的围网及树篱、被破坏的山体边

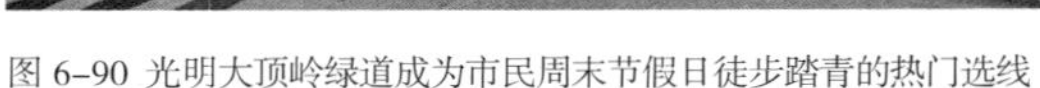

图 6–90 光明大顶岭绿道成为市民周末节假日徒步踏青的热门选线

图 6–91 浮桥以轻盈的姿态“漂浮”在森林之上

坡，还有大量路段的人车混行都严重影响了绿道的出行体验。本次的绿道提升结合华侨城光明集团投资开发建设的光明小镇建设，寄希望通过一条生机盎然的绿道游憩体系串联起大顶岭森林公园、小镇核心区及欢乐农田三大功能板块，构建旅游观光的主线①。

本项目大顶岭绿道段②位于山林陡坡地段，林茂草密，绿意盎然，路线总长度为6044m，贯穿大顶岭、公明水库、吊神山、农田，把山、湖、园、林等要素有机串联。原有选线基本予以保留和再利用，绿道面层采用灰色透水沥青打造原生态路面，融于周边环境；采用原木围栏取代铁丝围栏，使绿道与山野环境更加和谐。对于山间、田间与机动车共享的不同类型绿道，也因地制宜作了很多差异化的设计，并特别引入发光路面，采用独特的发光石设置极具创意的发光绿道来增强绿道体验的趣味性。

本次的绿道提升还强化了许多结合场地的特色节点和设施，其中包含3座造型各异、形状优美的钢结构景观桥及7座隐于山林的森林驿站。三桥包括了浮桥、探桥和悬桥③。浮桥是漂浮在森林上的桥，由3个环组成，提供山谷、湖泊和城市天际线的360° 全景，在浮桥上，你可以近距离欣赏景观晕影被镶嵌在圆圈内；不锈钢栅格板的通透桥面是创造“浮悬”和“轻盈”的关键，大圆的桥面则使用了太阳能电池板，收集的能源作为夜间照明使用。

---

① 项目信息来源于《马拉松山湖绿道(一期)工程 EPC 园林景观设计》，由华侨城光明（深圳）投资有限公司作为 EPC 牵头单位，中建三局集团有限公司作为 EPC 总承包，景观方案由 SWA 和深圳市蕾奥规划设计咨询股份有限公司共同完成。

② 大顶岭绿道（一期）工程共设置 12 条线路，分别为观光路 - 大顶岭段（AK 段）、大顶岭 - 迳口花海段（BK 段）、坝下复线段（EK 段）、坝下复线 - 楼村一号路段（DK 段）、光翠北路连接段（A 线和 A-1 段）、葫芦岛 - 迳口花海段（B 线和 B-1 段）、果场路段（C 段）、果场路支线段（D 段）、楼村一号路 - 圳园路段（E 段）、圳新大道 - 石狗公水库段（F 段）。本项目为大顶岭绿道的 AK 段。

③ 项目信息来源于 SWA 官网《Guangming OCT Trail》，由 SWA-Group 设计，深圳市蕾奥规划设计咨询股份有限公司进行施工图绘制。https://www.swagroup.com/projects/guangming-oct-trail/.

图 6–92 探桥悬挑的平台伸向林地池塘，探索秘境

图 6–93 悬桥连接了绿道与荔枝林，跨越了近 30m 深的山谷，串联原本相隔的景致

探桥是绿道上一处往下探的空间，提供了与浮桥在空间和高度上截然不同的体验。它通向一个网状的、悬挑的平台伸向林地池塘，探索秘境。这个织网为各年龄层游人提供了冒险性和趣味性的体验。周边的护栏与座椅相融合，多样的长度和根据人体工程学设计的座椅形态为游人们提供了倚靠、坐、躺的多种选择。

总长100m的悬桥连接了绿道与荔枝林，跨越了近30m深的山谷。经过与结构工程师多次方案探讨后，悬桥最终使用钢板带桥，这是中国第一座钢板带桥，它是一个创新的尝试，也提供了动态且安全的体验。3座桥通过制高、融入和跨界3种不同的体验，将绿道的游览体验推向高潮。

与3座桥的高调不同的是7座驿站。作为服务型建筑，它们则遵循低调质朴的原则，与森林环境十分融合。山林绿道的主要特点就是足够野趣、足够亲近自然，可以最大限度地远离城市喧嚣，但是正因为远离城市，因此在配套服务和安全保障上更需要精细的地考虑。每个驿站均为定制化的设计，大小与形态各异，强调与场地地形、植被、汇水径流的结合；驿站为坡屋顶造型，通过大量的灰空间，与户外环境产生良好的互动；考虑节能减排的自然通风及采光设计，让驿站与环境的融合更佳。优质防腐竹木、轻质的蛭石型金属瓦的屋顶合理地应对了山林湿度大、易腐蚀的特点，增加了材料的使用寿命。驿站考虑了直饮水、感应冲洗、母婴室、无障碍等人性化、低维护的设施，并配套了洗手间、售卖、休憩、书吧、自然教育中心等功能，丰富和完善了绿道的服务系统。

图 6-94 服务型建筑遵循低调质朴的原则，和自然环境融为一体

(2)都市活力——漫步绿道

位于龙华区的深圳北站是重要的交通枢纽，广深港高速铁路、杭深铁路、轨道4～6号线在此汇聚，虽然带来了便捷的换乘体验，但多条轨道线路聚集形成了屏障式的阻隔，大量的高架桥、快速路切断了城市的慢行交通及自然空间的连通性，而且形成了很多边角料的灰色空间。

因此北站所处的深圳北站商务中心区早在2015年就提出打造城市绿谷，通过东西指状渗透、南北带状串联的生态绿色网络贯穿整个北站周边地区，连接阳台山生态资源环境与城市地区。根据当年开展的调研数据，已建居住楼盘占已建用地面积的53%，大盘内部优美的环境和外部城中村周边环境形成鲜明对比，而且公共活动绿地仅占片区总用地的8%，交流和活动的场所严重缺乏，使得居民活动局限于楼盘内部，形成一个个“孤岛”，居住在此的市民们缺乏公共交流与认同感。根据居民调查数据显示，居民日常仅能进行一些简单的休闲活动，50%以上的居民选择沿路跑步、散步或骑车，90%的居民不满意现有的公共活动场所，认为空间数量少、活动类型单一，绿道肩负起了新的使命。不同于山地型绿道比较纯粹的风景游憩功能，城市绿道面临的问题往往更为错综复杂，城区内部公共空间严重不足，游憩资源分散，绿道常常需要见缝插针，精明地借用每一寸土地，连接公园、连接景区、完善慢行、缝补破碎的空间，实现用地价值的最大化。

在2015年的深圳北站商务中心城市绿谷国际竞赛[①]中，我们提出采用生态环境导向的开发模式（Ecology—Oriented Development，简称EOD）结合公共交通导向的开发模式（Transit—Oriented Development，简称TOD），夯实绿谷在生态改善、活力提升方面的“绿色本职”，实现EOD 带动，突显绿谷步行、自行车的慢行属性，与轨道、公交协调，支持TOD 发展，推动新城中心的持续提升。一条纵贯南北、串联东西的连续性、复合型景观路径被谋划出来，这里既包括立体化的路径设计，城市轨道与绿道、二层步行连廊共同构成的交通系统，一起为市民提供流畅的城市通勤和观赏体验，也包括主题多元的绿

① 项目信息来源于《深圳北站商务中心区城市绿谷景观规划设计国际咨询》，由深圳市蕾奥规划设计咨询股份有限公司、德国戴水道景观设计咨询（北京）有限公司规划设计。

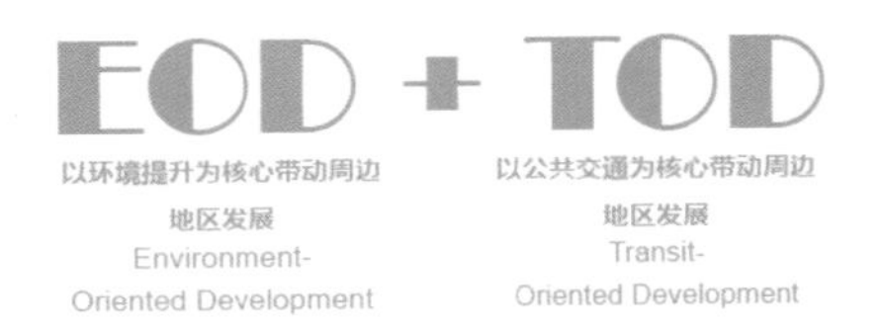

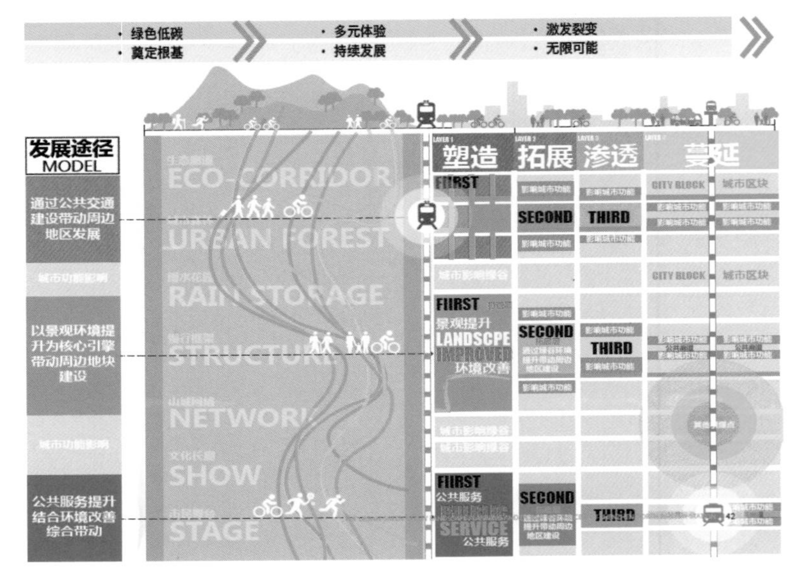

图 6-95 EOD+TOD 模式引导下的深圳北站绿谷发展路径

图 6-96 绿谷“低线公园”成为受欢迎的公共空间

谷公园群，以精彩纷呈和具有人文深度的体验让市民感受城市文化。人们可以在都市农田体验农耕、收获作物，在麒麟广场参加麒麟舞训、农夫市集、美食节庆，在文化展览里感受历史发展、指点论辩，在生态洼地体验回归自然，在健身绿道漫步交流，在树冠走廊上穿梭往来、停驻观赏，在这里融入绿谷绿色健康生活节。这样的工作思路和整体框架在当时的发展背景下极具现实指导意义，获得了专家和业主的一致认可。

2018年环城绿道的规划选线途经于此，为绿谷公共空间的完善又带来了一次很好的契机。我们希望能够通过不同层面的跨界缝合去做出亮点，因此城市中高架轨道下的灰色空间被打造为带状的“低线公园”，我们利用上方桥体的遮阴环境布置自行车道、步行道、线性绿地及活动场地，创造宜人的慢行及休闲空间，低线公园已成为最受欢迎的纳凉场所。灰色基础设施在转化为绿色基础设施的同时，也缝合了轨道沿线两侧的居住区、学校、写字楼、商场彼此之间的割裂关系。高架轨道下的绿道提升了公共交通出行与步行转换的通勤感受，成为解决“最后1公里”的安全路径。

同时自然和城市的缝补也通过绿道的理念得以实践，商务中心区被高铁、城铁等多条区域性交通廊道切割，造成山城关系割裂，自然郊野公园近在咫尺而不可达，红山跨铁路段慢行系统的规划通过打造全景自然体验的生态廊桥，塑造具有标志性、可识别、多元活力的慢行系统，创造城市与郊野融合的景象，具有很好的生态示范效应①。

作为龙华区六大重点片区之一的北站商务中心区在绿道和慢行空间上做足了文章，同样其他几个重点片区也都在积极发力。位于龙华区地理几何中心的龙华商圈建设密度高，

图 6-97 以“全景自然、跨界缝合”为主题理念设计的红山跨线桥方案

① 项目信息来源于《深圳北站商务中心区红山跨铁路段慢行系统规划设计国际竞赛》，由深圳市蕾奥规划设计咨询股份有限公司、Land+Civilisation Compositions（L+CC 设计事务所）、深圳市市政设计研究院有限公司规划设计。

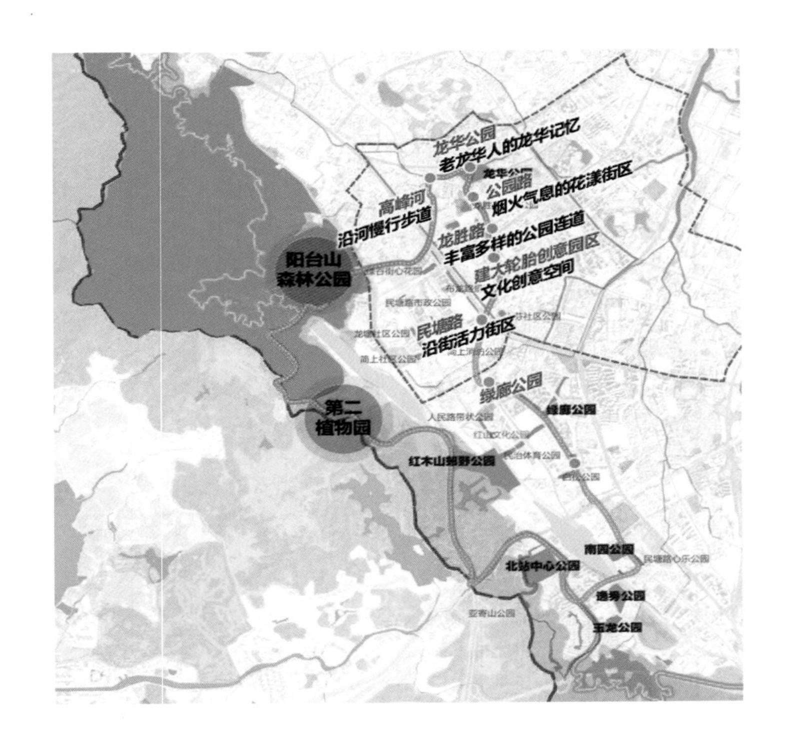

图 6-98 龙华商圈 17km 小绿环可以把各类公共空间串联到一起

公共空间、公园数量、人均公园绿地面积都远远低于全市平均水平，因此也寄希望于一条环形的绿道把外围大山大水的自然空间引到城区内部，搭建起绿色空间网络。这条绿道的形式将更加多元，它既包括多功能活力街区的慢行空间，又包括道路两旁的带状绿地，甚至结合城市更新类项目的底层架空空间，实现部分公共空间共享化和绿道连通性，17km的小绿环连接了老龙华人的龙华记忆——龙华公园、售卖花鸟虫鱼的公园路、未来结合建大轮胎产业区改造的创意园区、沿着高峰河的慢行步道，然后一路延伸至北站商务中心区的绿谷，实现和环城绿道大系统的衔接。

这样的小绿环还将越来越多地出现在龙华高密度的城区里，在总体规划中龙华环城绿道局部设计了24处小环线，满足从不同城市入口进入和不同年龄段人群的使用需求，形成了可游憩1~3小时的各种环线。大环线激活了过去封闭管理的山林、水库等自然资源，小环线渗透进城市内部最有人气的区域，形成连接到大环线的“毛细血管”，城市里的绿道让城市的公共空间变得更加可达、亲切和友好，进一步拉近了人们和自然的距离。

五、更具韧性和活力的海岸带

我国拥有漫长的海岸线和丰富的海岸带资源，大陆海岸线北起鸭绿江口，南至广西北仑河口，总长度达到1.8万多千米，海岸带千姿百态，生态系统庞杂，具有复合性、边缘性和活跃性的特征，是我们国家宝贵的国土资源，也是海洋开发、经济发展的基地以及对外贸易和文化交流的纽带[①]。

沿着漫长曲折的海岸带分布着众多大大小小的滨海城市，海洋赋予了这些城市舒适宜人的环境气候、富饶的海洋旅游资源和别样的滨海城市风情，海岸带常常汇聚了城市最浪漫迷人的风景、最具人气的旅游景点以及最具历史沉淀的人文景致。这里也往往是城市最重要的公共空间，人们在海岸带上亲近自然，了解自然，相互交流，感知文化，收获精神力量，海岸线是滨海城市天然的开放空间。

但同时海岸带也是空间开发利用最密集、资源环境压力最突出和各类矛盾问题最集中的复杂系统。随着城市的不断发展，海岸线和近岸海域开发强度不断加大，沿海地区热衷于“向海索地”，却不能保证更高的土地资源综合利用率，海洋资源破坏和浪费现象比较严重。不合理的围填海工程也对海洋和陆地生态系统造成了明显损害，破坏了近海生物重要栖息繁殖地和鸟类迁徙中转站，海堤、防波堤等硬质工程破坏了原有的天然岸线，有着不低的建设成本却很难抵御一次又一次极端天气的挑衅。

此外海岸带的公共属性也在接受更大的挑战。海岸带的空间结构和用地布局规划建设不合理使得大量滨海生活空间和生态空间被挤压，当我们兴致勃勃地来到城市的海岸边，看到的却是被森严的挡墙围起来的港口、工业园区，还有“闲人免入”的高档海景楼盘，顿时兴致大减。即使是以旅游观光为主要功能的海岸线也常常面临被划分为一个个景区的状况，景区与景区相互割裂，各自为政，景区与城市更是仿佛位于不同的空间维度，功能单一、欠缺活力、风貌单调，海岸带的感觉荡然无存。

更具韧性和活力的海岸线是每个滨海城市所向往的，世界上有很多知名的海岸带，其背后也经历了丰富的海岸带复兴的故事。巴塞罗那滨海区就是大事件带动城市更新的成功案例，巴塞罗那于20世纪80年代开始实施“城市向大海开放”（Open the City to the

① 中国网．揭秘海岸带：外表是千姿百态，内里是无数宝藏 [N/OL]. (2022-01-14)[2022-08-09].http://photo.china.com.cn/2022-01/14/content_77990368.htm.

Sea）的发展构想，1992年巴塞罗那奥运会之前，该区域是一片被快速路隔断的旧工业区，巴塞罗那政府以奥运会为契机，对该片区进行了包括环境整治、沙滩重建、奥运村及赛事设施修建等一系列工作，并将原有高速公路下穿，大大改善了滨水区的可达性，许多相关的服务设施、旅馆餐厅也配置到这个地带，十段沙滩均有完善的服务配套，更新区域因功能复合、设施完善，在奥运会后仍得到了可持续的发展，与原有城市肌理完美缝合。90年代初的城市更新取得巨大成功后，当地政府意识到大事件的巨大推动作用，在2004年接着举办了为期近5个月的世界文化论坛，并邀请国际著名建筑师（弗兰克·盖里、扎哈·哈迪德、雅克·赫尔佐格）参与滨水区地标设计。伴随着世界文化论坛项目建设的另一个重要举措是城市的主轴线——对角线大道向海边的延伸，使这片区域不但成为旅游的热点，更成为城市总体结构中的重要节点，它既是城市滨水区的端点，也是对角线大道的终点，原先城市的碎片区域经过项目整合后，重新纳入城市整体空间结构。至此，巴塞罗那获得了完整的长达45km的滨水公共带，并实现了城市整体空间结构的重塑①。

怎样的海岸带可以称之为优质的城市海岸线，2018年我们在《盐田区滨海特色城区风貌（黄金海岸带）研究》②课题中结合不同的海岸带案例总结了以下6点共性。

1）自然生态、应对极端气候的韧性岸线。气候变化背景下，海岸带面临的主要风险一是极端天气事件增多，包括极端海平面、风暴潮、强暴风雨事件、高温热浪、大风等；二是海岸带的风险暴露度增加、脆弱性增强，淹没等灾害风险持续上升。海岸带作为城市最重要的一道防线，其生态功能是首要的，因此河口、泥滩、红树林、海草床、珊瑚礁等海岸带自然生态系统应该得到有效的保护和可持续的保育，从而使之兼具自然系统的生态弹性和人工系统的工程弹性，对不同等级的灾害有着更好的适应性以及具备在灾害后适应、自发组织重建的能力。

2）连绵不断、亲民共享的海滨休闲岸线。结合不同的地形地貌特征，岸线可以有多种体现形式，沙滩岸线、红树林淤泥岸线、基岩岸线甚至以海街、步道为主体的城市岸线，但连续性、共享性是其魅力必不可少的要素。当然在这些岸线中，沙滩岸线是最受大家欢迎的，借助于网络旅客评论词云研究发现，沙滩是海滨城市最重要的吸引点之一，沙滩可以让人们最大限度地接近海洋、触摸海洋，融入海洋的怀抱，“沙滩、阳光、蓝天、海鲜”

① 沙永杰，董依．巴塞罗那城市滨水区的演变[J]．上海城市规划，2009(1):56-59.
② 项目信息来源于《盐田区滨海特色城区风貌（黄金海岸带）建设研究》，由深圳市蕾奥规划设计咨询股份有限公司编制。

成为大多数游客对滨海旅游城市的最主要意象。许多世界著名滨海城市沙滩一般尽可能地位于市区，或者和市区的交通连接非常便捷，并向市民完全开放，从而最大限度地融入市民生活，成为市民、游客的日常休闲地。沙滩除了对沙质有要求外，通常还要具有一定长度，形成连绵壮阔之势，例如澳大利亚的黄金海岸长达42km，由十多个连续的优质沙滩组成，构成壮观的海滩景致。沙滩一般还要具备齐全的配套设施，例如沙滩排球场、足球场、水上游乐等运动场地，人们来到海滩除了散步、游泳之外，还有更多个性化的选择。

3）观海、亲海、享海的慢行系统。城市道路是城市空间的骨架，也是展示滨海城市形象的重要载体，例如深圳的滨海大道、珠海的情侣路均成为城市的靓丽风景线，驾驶于滨海观光景观路，滨海气息扑面而来，但是这种以车行为主导的道路也常常割裂了海洋和城市之间的联系，更具活力的做法是把滨海的道路变成游人可以“慢游”的慢行空间，把城市的慢行路网和海岸的游览系统连为一个整体。巴塞罗那的滨海区域改造在化解过境交通与内部交通矛盾的基础上，慢行交通的连续性和舒适性成为重要的考量因素，连续的滨海道路串联了整个开放空间体系，道路的断面和尺度设计适应了大量慢行交通的需求，通过压缩机动车交通空间扩大步行道和非机动车道宽度，越是慢行的交通方式越靠近滨海一线布置，使得慢行交通占据了主导地位①。

4）连续开放、串街连园的滨海公共空间。海岸线应该尽量避免私有化的封闭性和内向型特点，而更多地展示城市资源的公共性和共享性，这种公共性不仅仅体现在沙滩和某个具体的景区，而是贯穿整个岸线体系，包括沙滩、各类公园游园、码头、街道、广场以及结合场地的文化资源和特色景观节点，他们之间通过完善的慢行系统连通起来，构成相互渗透的开放空间体系，确保整个游览过程的完整性和连续性，这也是体现海岸带公共属性的核心。

5）多元复合、功能完善的公共设施配套。滨海岸线与城市用地的交界地带是一个复杂的区域，在滨海岸线向城市休闲和消费空间转型过程中，能否发展成具有活力的城市区域是评价转型成功与否的重要标准。人们不会喜欢一个只有漂亮风景但却死气沉沉的海岸带，人们更希望在欣赏风景之余可以参与丰富的城市生活，在吃喝游乐中体验多元的地域文化。1985～1992年，巴塞罗那通过迁移铁路、拆除高墙、梳理交通等措施，使得旧港成为人人

---

① 程鹏. 滨海城市岸线利用方式转型与空间重构——巴塞罗那的经验 [J]. 国际城市规划 ,2018,33(3):133-140.

可以进入的滨水公共空间，政府和私营企业合资陆续修建了购物中心、水族馆、历史博物馆、世界贸易中心和酒店等大型公共建筑，而奥林匹克港区域在奥运会结束后仍聚集了大量酒店、办公楼、餐厅和商店，加之巴塞罗那城区内的大学、住宅、酒店和餐厅等功能，使得该地区成为各种功能高度混合的区域，老城的公共生活得以向滨海岸线地区延续。

6）艺术自由、文化浓厚的特色功能业态。文化是一座城市永续发展的内生动力，并通过建筑形式、街道格局、艺术小品、特色场地、商业业态等形式得以彰显和传承，城市的海岸带往往也是这座城市历史文化资源的会聚之地。例如深圳盐田的疍家渔民风俗、青岛的海草屋、东南沿海的妈祖文化、渔民文化等，都是海岸带的独特知识产权（IP），是滨海旅游开展、多元化风貌的塑造以及特色活动策划的灵感来源。法国著名滨海城市尼斯就依托海洋主题策划了丰富多彩的活动，特别是以城市命名的尼斯狂欢节是世界三大狂欢节之一，每届尼斯狂欢节都确定一个主题，以花车、彩车游行等活动为主，最后一日的盛装大游行、焰火表演等活动是整个节日的高潮，成为带动滨海旅游活力的重要推手。有了这一年一度的狂欢节，以海滩和阳光著称夏日爆满的尼斯在旅游淡季也不乏热闹。

自然生态、应对极端气候的弹性和韧性的设计、连绵不断、亲民共享的海滨休闲岸线，亲海的慢行游览系统，开放的公共空间，加上完善的配套服务设施以及自由的艺术氛围和功能业态，海岸带是滨海城市中最动人的自然风景，打造一条极具活力和开放性，风景优美、生态韧性，又能带动城市发展的海岸带是许多滨海城市孜孜不倦追求的目标。

青岛石老人滨海公园是青岛市中心区至“海上第一名山”崂山风景区的重要连接点，作为城市中心城区宝贵的滨海资源之一，在青岛建设“全球海洋中心城市”、打造世界一流国际滨海旅游目的地的发展背景下，如何营造公共优先、亲近自然、缤纷多彩的滨海公共生活成为当下的重要挑战，我们在青岛石老人的公园设计方案①中以“对话”作为主题，以与城市自然、生境、奇石、景观和四季的五段对话为策略，打造出兼具原真性、叙事性、人本性、探索式的海石秘境。

不同的人群会有不同的需求，依托石老人滨海公园本身拥有的地景地貌和周边丰富的景点资源，我们从市民的需求出发，在每个季节策划不同的滨海活动。而在四季特色生境体验的打造中，也不仅仅停留在自然的层面，通过对应季的动物活动、植物风貌以及对应

① 项目信息来源于《青岛石老人滨海公园设计方案征集》，由深圳市蕾奥规划设计咨询股份有限公司、MLA+ B.V. 亩加建筑规划（深圳）有限公司、青岛市旅游规划建筑设计研究院有限公司、绿野清薇（北京）生态科技有限公司规划设计。

气候的事件进行策划，从人文精神的层面呈现出石老人的滨海季相。市民可以在这里野餐、放风筝、看日出日落、进行家庭露营，游客也可以参与啤酒节、艺术季的限定活动来领略崂山的滨海风情。我们以石老人滨海公园沿海岸为主线向东西出发，串联周边的景点打造了各具风情的5条特色风景道，形成全域可玩的多日游线路，激活整个崂山区的旅游网络。

通过石老人海岸线的打造，我们尝试去塑造青岛自由包容的城市名片，为市民提供更有吸引力、更具活动性的开放空间。对自然滨海景观的思考、对生态弹性的把控、对原始人文特色的保留、对未来人居的畅想，都在石老人海岸中一一得到体现。

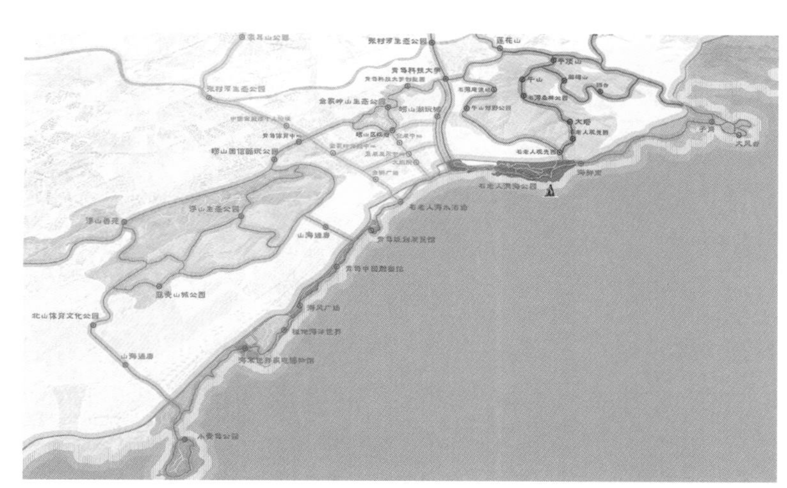

图 6-99 青岛石老人海滩特色游憩空间的规划
图片来源：《青岛石老人滨海公园设计方案》

图 6-100 青岛石老人海滩景点示意图
图片来源：《青岛石老人滨海公园设计方案》

(1) 珠海情侣路的实践——从“一带九湾”到香炉湾的重现

珠海，是珠三角诸多城市中海洋面积最大、岛屿最多、海岸线最长的城市，许多外地游客对这座美丽的滨海城市的第一印象是一条名为情侣路的滨海公路，从广澳高速一路沿着情侣路向南而行，可以欣赏到日月贝、珠海渔女、港珠澳大桥等诸多滨海美景，同时情侣路具有得天独厚的自然资源禀赋，沿线变化多样的山—海—城—湾—岛相互映衬的空间格局使其散发着无尽的魅力与浪漫气息，从空中俯瞰珠海，情侣路就像一条飘逸的绸带，蜿蜒逶迤地勾勒出这座魅力之城的轮廓[①]。

但珠海经济特区刚建立的时候，从香洲到拱北的海边仅有一望无际的荒滩。1991 年在改革开放的时代浪潮下，珠海以前所未有的生态理念率先在全国建设滨海景观路，1999年情侣南路完工并实现南北贯通，在修建过程中曾发生过一段插曲，在情侣路中段菱角嘴拐弯处，有一块突出地面的巨石，有人提议炸石开路，当时珠海市有关领导认为，宁可让情侣路绕一绕，也不要因建设而破坏了原生地貌和自然环境，菱角嘴就这样被保留了下来。

正是基于人与自然融为一体的理念，建成后的情侣路不单是一条交通要道，还改变了珠海人的生活方式，赋予年轻的经济特区浪漫、朝气和活力。“很多客商慕名而来，认为珠海环境如此优美，城市大有希望”，当时的珠海市规划局领导在接受采访时如是说道[②]。

正因情侣路在珠海的独特地位和象征意义，如何更好地开发、建设好情侣路，成为诸多专家学者的关注焦点。靠海的地方总是备受青睐，尽管格局已成形多年，但在具体的空间运用上，情侣路一带仍具备想象空间。政府对情侣路的规划与建设，一直以来都给予了高度的重视，政府组织编制了大量的规划，规划数量繁多，但存在布局分散、主体众多、系统保障缺口较大等问题，每个片区都是分开规划，相互之间缺乏联动性，无法从统筹视角解决沿海一带的系统性问题。

2015年，珠海借鉴新加坡、波士顿等国际宜居城市的经验，规划建设“一带九湾”，将情侣路一带划分成金星湾、淇澳湾、唐家湾等9个湾区，9个湾区均有不同的功能定位和提升计划，随着情侣路成为未来珠海常态化的旅游核心目的地，人们开始从关注情侣路转向关注整个海岸带的复兴。在2015年开展的《情侣路“城—海”沿线核心景观区综合提升

① 腾讯新闻，南方网 . 听珠海首任规划局长讲述情侣路建设史 [N/OL]. (2018-11-29)[2022-08-09]. https://page.om.qq.com/page/O02ILC61l5gk8XdpyPu_VtHA0.

② 南方新闻网 . 情侣路的世界级湾带雄心 [N/OL]. (2022-03-04)[2022-08-09]. https://baijiahao.baidu.com/s?id=1726298243309876242&wfr=spider&for=pc.

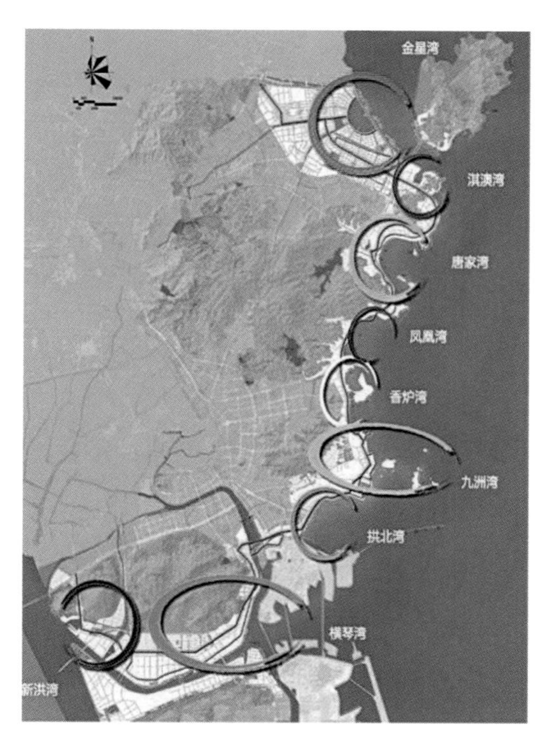

图 6-101 珠海情侣路“一带九湾”规划

图 6-102 珠海情侣路十大风貌景观

图 6-103 历年台风对情侣路堤岸的破坏

规划》[①]中，我们针对整个海岸带提出“山海中央公园”的概念，将山、海、河、滩、湾、湖、岛、港、园、街这十大景观风貌形态进行统筹，构建城海一体的景观系统，沿线24个公园组成的滨海公园集群成为最大特色，其中“一带九湾”中的香炉湾成为首个实践落地、并充分发挥生态韧性和场地活力的示范项目[②]。

时间回到几十年前，香炉湾的天然沙滩曾经是珠海市民拥抱大海、亲近自然的最佳场所。20世纪90年代，情侣路“硬着陆”的防波堤缺乏对原有沙滩的缓冲作用，香炉湾沙滩在海浪的长期作用下逐渐消失，再加上海岸泥沙供给与运输的失衡，情侣路的硬质堤岸受到越来越强烈的海浪冲击。香炉湾沙滩从有到无的过程是值得深刻反思的，情侣路带动了城市的发展，但隔离了人与海洋，使得城市缺乏自然的缓冲区，直接暴露于台风与风暴潮之中。硬质海堤投资巨大，却并不能完全抵御台风带来的灾害。继续加高、加强海堤的建设，虽能在短期见效，却会进一步削弱人与海的联系，这显然不是一个可持续发展的思路。

图 6-104 人工沙滩在城市和海洋间重构韧性空间

图 6-105 沙滩工程与港珠澳大桥的工程物料再循环的联动

① 项目信息来源于《情侣路“城—海”沿线核心景观区综合提升规划》，由深圳市蕾奥规划设计咨询股份有限公司、珠海市规划设计研究院规划设计。
② 项目信息来源于《珠海香炉湾沙滩景观工程》，由深圳市蕾奥规划设计咨询股份有限公司、深圳翰博设计股份有限公司规划设计。

受自然启发，在尊重自然、顺应自然的理念下，我们提出用人工手段修复香炉湾沙滩景观带的综合策略，香炉湾历史上存在沙滩，且天然的海湾地形使得沙滩修复具备可能。因此我们结合香炉湾自然现状和水文地质条件，在数学模型的严密推演基础上，论证了恢复沙滩整体动力的可行性。利用沙滩透气透水的特质，在海洋和陆地间形成海绵体，消减海浪能量，减少对后方岸线的破坏力，从而有效地应对自然灾害，提升城市自然恢复能力，此

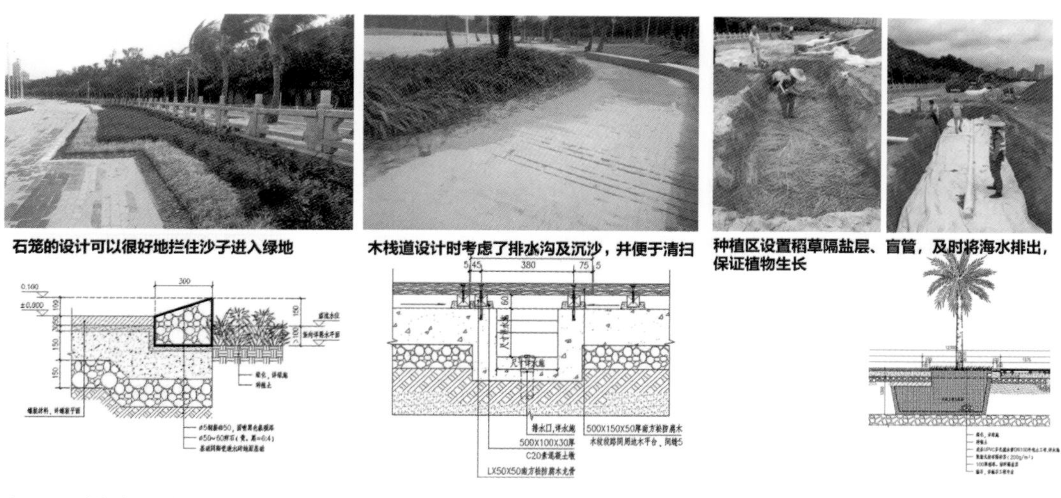

图 6-106 香炉湾工程应对极端风暴天气的细节设计

图 6-107 香炉湾沙滩的变迁

外还可以借用波浪的动力维持人工修复沙滩后的自然系统，减少海岸维护成本。

项目实施过程中还穿插了一个有趣的小故事，香炉湾为砂石海滩加泥质潮滩的混合地貌，修复工程浩大，据当时统计，修复一个规模相当的沙滩，每公里需要花费6000万到1亿元不等，这显然是一笔巨大的开销。项目创新性地联动沙滩修复与港珠澳大桥的修建工程，利用9km外人工岛开挖所余的优质粗砂，采用“滩面吹填补砂”的分层方式进行修复，节省了异地取沙的成本，变废为宝，实现工程物料循环利用，节省了开支并缩短了工期。最终，项目仅耗费不到4个月，以2000多万元的费用便完成了1.5km长、9万m^2的沙滩吹填工程。

完成沙滩吹填后，建立低成本、易维护的滨海韧性生态系统也同样重要，设计还采取了稻草隔盐、石笼收沙、适地适树等做法，以降低工程造价，同时能够有效降低台风灾后的维护难度和成本。以滩肩绿化带为例，针对香炉湾多风多浪的特点，选用经济低廉的椰子、芒草、厚藤、草海桐等耐强风、耐盐碱、防风固沙的植物种类。椰子和芒草姿态柔软，可以顺应风力，随风摆动，不易被强风折断；厚藤别名马鞍藤，是海滩上的爬山虎，可以很好地固沙防风。易维护的沙滩节约了大量的管养成本，同时，修复后的香炉湾沙滩、滨海植物带以及固堤的抛石形成了多样的生境，吸引了许多小动物前来栖息，通过海水的冲刷作用，蟹类、贝类等海洋生物被冲到沙滩上，人们记忆中消失多年的白鹭也前来觅食，海岸的生物群落逐步得到修复。“白鹭逐浪，翠林椰风，碧海帆影”的风光重新回归香炉湾。

根据香炉湾沙滩建成后连续两年的监测数据显示，经过几次大台风后整体岸线变化微弱。海滩在横向、纵向上缓慢演变，剖面变缓，逐渐达到了稳定状态。沙量总体流失约为1.7%，基本无明显流失。沙滩景观带修复前，之前每次台风过后，珠海市都要投入大量资金用于灾后重建和修复工作；但修复后，经历了2017 年“天鸽”与2018 年“山竹”两次超强台风，沙滩基本完好无损。

香炉湾沙滩同时兼顾人类福祉，为各种活动的开展提供了场地。设计通过一条蜿蜒曲折的栈道连通了南北的“渔女”雕塑、野狸岛、大剧院等公共资源，在串联场地的同时，与周边的环境形成呼应，并进行视线引导。宽窄不一的带状铺装与情侣路的慢行道既分离又融合，结合条形坐凳、树池、台阶、种植带等形成曲折有致的步行及休憩空间。多层带状空间有效化解了高差，实现了从陆地到海洋、从城市到自然的过渡。此外，设计还为游客和市民设置了驿站、售卖处、卫生间、淋浴喷头等多样的服务设施。

图 6-108 建成后的香炉湾成为市民喜爱的公共空间

自修复开放以来，香炉湾沙滩广受欢迎，在珠海市民“最受欢迎的公园”评选中获得第一名，成为珠海生态宜居的新名片。这里平均每月接待游客20万人次，在2018年春节期间接待14.4万游客，极大地带动了当地的旅游发展，带来了良好的经济和社会效益。同时作为珠海“城市双修”的示范项目，受到中央电视台《新闻联播》《南方日报》等诸多媒体的关注，还收获了包括“2019英国皇家风景园林学会杰出国际贡献大奖”“2020年国际风景园林师联合会亚非中东地区奖——应对自然灾害和极端天气类卓越奖”“中国人居环境奖”等国际、国家级荣誉，成为珠海和珠海市民的骄傲。

（2）盐田黄金海岸带的公共空间复兴

深圳市是著名的滨海城市，拥有绝佳的海洋资源优势，全市海域包括西湾、深圳湾和大鹏湾3个海湾，海岸线总长289km。其中，“宝安+前海”所属的西湾服务于空港航空和海洋装备产业带，是偏于生产和生活的岸线；南山和福田所属的深圳湾定位为“现代滨水活力区”；盐田和大鹏所属的大鹏湾更偏向于原生态的蓝色生态岸线。盐田岸线全长19.5km，滨海岸线价值相当独特，城区背山面海，形态狭长而纵深较短，西起沙头角东至小梅沙的一条绵长海岸线是盐田主要的城市发展资源。从“黄金海岸”作为大小梅沙旅游名片伊始，至盐田港作为经济产业基础的建立，该海岸线逐渐串联起盐田的生产、生活以及旅游片区，在形态上成为一条“黄金海岸带”。与宝安、南山及大鹏三大滨海城区相比，盐田滨海城区山海城格局最清晰，是集滨海观光、生态自然、休闲度假于一体的海滨风情度假岸线。

这里岸线蜿蜒曲折，沙滩、岛屿错落，港、湾、滩、湖、岛等海岸景观元素鳞次栉比，同时人文荟萃，拥有众多国际知名景区，是海岸旅游资源的集大成者。曾经历时7年建成的海滨栈道贯穿海岸线东西，西起中英街古塔公园，沿着黄金海岸线东至揹仔角，全长约19.5km，是深圳最为著名的滨海步道。

2018年的台风“山竹”正面袭击盐田，“山竹”是1983年以来深圳遭遇的最强台风，最大风力达到14～15级，并引发了巨浪和风暴潮，原有的栈道和植被在灾害中遭到严重损毁，部分栈道彻底损毁，只留下部分钢筋基础。重建任务迫在眉睫，时间紧迫，市民关注度高，是当年盐田区最重要的民生工程之一[①]。但同时我们也在思考，这不应该仅仅是一次栈道重建，而要综合考虑过去几十年来，由于用地局促，旅游承载压力巨大，港区割裂、交通难解等各种问题的制约，盐田海岸带的规划、建设存在很多遗憾和不足，海滨栈道空间割裂、可达性不强，沿线的景观和配套设施老旧落后，游憩体验过于单调，趣味性、参与性不足，与新时代市民的需求有较大差距。

因此，“谋近”必先“思远”，海滨栈道的重建也许是海岸带复兴的一次契机，应该跳出栈道看栈道，整体谋划海岸空间，弥补过去的建设遗憾，山、城、海一体化考虑，盐梅路、绿道、海滨栈道以及沿线公园节点等元素统筹设计，一方面尽快重建海滨栈道，修复被重创的旅游产业，同时一次到位，实现景观、功能、交通、服务等的整体完善。

深圳沿海地区自然灾害频发，台风和海浪的破坏力大，海岸地形复杂多变，台风“山竹”造成原有盐田栈道和植被几乎损毁殆尽。因此，海滨栈道的重建既要保证安全防灾，还要兼顾美观实用，同时也要尽量减少对原地形的破坏，面临的挑战非常大。本着尊重自然、顺应自然、低干扰的原则，修复设计在应对气候变化和自然灾害方面进行了积极的探索。重建栈道的选线以自然规律作为指引，礁石陡峭地区考虑浪高因素，将栈道布置在海岸的干湿分界线上，以减少风暴潮的冲刷；在地形平缓地区局部海浪涌高较低的地方，采用礁石步道的做法，平时用于走路，高潮位时允许适度淹没，这样游客有更多的机会亲近自然。

① 项目信息来源于《盐田区海滨栈道重建工程》，由深圳市蕾奥规划设计咨询股份有限公司、译地事务所有限公司、中交水运规划设计院有限公司规划设计。

图 6-109 台风“山竹”对原有盐田海滨栈道的毁灭性破坏

图 6-110 重建的海滨栈道选线位于干湿分界线之上
图片来源：曾天培 摄

选线确定后，我们首先要思考如何从工程角度适应沿海台风、高湿、高盐的特点，实现安全及耐久性设计来抵御百年一遇的台风。考虑到在滨海地区，海水的腐蚀性极大，项目选用耐久性的创新材料+格栅栈道板的模块化设计，使得栈道可以顺应台风海浪，而不是坚硬地与之相对抗，既可以让海浪穿透而过，减少冲击力，又便于后期的维护更换。所有的栏杆都配有光伏板，太阳能的使用避免了海水腐蚀带来的漏电风险，进一步增强栈道的安全性能，灾后损毁的段落可以直接替换，也便于灾后修复。

其次是探索风、浪、流结合的设计技术。为达到抗台风效果，在荷载计算中充分考虑了各种荷载的作用效果。除风荷载中考虑台风因素，在波浪计算中也考虑了台风引起增水及波浪效果。引用的波浪资料取自数学模拟计算，数学模型中综合考虑了外海涌浪及常风、阵风、台风带来的模型边界条件。

再次，海滨栈道对动植物体现了高度的尊重，海滨栈道的重建充分结合海岸地形特征，海堤处采用透空式基础，保障了生物的迁徙通道，栈道处植筋小基础结构，以最小占用原有礁石的方式保留了贝类等海洋生物的栖息地，岸坡保护则以格构梁内种植绿化的方式增加立体生态系统。整个项目的水工结构以亲水、生态、环保为原则，充分考虑了山海生物通道的连通，对盐田山海生态衔接具有重要价值。在山林中的栈道则采用了钢格栅栈道，保证了山体上植物生长的采光需求，并依山就势选线，很好地保留了场地上的原生树木。

过去的海岸线游憩体验比较单调，但其实关于海可以有无限的遐想，我们希望借这次修

图 6-111 海滨栈道海鲜街段成为活力盎然的公共游线
图片来源：曾天培 摄

图 6-112 海滨栈道海鲜街段可以近距离欣赏盐田港景色
图片来源：曾天培 摄

图 6-113 海滨栈道大梅沙段廊架为游人提供停留和观景的空间
图片来源：曾天培 摄

图 6-114 海滨栈道大梅沙段更好地连接了山和海
图片来源：曾天培 摄

图 6-115 海滨栈道小梅沙段的碧海蓝天成为市民热门的打卡景点

复去展示很多大家过去不曾了解的事物。比如“山竹记忆”节点部分保留了2018年台风“山竹”摧毁的岩石、混凝土结构和木平台遗址，在此基础上设计新的观海平台，平台可以让人看到台风的威力，告知人们充分敬畏自然，同时也可以通过它们了解更多关于气象和自然灾害的小知识。

盐田海滨栈道的地质遗迹景观也同样丰富，以侏罗纪中期火山遗迹和海岸地貌（海蚀、海积地貌）为主体，在山峦、绿树、海水、云天的映衬下，集幽、秀、奇于一体，不仅对古火山地质学和海岸地貌学的研究有着重要的科学意义，而且在旅游地质、自然美学、生态环境、人文历史等方面都很有研究及观赏价值[①]。因此修复的栈道充分考虑了不同高度、不同角度、不同视野的观景和体验需求，揹仔角段以“上山下海”为策略，打开栏杆与登山道衔接，并充分利用浅水砾石滩等天然特色，创造亲海、亲石、亲水空间，小梅沙栈道围绕墩洲角岬角打造最美观日出节点。此外还有侏罗纪花园、气象花园、灯塔等特色节点增添了游览的科普性和趣味性。

重建工程保证了滨海全线的无障碍贯通，还贯通了滨海栈道和半山绿道的空间联系，同时提高了周边出入口的可达性，与城市慢行系统及公共交通系统无缝衔接。游客们来到这儿可以根据个人意愿自由选择游览路线，完善的标识系统可以为游客提供更为顺畅便利的慢行体验，山上看海、石滩看海、林中看海……原来海也有这么多的玩法。

借助重建的机会，新栈道采用更安全合理的选线，适应气候结构的细节，为市民提供了更具包容性和活动性的开放空间，并重新连接了海鲜街、大小梅沙、揹仔角等风景优美的景区，串联起盐田独有的山海城港空间格局，将原本割裂的城市空间与自然景区紧密地联系在一起。在深圳这样高密度的城市，人们迫切需要户外的活动空间，亲近自然、放松心灵。盐田海滨栈道重新定义了丰富的人文生活与壮阔的自然景观之间的关系，营造了一条极具活力和魅力的滨海休闲岸线。

---

① 深圳大鹏半岛国家地质公园管理处，深圳市地质局．深圳大鹏半岛国家地质公园古火山地质遗迹调查研究 [M]. 中国地质大学出版社，2010.

六、公园城市理念下的公园化城区

“公园城市≠公园+城市”，公园城市并不是简单的公园与城市的叠加，而是把大自然真正地带入城市生活中，行走在城市就仿佛漫步公园，处处是景、时时可赏，这个全新的理念为我们城市未来的发展描绘了新愿景，提出了新挑战。

传统的城市建设常常将公园和城市两者二元对立起来，城市的绿地系统建设常用的考核指标包括绿地率、人均公园绿地面积和城市绿地覆盖率，这里所说的公园绿地指的是在城市用地分类标准里严格限定的所谓“公园绿地”，但实际上随着城市越来越朝向复合多元方向的发展，非“公园绿地”用地性质的绿地和公园化的城市场景也成为城市品质重要的组成部分。成都在具体的实践中提出了“公园化城”和“场景营城”的路径，把公园化的绿色空间要素作为城市空间布局的基础性、前置性配置要素，并促进绿色空间与建设空间的功能和空间混合①。同时针对公园系统进行内涵的扩展和创新，调整过往城市规划建设“仅强调满足公园服务半径和指标要求”的规划模式，将公园系统作为关键的结构性空间要素和风貌特色要素，调整过往园林绿化建设“仅强调公园作为景观和游赏空间”的建设理念，将公园系统作为承载城市多元服务功能，保护、展示和创造城市文化、培育现代生活方式、创新城市生活体验的空间载体，种种创新的理念和举措为我们提供了值得借鉴和学习的新路径。

当下许多城市都把“公园城市”作为城市发展的重要理念和提质目标，但公园城市建设是一个系统且长期的实施战略，涉及繁杂的建设事务和庞大的项目库，在层层下放的工作模式下需要有更为精细化的工作指引和建设模式，如何直击场所痛点、有的放矢，如何更好地满足老百姓对公园使用的需求，以社区、街道、管委会或城市更新开发主体为建设单位，针对城市不同规模的片区开展的公园化城区探索，为“公园城市”内涵的拓展提供了许多鲜活的实践案例。

① 王忠杰，吴岩，景泽宇．公园化城，场景营城—“公园城市”建设模式的新思考 [J]. 中国园林 ,2021,37(S1):7-11.

（1）再造城市活力新生境

提到深圳前海，大家的第一印象可能都是“东方曼哈顿”“特区中的特区”，毕竟这里屹立着350多家世界500强企业，近900家上市公司投资企业，还吸引了全球各类顶级资源和高精尖技术人才，是新时代改革开放的新高地，也是推动粤港澳大湾区合作的新引擎。但回到几十年前，“前海”如其名，真的就只是一片海，20世纪80年代，深圳在前海开始大规模的填海造地，这里被定位为城市后备用地，面积仅7.3km²，随后前海在规划中的定位不断变化：从软件园区到物流园区，再到双城市中心，二期填海工程随之开启。

2010年国务院批复同意《前海深港现代服务业合作区总体发展规划》，明确把前海建设成为港澳现代服务业创新合作示范区，就此确定了前海中心核心区域为深圳的双中心之一，紧接着，前海迎来了高速发展的10年。2021年，中共中央、国务院印发了《全面深化前海深港现代服务业合作区改革开放方案》，前海合作区总面积由14.92km²扩展至120.56km²，扩容至8倍①。

历经十余年的高速发展，曾经的荒野滩涂如今已是高楼林立、满眼繁华，但面对遍地的写字楼，许多人也在诟病前海冷冰冰的，“只有搞钱没有生活”，自然气息和休闲氛围都不够浓厚。随着越来越多企业和人才的进驻，大家也对前海的宜业、宜居、宜乐、宜游提出了更高的要求。前海作为城市新中心，负重前行承接国家“一带一路”与“粤港澳大湾区”的规划发展使命，成为粤港澳大湾区深度合作示范区，每一步举措都具有示范性和标杆意义，那这样一个具有新时代活力的地方，需要什么样的城市公共空间？湾区人民、深圳人民和全国人民都看着前海这块热土如何作出表率。

2019年初，由前海管理局主办、前海开发投资控股有限公司承办的前海开放公共空间设计国际竞赛吸引了全球逾百家顶级设计机构组成的42家联合体报名，历时3个多月激烈角逐，最终3组国际知名设计联合体获得本次国际竞赛3个设计组团的设计权。“蕾奥+LOLA+建筑总院”的联合体的方案获得竞赛范围组团二的中标权②。这次的设计范围包含71hm²的规划及10hm²公共空间详细设计，以规划、景观、建筑、生态、植被等多专业组成的总设计师团队对本项目展开了全面的探索，并将完成从规划—设计—实施—维护

① 深圳新闻网．前海11周年丨前海的今与昔[N/OL]. (2021-08-25)[2022-08-09]. http://www.sznews.com/news/content/2021-08/25/content_24513805.htm.
② 项目信息来源于《深圳前海公共空间设计国际竞赛》，由深圳市蕾奥规划设计咨询股份有限公司、LOLA Landscape Architects、深圳市建筑设计研究总院有限公司规划设计。

管养全过程的相关工作，这是深圳首次在景观项目中采取总设计师负责制，首次采用全过程服务制，是中国景观工程体制的重大创新尝试，也彰显了前海要努力建设环境宜人、活力共享、生态友好的城市新中心的决心。

放眼国际，一个优秀的城市公共空间一定要满足人们对于美好生活的追求，其体现的不仅仅是生态和景观价值，更应该是一个凝聚生活的场所、展现文化的舞台、链接活力的纽带，体现更复合的“自然+”效应，是新时代公共空间的全新方向。在前海公共空间设计竞赛中，我们把这个美好的时代愿景勾勒在前海公共空间这片土地上，提出打造“泛城市生境、大前海自然”，营造符合“亲切自然、广义交互、超级链接、示范推广”的“新生境”理念的城市公共空间。

图 6-116 前海公共组团二全景效果示意

图 6-117 前海新生境的类型划分示意

什么是生境，生境又被称作栖息地 [habitat，希腊语 Biotope，bios（生命）+ topos（地点）]，指生物的个体、种群或群落生活地域的环境，包括必需的生存条件和其他对生物起作用的生态因素。但在前海这片“白纸”用地上，怎么会和生境扯上关系？事实上，我们恰恰认为，前海目前缺失的“自然”，将会是其未来最需要的城市要素。与传统生境营造理念不同，项目提出的是引入“新生境”，何为“新”？传统的生境主要是指生物栖息地，但要想在城市重要的公共空间内营造生境，抛开人群需求说设计显然是不可取的，必须考虑且应当首要考虑的因素应该是人。因此，这里的“新”更多指的是一种创新的形式，“新

自然生境
Nature
城市 Urban：5%
自然 Nature：95%

生境”是指可代谢、可复制、去中心化的创新自然模块，旨在让自然的气息无界交融于人与城市的无限生息，可以演绎全新的人与自然、人与城、人与文化的三重交互，这也是前海公共空间破局的方向。

在充分考虑建筑密集度、交通、人群及活动密度、场地生态敏感度等要素后，参考珠江三角洲的各种自然及特色文化生境，我们选择了12类可行的城市生境，调节自然与人工度的比例，有针对地布局于设计场地中，打破了传统公园、绿地、广场等的局限，尝试着利用新的设计手法和工程技术整合场地内所有虚空间，包括建筑外部、街道、地上空间与地下空间、公园、城市、水廊道、内湾，实现从“有界公共空间”到“无界立体的公共空间网络”的升级。

这次设计的前海公共空间是一个高密度建筑群中的绿廊。在上位规划中，地下规划有地下空间，地上规划有二层连廊，再加上地面层，就是三层复合的立体交通体系，但我们认为高密度的前海应该需要更为温暖亲近接地气的绿色空间，而不是一个钢筋混凝土的人造丛林，二层连廊割裂了人与绿地的关系，让地面层丧失活力，因此我们在具体方案中果断取消了大部分地上二层空中连廊，留更多的绿色空间给地面，只在大跨度的城市道路上方

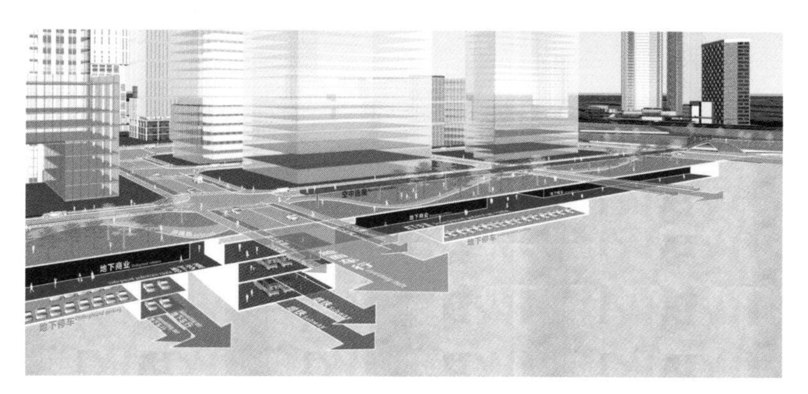

图 6-118 通过复合交通体系连接不同的生境类型

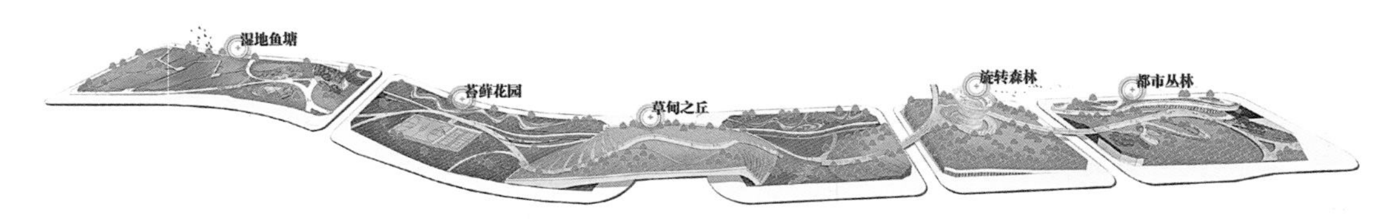

图 6-119 生境之廊——自然生境体验

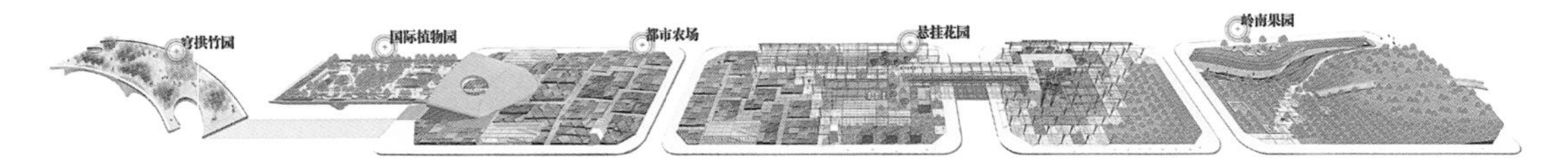

图 6-120 网格都市——城市创新交互

图 6-121 前海公共空间效果示意

图 6-122 前海公共空间溶洞生境效果示意

图 6-123 前海公共空间跨线桥效果示意

规划跨街公园。规划后的立体慢行系统不再是上下明显分层的城市步行道，而是“流动的山谷”，自然过渡区域中的高低落差，并结合重要交通接口设置3个垂直穿层花园，“以山为桥”的丘陵草甸和穹拱竹园是人们行走路径上驻足的观景场所，“以台为桥”的联合树阵是南区景观的端点，在此可以隔河远眺桂湾河入海口；“以街为桥”的文创街市直达海滨，让市民体验自然与人文。这些花园在解决竖向交通的同时也为场地争取更多的自然采光通风，让整个绿地鲜活和连贯起来。

规划将所有地面建筑指标移至地下并集中布置，留出更多自然渗透地层连接地面生境及地形，营造苔藓花园、草甸之丘、旋转森林、岭南果园4个主题商业峡谷，在前海，我们希望打造一个不仅仅属于效率功能的垂直城市，也是一个属于自然的垂直系统。

前海公共空间在地上地下立体复合一体化和自然生境体验多样化方面的尝试为城市公共空间建设提供了一种新思路和新路径，过去我们对“生境”的理解常常是作为一个生态学的专业术语，城市给人们的常规印象就是生境单一的，但是城市又何尝不是我们人类和许许多多生物赖以生存的生境，麦克哈格[①]在《设计结合自然》一书中写道：“城市中重要的系统有两个，一个是自然的系统，一个是人工的系统，一个好的城市中这两个系统是互相平衡的。而自然的系统并非指绿色的自然，而是能够真正按照自己的演变进程发展的自然。”“城市新生境”不仅仅是在城市中再造一个自然空间，而是真正让自然在城市里活起来、丰富起来，并不断地自我演替成为功能完善的主体，成为和城市不可分割的一部分。

（2）结合城市更新的全域公园重塑

深圳作为一个高度城市化的城市，城市化率几乎达到100%。土地资源高度紧缺，居住人口密度高，人均绿地资源少，公园用地矛盾非常突出，因此结合城市更新单元的重建以补齐公园绿地短板成为各区公园建设的重要举措。根据《龙华区景观风貌规划》[②]的数据统计，龙华区更新整备范围内的图则绿地共114.63hm^2，如果都能建成，可为龙华区新增公园143处；更新整备项目可贡献绿地440块，共计430.07hm^2，可见公园建设的潜力还

① 伊恩·伦诺克斯·麦克哈格（Ian Lennox McHarg，1920～2001），英国著名园林设计师、规划师和教育家；世人公认的生态主义园林的先驱——生态设计之父，宾夕法尼亚大学研究生院风景园林设计及区域规划系创始人及系主任。

② 项目信息来源于《龙华区景观风貌规划》，由深圳市蕾奥规划设计咨询股份有限公司规划编制。

是极大的。但是这些未来的公园绿地分布零散，很多都是面积小、位置边缘的“碎块式”布局，缺乏整体统筹和结构性引导，即使建成绿地效益也未能得到最大化的体现，在具体的更新单元规划中还需要打破绿地本身的局限，结合片区的目标和定位作更为精细化的考量。

位于龙华区北部的观城更新单元①是当时龙华北部地区最大的更新项目，拆除范围面积705435m^2，拟更新方向为居住、商业、普通工业、新兴产业等功能，拆除式城市更新带来更加高密度、更为紧凑的城市空间，那么有没有可能置换出更多的空间让自然流入城市，建立更加系统完整的绿地系统，在有限的绿地指标上作出创新和特色呢?

这个项目提出的第一个举措就是公园都市计划，把公园作为建设的前置条件，该场地地处鹭湖和观澜河之间，城市化蚕食了绝大部分的原始地形，却也留下了若干不适于建设的山体孤岛。正如前面章节所说的，山体在城市公共空间的复兴中发挥着巨大的作用，关键看用怎样的方式去让它更好地融入城市。“公园都市计划”通过硬墙艺术化、植物固坡、护坡转换形成体育场和二层连桥化解高差等做法扩建和改造这些山体公园，最终形成多彩商业公园、山地运动公园、生态文体公园、自然科普公园和疗愈康养公园这五大主题公园的格局，再结合16处街角口袋公园，大公园+小公园一起发力，用一个内部公园环串联起这些大大小小的公园，并结合特色景观大道（观澜大道与安清路）、林荫大道（汇心路与金茂北路）、生活街道等不同的街道建立全域化公园连道系统，6处跨街公园和2处地下通道进一步保障全程的无障碍通行。让“在公园和公园之间自由穿梭”不是梦，最终实现“3分钟到达公共空间，5分钟到达社区公园，10分钟达到五大主题公园，20分钟到达周边郊野公园”的目标。

内部公园环还连接了观澜大道两侧的商业，构建围绕观澜商贸中心的慢行体系，预留华丰更新单元二层连接系统，打造完整步行体系，优化庆盛厂消防站，腾挪为绿地，打通慢行环，和城市结构更加紧密地联系在一起。

当然这个环不仅仅是公园环，我们还结合不同人群的需求，针对游憩观赏、体育锻炼、艺展演说、科普教育、休闲会谈和体育锻炼等活动开展对场地的需求，围绕五大公园规划五大公园城，倡导个性多样化的生活方式，聚合公园邻里生活圈，让公园贴近每个生活社区，在这个环上就可以实现全龄化的邻里生活系统，为人们提供有幸福感、获得感和安全

① 项目信息来源于《观城项目城市更新单元景观体系规划及重要节点概念设计》，由深圳市蕾奥规划设计咨询股份有限公司规划设计。

图 6-124 观城更新片区现状鸟瞰

图 6-125 观城更新项目规划效果鸟瞰

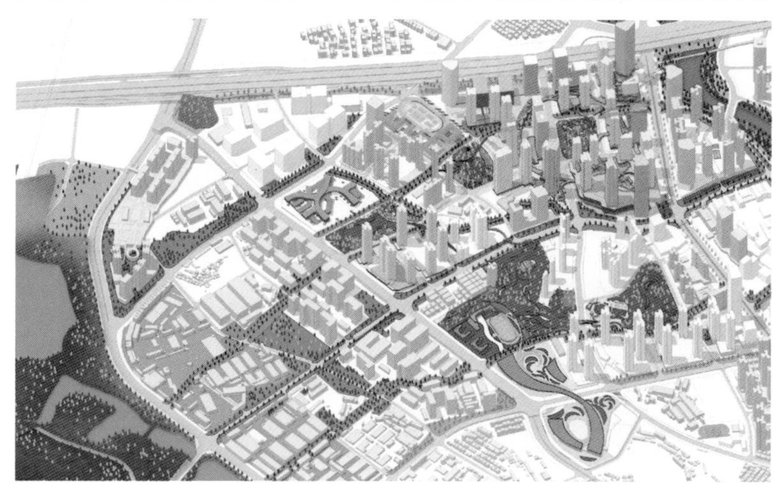

图 6-126 观城更新项目公共空间布局示意

感的未来生活场景。

在当下快速城镇化的发展阶段，还有许许多多和深圳观城片区类似的城市更新单元正在开展建设工作，比起建成之后对缺失自然的“补救”，在城市更新设计阶段就考虑到蓝绿空间的配置，建设完善的公园体系，以科学统筹规划蓝绿空间作为片区发展的驱动之一，能避免许多城市规划的“后知后觉”。伴随着“大拆大建”的禁止，城市更新也朝着更精细、更科学、更可持续、更高质量的方向发展。

(3) 旧工业园区的公共空间一体化更新

2018年出台的《南京市推进高新园区高质量发展行动方案》① 中首次提出城市“硅巷”计划，硅巷这个概念最早来源于美国东海岸的纽约，诞生于20世纪90年代中期，当时创新型企业聚集区开始向纽约城市中心聚集，空间上的集聚可以极大地促进知识共享与合作创新，形成明显的知识、人才、科技溢出效应。因此硅巷它不像硅谷那样有明显的边界，而是特指在曼哈顿41街区南部崛起并不断向周边扩展的一批新媒体企业集群。

南京市近些年来在玄武、秦淮、鼓楼等中心城区探索建设“城市硅巷”“城市硅巷”策略可以有效地激活老城区闲置或利用率不高的城市空间，弥补老旧街区创新力不足的问题，通过对老旧空间的改造，改善老旧街区的“脏乱差”的局面，提升城市形象，通过给予入驻者一定的租金、费用补贴，鼓励年轻人创新创业，南京首创的“城市硅巷”正成为老旧街区焕发新活力的重要举措②。

位于江宁区的百家湖硅巷属于典型的南京市老工业区，面积约2.3km^2。这次改造打破了传统工业用地点状、碎片式的更新方式，而是对大规模的老工业区进行重新定位、整体规划、一盘棋开发，是在南京同类地区的首次尝试和模式创新。经过一年多的整治提升，百家湖硅巷景观规划及重点道路提升工程已全面建成，其推行的公共空间全过程更新模式也产生了非常好的示范和推广效应。

以往的更新项目常常出现“画图容易，落地难”的问题，硅巷片区通过“整体规划+

① 2018年，南京市围绕高新园区高质量发展，将全市80多个创新载体整合为15个高新园区，成立市高新区管理办公室和火炬中心，统筹协调高新区规划发展，出台《南京市推进高新园区高质量发展行动方案》。

② 项目信息来源于《江宁区百家湖硅巷景观规划研究及重点道路景观设计》，由深圳市蕾奥规划设计咨询股份有限公司规划设计。

图 6-127 更新后的百家湖街道道路景观

图 6-128 改造后的胜利路街头趣味装置

逐个策划+重点设计+落地实施”的全过程统筹开发建设路径，重新梳理园区绿地及公共空间资源，有目标有导向地重塑整体公共空间体系，综合考虑片区愿景定位和企业意愿，提出“强芯溯轴、一环九园”的公共空间结构，结合整体规划结构与更新计划形成近期建设项目库，重点打造捣淮街、临淮街、胜利路、董村路、秦淮路这5条以精致商务办公、科技文化互动、生态山水为主题的活力绿街，并通过市政路网、市政管线、灯光亮化、交通信号设施、视觉系统、城市家具等多个专项的一体化统筹，强化园区文化品牌和整体景观形象的输出。

在重点街道的详细设计中同样强调一体化的设计，在全面协调沿线用地权属、征求企业设计意愿的基础上打破边界壁垒，对道路红线及企业用地权属的交界面进行设计重构，激活原本封闭的空间，真正实现规划意图中企业公共空间与市政道路界面的“无界共享，开放共融”。同时，边界的节点设计也可以结合企业文化和特色，增加街道识别性与趣味性。

在硅巷区域创造极具标志性的视觉形象、营造具有独特场所感的同时，我们也针对片区不同的用地类型和人群需求，为儿童、

图 6-129 改造后的活力街巷成为儿童们的游玩场所

科研人员、老人等人群设置社区口袋公园、街道花园；以及滨水休闲、康养健身等丰富多样的功能空间，形成具有温度的活力场所。

以片区为单位的公共空间整体更新机制投资少、见效快，相较于点状、碎片化更新方式，更有利于保证整体建设风貌的统一协调，减少与后期更新项目的摩擦，对园区整体品牌形象改善具有较好的效果，从规划到落地全流程管理，能更加高效率地协调用地权属及建设边界问题，最大限度实现规划设计意图，解决规划与落地实施“两张皮”的问题。得益于项目从顶层规划到落地实施一条龙的推进模式，南京百家湖硅巷才拥有探索创新的弹性和规划蓝图可真正实施落地的可能性，如今的老旧工业区摇身一变成为富有产业竞争力的“硅巷”，真正实现了整个片区的激活与重生。

参考文献

[1] 沈玉麟 . 外国城市建设史 [M]. 北京：中国建筑工业出版社，2007.

[2] 冯淼 . 人与自然和谐发展的哲学思考 [D]. 长春：吉林大学 ,2006.

[3] 维特鲁威 . 建筑十书 [M]. 高履泰，译 . 北京：知识产权出版社，2001.

[4] 王建国 . 从“自然中的城市”到“城市中的自然”——因地制宜 , 顺势而为的城市设计 [J]. 城市规划 , 2021, 45(2):8.

[5] 俞孔坚 . 复兴古老智慧 , 建设绿色基础设施 [J]. 景观设计学 (英文版), 2018, 6(3)：4-11.

[6] 理查德·洛夫 . 林间最后的小孩——拯救自然缺失症儿童 [M]. 自然之友 , 王西敏 , 译 . 北京：中国发展出版社，2014.

[7] 埃比尼泽·霍华德 . 明日的田园城市 [M]. 金经元 , 译 . 北京：商务印书 , 2010.

[8] 赵燕菁 . 城市的制度原型 [J]. 城市规划 ,(10):9-18.

[9] DOHERTY G., WALDHEIM C. (Eds.). Is Landscape…?: Essays on the Identity of Landscape [M]. London:Routledge, 2015.

[10] 俞孔坚，李迪华 . 景观设计：专业学科与教育 [M]. 北京：中国建筑工业出版社，2003.

[11] 弗雷德里克·斯坦纳 . 生命的景观——景观规划的生态学途径 [M].2 版 . 周年兴 , 李小凌 , 俞孔坚，等译 . 北京：中国建筑工业出版社 , 2004.

[12] 张兵 , 赵星烁 , 胡若函 . 国家空间治理与风景园林——国土空间 规划开展之际的点滴思考 [J]. 中国园林 , 2021 (2): 6-11.

[13] 姚士谋 , 李广宇 , 燕月 , 等 . 我国特大城市协调性发展的创新模式探究 [J]. 人文地理 , 2012, 27(5): 48-53.

[14] 宋秋明 . 基于景观都市主义的城市设计策略探究 [J]. 城市建筑 , 2019, 16(16): 166-172.

[15] 易辉 . 波士顿公园绿道 : 散落都市的“翡翠项链”[J]. 人类居住 , 2018, 94(1):20-23.

[16] 蒋宇 . 中国城市化进程中城市景观美学问题研究 [D]. 重庆：西南大学 ,2012.

[17] 徐家青 , 屠莉娅 . 亲生物的学习空间 : 让学生回归“亲近自然的天性”[J]. 上海教育 ,2021(16):38-40.

[18] 汪安 .“反规划”在深圳市基本生态控制线中的实践 [J]. 城市地理 ,2017,(12):56.

[19] 盛鸣 . 从规划编制到政策设计 : 深圳市基本生态控制线的实证研究与思考 [J]. 城市规划学刊 ,2010(S1):48-53.

[20] 刘亦师 . 楔形绿地规划思想及其全球传播与早期实践 [J]. 城市规划学刊 ,2020(3):109-118.

[21] 张天洁 , 李泽 . 高密度城市的多目标绿道网络——新加坡公园连接道系统 [J]. 城市规划 ,2013,37(5):67-73.

[22] 萧敬豪 , 陈惠斐 . 边缘效应视角下的城市边缘区生态规划策略研究 [J]. 中外建筑 ,2021(4):67-70.

[23] 邢忠 .“边缘效应”与城市生态规划 [J]. 城市规划 ,2001(6):44-49.

[24] 王笑时，束晨阳，邓武功，等. 国土空间规划语境下魅力景观空间构建研究 [J]. 中国园林，2021,37(S1): 100-105.

[25] 魏伟，张一康，杨巧婉，等. 高密度城市边缘生态区的活化利用——龙华区环城绿道 [J]. 风景园林，2021,28(7): 102-106.

[26] 王世福，刘联璧. 从廊道到全域——绿色城市设计引领下的城乡蓝绿空间网络构建 [J]. 风景园林，2021,28(8): 45-50.

[27] 王晞月，王向荣. 风景园林视野下的城市中的荒野 [J]. 中国园林，2017(8):40-47.

[28] 王堞凡，白佳峰. 荒野景观艺术：城市中有"灵"的自然山水 [N]. 中国社会科学报，2022-03-23(9).

[29] 徐桐. 在人类世重拾诗意栖居的智慧 [J]. 风景园林，2022,29(4):8-9.

[30] 周维权. 中国古典园林史 [M]. 北京：清华大学出版社，2008.

[31] MCLOUGHLZN J B.Urban and regional planning:A systems approach[M]. London:Faber and Faber,1969.

[32] 王君，刘宏. 从"花园城市"到"花园中的城市"——新加坡环境政策的理念与实践及其对中国的启示 [J]. 城市观察，2015(2):5-16.

[33] 高菲，游添茸，韩照."公园城市"及其相近概念辨析 [J]. 建筑与文化，2019(2):147-148.

[34] 詹庆明，岳亚飞，肖映辉. 武汉市建成区扩展演变与规划实施验证 [J]. 城市规划，2018,42(3):63-71.

[35] 谢凝高. 中国山水文化源流初深 [J]. 中国园林，1991(4):15-19.

[36] 叶维沁. 武夷山市旅游产业发展的现状分析与对策研究 [D]. 福州：福建农林大学，2016.

[37] 魏伟，杨巧婉. 呼伦贝尔市中心城区"城市双修"探讨 [J]. 规划师，2020,36(14):70-77.

[38] 崔翀，宋聚生，严丽平. 空间规划体系重构背景下深圳总体城市设计探索 [J]. 规划师，2021,37(23):23-32.

[39] 安晓娇. 澳门高密度城区绿色空间营造策略研究 [D]. 北京：北京建筑大学，2020.

[40] 常娜. 珠三角高密度城市微绿地空间研究 [D]. 陕西：西北农林科技大学，2017.

[41] 张文英. 口袋公园——躲避城市喧嚣的绿洲 [J]. 中国园林，2007, 23(4): 47-53.

[42] 李思博娜. 基于"三元论"的寒地城市口袋公园规划设计研究 [D]. 黑龙江：东北农业大学，2013.

[43] 张天洁，李泽. 高密度城市的多目标绿道网络——新加坡公园连接道系统 [J]. 城市规划，2013 (5): 67-73.

[44] Qi Y D, ZHANG Z Q. Introduction to urban and community forestry in the United States of America: history, accomplishments, issues and trends[J]. Forestry Studies in China, 2003, 5(4): 54-61.

[45] 程希平. 森林城市的梦想与现实 [J]. 绿色中国，2021(22):54-55.

[46] 胡兆量. 对生态城市的探索——深圳华侨城的启示 [J]. 华中建筑，1995(3):1-3,8.

[47] 姚辉达. 深圳华侨城总部城区规划与建设历史研究（1985 – 2020）[D]. 黑龙江：哈尔滨工业大学，2021.

[48] 李咏涛. 大道 30: 深南大道上的国家记忆（上）[M]. 深圳：深圳报业集团出版社，2009.

[49] 王谦宇. 深圳创业者口述历史丛书——创建华侨城的故事 [M]. 北京：社会科学文献出版社，2019.

[50] 昝启杰，许会敏，谭凤仪，等. 深圳华侨城湿地物种多样性及其保护研究 [J]. 湿地科学与管理，2013 (3): 56-60.

[51] 王向荣. 城市自然的十点倡导 [J]. 中国园林，2021,37(12):2-3.

[52] 王康妮 . 基于城市整体风貌构建的建筑高度控制研究 [D]. 湖南：中南大学 ,2014.

[53] 陈泳 , 吴昊 . 让河流融于城市生活 —— 圣安东尼奥滨河步道的发展历程及启示 [J]. 国际城市规划 , 2020,35(5): 124-132.

[54] 周语夏 , 刘海龙 . 国际自然流淌河流保护的政策工具与成效比较 [J]. 风景园林 ,2020,27(8):42-48.

[55] 孔方斌 . 绿色发展的地，莫种“伪生态”苗 [N/OL]. 人民日报 , 2015-12-17. http://env.people.com.cn/n1/2015/1217/c1010-27939439.html.

[56] 吴丹子 . 河段尺度下的城市渠化河道近自然化策略研究 [J]. 风景园林 , 2018, 25(12): 99-104.

[57] 马雨涵 . 近自然理念下唐山青龙河绿廊景观规划设计 [D]. 北京：北京林业大学 ,2020.

[58] 万帆 , 熊花 . 城市河流的自然化和生态恢复设计方法 —— 以芝加哥河为例 [C]// 中国城市规划学会 . 生态文明视角下的城乡规划 —— 2008 中国城市规划年会论文集 . 大连 : 大连出版社 , 2008:3940-3952.

[59] 张祚 , 李江风 , 陈昆仑，等 .“特色全球城市”目标下的新加坡河滨水空间再生与启示 [J]. 世界地理研究 , 2013,22(4):63-73.

[60] 菲利普·帕内拉伊 , 迪特·福里克 , 易鑫 , 曾秋韵 . 大巴黎地区 —— 漫长历史中的四个时刻 [J]. 国际城市规划 , 2016,31(2):44-50.

[61] 凯文·林奇 . 城市意象 [M].1 版 . 方益萍 , 何晓军 , 译 . 北京：华夏出版社 , 2001.

[62] 张一康 .“公园城市”背景下道路景观改造设计思考——以深南大道为例 [J]. 城市建筑 ,2019,16(15):143-144.

[63] 李磊 . 城市发展背景下的城市道路景观研究 [D]. 北京：北京林业大学 ,2014.

[64] 高唯 , 唐龙 , 康若荷，等 . 以人为本理念下城市街道设计管控体系初探 —— 以沣东新城街道设计导则为例 [C]// 中国城市规划学会 . 面向高质量发展的空间治理 —— 2021 中国城市规划年会论文集（07 城市设计）. 北京 : 中国建筑工业出版社 ,2021:205-214.

[65] 刘竹柯君 . 试论 19 世纪英国城市公园的兴起成因 [J]. 国际城市规划 ,2017,32(1):105-109.

[66] 赵晓龙 , 王敏聪 , 赵巍 , 等 . 公共健康和福祉视角下英国城市公园发展研究 [J]. 国际城市规划 , 2021, 36(1):47-57.

[67] 马雨濛 , 孟瑾 . 城市公园发展与公共健康——美国城市公园运动的启示 [J]. 现代园艺 ,2021,44(17):160-161,163.

[68] 钟元满 . 美国中央公园与中国颐和园营造文化差异比较 [J]. 中外建筑 ,2009(8):39-41.

[69] 周柳琳 . 广州公园规划历史档案探究 [J]. 城建档案 ,2016(11):80-82.

[70] 吴巧 . 口袋公园 (Pocket Park) ——高密度城市的绿色解药 [J]. 园林 ,2015(2):45-49.

[71] 邱冰 , 张帆 , 万执 . 国内社区公园研究的主要问题剖析 [J]. 现代城市研究 ,2019(3):35-41.

[72] 张晓斌 . 合理利用城市闲置土地 , 推行临时绿地政策 [J]. 规划师 ,2000(1):54.

[73] 李妍汀 , 杨春梅 , 许珂宁 . 基于传统社区文化保护的社区公园模式研究 —— 以深圳市坪山新区为例 [C]// 中国城市规划学会 . 新常态：传承与变革 —— 2015 中国城市规划年会论文集 . 北京 : 中国建筑工业出版社 ,2015:493-502.

[74] 舒尔茨 . 场所精神 —— 迈向建筑现象学 [M]. 施明植 , 译 . 台北 : 尚林出版社 , 1984.

[75] 束晨阳 . 城市广场规划设计随感 [J]. 中国园林 , 2001(1):54-57.

[76] 张云彬 , 吴人韦 . 欧洲绿道建设的理论与实践 [J]. 中国园林 , 2007(8):33-38.

[77] 谭晓鸽 . 绿道网络理论与实践 [D]. 天津：天津大学 ,2007.

[78] 程冠华 . 浅析绿道文化性表达——以深圳市龙华区人才绿道为例 [J]. 现代园艺 ,2021,44(10):81-82.

[79] 沙永杰 , 董依 . 巴塞罗那城市滨水区的演变 [J]. 上海城市规划 ,2009(1):56-59.

[80] 何刚 , 杨铭 , 韦易伶 , 等 . 韧性城市视角下海岸带地区景观规划设计探索——以深圳小梅沙海岸带地区为例 [C]// 中国城市规划学会 . 面向高质量发展的空间治理—— 2020 中国城市规划年会论文集 . 北京 : 中国建筑工业出版社 ,2021:223-232.

[81] 程鹏 . 滨海城市岸线利用方式转型与空间重构——巴塞罗那的经验 [J]. 国际城市规划 ,2018,33(3):133-140.

[82] 魏伟 , 张一康 , 张忠起 , 等 . 借用自然力量应对极端风暴的韧性设计——珠海香炉湾沙滩景观带 [J]. 风景园林 , 2020,27(12):80-84.

[83] 王忠杰 , 吴岩 , 景泽宇 . 公园化城 , 场景营城——“公园城市”建设模式的新思考 [J]. 中国园林 ,2021,37(S1):7-11.

[84] 吴岩 , 贺旭生 , 杨玲 . 国土空间规划体系背景下市县级蓝绿空间系统专项规划的编制构想 [J]. 风景园林 , 2020,27(1):30-34.

[85] 陈明松 . 中国风景园林与山水文化论 [J]. 中国园林 ,2009(3):29-32.

[86] 鲍世行 . 钱学森论山水城市 [M]. 北京 : 中国建筑工业出版社 , 2010.

[87] 华高莱斯 . 世界著名城市河岸 [M]. 北京 : 中国大地出版社 , 2020.

[88] 韩长江 . 见证历史（精）[M]. 北京 : 中华书局 , 2019.

[89] 崔功豪 魏清泉 . 区域分析与区域规划 [M].2 版 . 北京 : 高等教育出版社 , 2006.

[90] 中国大百科全书总委员会，《建筑园林城市规划》委员会 . 中国大百科全书 : 建筑 , 园林 , 城市规划 [M]. 北京 : 中国大百科全书出版社 , 1992.

[91] 何昉 . 中国绿道规划设计研究 [D]. 北京 : 北京林业大学 , 2018.

[92] 马向明 . 绿道在广东的兴起和创新 [J]. 风景园林 , 2012(3):6.

[93] 深圳大鹏半岛国家地质公园管理处 , 深圳市地质局 . 深圳大鹏半岛国家地质公园古火山地质遗迹调查研究 [M]. 北京 : 中国地质大学出版社 , 2010.

[94] 刘曦 , 孔露霆 , 丁兆晖 , 等 . 英国蓝绿系统方法剖析及对我国海绵城市建设的启示 [J]. 中国给水排水 , 2020,36(4):24-29.

[95] 深圳新闻网 . 坪山着力打造山水城林共融的森林城市 [N/OL]. (2020-12-10)[2022-11-09].https://www.sznews.com/news/content/2020-12/10/content_23795221.htm.

[96] 光明网 . 国际性综合交通枢纽城市初步形成 [N/OL]. (2020-07-23)[2022-08-09]. https://m.gmw.cn/baijia/2020-07/23/1301390562.html.

[97] 中国青年报 . 中国城市公园演化史 [N/OL]. (2019-11-1)[2022-08-09]. https://baijiahao.baidu.com/s?id=1648938246909782751&wfr=spider&for=pc.

[98] 新华社 . 生态治理点“石”成金——中国为喀斯特治理难题提供解决方案 [N/OL]. (2021-07-21)[2022-08-09]. https://baijiahao.baidu.com/s?id=1705264080804535053&wfr=spider&for=pc.

[99] 中国网 . 揭秘海岸带：外表是千姿百态，内里是无数宝藏 [N/OL]. (2022-01-14)[2022-08-09]. http://photo.china.com.cn/2022-01/14/content_77990368.htm.

[100] 腾讯新闻、南方网 . 听珠海首任规划局长讲述情侣路建设史 [N/OL]. (2018-11-29)[2022-08-09]. https://page.om.qq.com/page/O02ILC61l5gk8XdpyPu_VtHA0.

[101] 南方新闻网 . 情侣路的世界级湾带雄心 [N/OL]. (2022-03-04)[2022-08-09]. https://baijiahao.baidu.com/s?id=1726298243309876242&wfr=spider&for=pc.

[102] 深圳新闻网 . 前海 11 周年 | 前海的今与昔 [N/OL]. (2021-08-25)[2022-08-09]. http://www.sznews.com/news/content/2021-08/25/content_24513805.htm.

[103] 深圳卫视深视新闻． 神奇动物在哪里？在深圳首条野生动物保护“生态长廊”！ [N/OL]（2021-09-15）[2022-08-09]. https://baijiahao.baidu.com/s?id=1711052829720133546&wfr=spider&for=pc.

[104] 南方日报 . 东莞 GDP 破万亿元 广东迎来第四座万亿级城市 [N/OL]. (2022-01-21)[2022-08-09]. http://gd.people.com.cn/n2/2022/0121/c123932-35105687.html.

[105] 东莞市人民政府网站 . 改革开放 40 周年东莞系列课题研究报告之六：服务业发展成效显著成为经济增长新引擎 [A/OL].(2018-09-29)[2022-08-09].http://www.dg.gov.cn/sjfb/sjjd/content/post_358294.html.

[106] 靳晓雨 . 浅谈美国纽约中央公园历史发展变化的启示 [J]. 黑龙江史志，2014（17）：142-144.

[107] RYBCZYNSKIW. 纽约中央公园 150 年演进历程 [J]. 陈伟新，GALLAGHER M，译 . 国外城市规划，2004（2）：65-70.

[108] 程方 . 韩国清溪川生态修复研究及启示 [J]. 水利规划与设计，2022（3）：67-70.

[109] 熊伟婷，李迎成，朱凯 . 伦敦摄政运河沿岸游憩空间发展模式主启示 [J]. 中国园林，2018，34（2）：94-99.

后记

在生态文明的背景下，“大尺度景观”正在跳出传统景观设计的范畴，并越来越趋向于打破行业壁垒，在国土空间、城乡规划、风景园林、地理学、生态学等不同领域跨界融合发展。从小尺度到大尺度、从封闭到开放、从单一性到高度复杂性，大尺度景观项目涵盖面广、涉及要素复杂，建设周期长，在连接人与自然的关系中非常重要，规划设计难，落地实践难，总结经验也难，但未尝不是极具价值的探索。

本书的编写历经两年，主要是在深圳市蕾奥规划设计咨询有限公司多年来大尺度景观项目规划研究的基础上，我和李妍汀归纳提炼，经过多次修改完善而成。在这个过程中，公司多个部门、诸多同事积极参与到这些项目里，还有优秀的合作伙伴作出了不少努力和贡献，也得到了很多专家老师的指导，以及甲方、建设单位的鼎力支持。大尺度景观的发展离不开大家共同的努力，连接既是一种方法和手段，也是团队共同的愿景和价值观。

感谢蕾奥规划王富海董事长、朱旭辉总经理为本书的编写方向和整体框架给予指导；感谢刘滨谊教授和王忠杰院长百忙之中给本书作序；感谢华南农业大学李敏教授在大尺度景观方向的学术指导，感谢华南理工大学林广思教授的论文指导，感谢西安建筑科技大学刘恺希老师的研究支持，感谢南京林业大学汪辉教授、深圳大学建筑与城市规划学院陈义勇、王春晓、谢晓欢、张柔然、李相逸、吴昆等老师的研究合作。我和李妍汀均在深圳市北林苑景观及建筑规划设计院有限公司工作多年，受益良多，要诚挚感谢何昉大师、千茜大师的教导和培养。

蕾奥规划众多专家的加持，极大地丰富了景观的专业底蕴，规划和景观的融合，促进和提高了大尺度景观的核心竞争力。要感谢陈宏军、王雪、叶树南、张震宇、蒋峻涛、钱征寒、牛慧恩、邓军、赵明利、钟威等总部专家的指导；感谢刘泽洲、张建荣、魏良、淮文斌、徐源、李明聪、刘琛、秦雨、陶涛、钱坤、张文英、郭晓黎、张源、秦元、任俊宇等业务部门的精诚合作；感谢蕾奥全国各地分公司的技术协作。

感谢蕾奥所有战斗在景观行业一线的负责人和设计师们，特别是景观事业部的赖继春、张一康、刘卿婧、张忠起、金越延、杨巧婉、翁静雯、程冠华、王霞、黄程、林晗芷等为代表的设计团队，他们在不同类型大尺度景观项目的实践探索为本书提供了源源不断的素材和技术支撑；感谢城市设计事业部的潘小文、钟雯、何善思、邓冬松、石健、何志强、陆嘉雯等设计师在竞赛项目中的支持；感谢分公司/部门从事景观业务的景鹏、胡合秀、刘晓冲、何翠丽、蔡灏、张瀚宇等同事的努力工作与辛勤付出；感谢彭皓、李慧在书籍编写、校核、编排等过程中付出的努力；感谢曾经在蕾奥景观工作过的，以李东、Michael PATTE、叶秋霞、姜萌、谢园、文景茜、杨光、杨昊天、王煊皓、汤忠维、张德翔、马国军、程芳、刘筱韵、朱智欢、张希立、刘亚阳、陈文斌、卫建军、侯晓冲、欧阳效福、曾昭科、马晓慧、胡益敏、黄熙、林雅楠、刘丽绮、周慧、杨靖、李思妍、陈植发、刘丽绮、陈仔文、朱效勇、陈欣、黄灿、赵俊喆、毛宇、刘苗璇、何晓冰、尚思宇、朱嘉伟、黄舒婷、冯瑞泽、李勃、张宜佳、姜企、朱青、薛莹、刘竹谨、羽慧丰、魏诗梦等为代表的众多优秀设计师……篇幅有限，很难一一提及，他们对蕾奥景观的发展起到了巨大的作用，感谢他们的努力付出。

同时也要感谢本书中提及的所有项目的建设单位和合作单位，感谢所有对项目提供指导和帮助的各位专家、老师和朋友，每一个优秀的大尺度景观作品都离不开政府、企业、社会、市民的共同努力。

由于时间关系，疏漏之处在所难免，目前国内外对于大尺度景观以及与之相关的研究还在不断深入中，需要进一步探讨的问题还有很多，我们也在不断学习之中，希望能够通过更多的实践项目为建构和谐的人与自然关系而继续努力。

魏　伟